"十二五"职业教育国家规划教材

经全国职业教育教材审定委员会审定

集散控制系统应用

第二版

常慧玲　主编

吕增芳　罗贵隆　马　菲　副主编

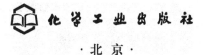

化学工业出版社

·北京·

本书以技术应用能力培养为目标，以真实的集散控制系统设备为载体，以六个教学情境组织教学内容，采用任务驱动的教学方式，重点介绍了浙大中控 JX-300X 集散控制系统的基本结构、基本功能、软硬件组态、流程图绘制、监控维护和工程应用等知识，同时介绍了霍尼韦尔 TDC-3000、TPS/PKS 系统、横河 CENTUM-CS 系统、艾默生 Delta V 系统、现场总线等相关知识和应用案例。

本书可作为高等职业院校、成人学校及本科院校开办的二级职业技术学院生产过程自动化技术、电气自动化技术、机电一体化技术、计算机控制技术等相关专业的教材，亦可供化工、炼油、电力、冶金、轻工、建材等企业生产一线从事工业自动化仪表的技术人员参考使用。

图书在版编目 (CIP) 数据

集散控制系统应用/常慧玲主编. —2 版. —北京：
化学工业出版社，2015.2（2025.1 重印）
ISBN 978-7-122-22506-1

Ⅰ.①集… Ⅱ.①常… Ⅲ.①集散控制系统-应用-
教材 Ⅳ.①TP273

中国版本图书馆 CIP 数据核字（2014）第 288687 号

责任编辑：刘　哲　　　　　　　　　　　装帧设计：刘剑宁
责任校对：王素芹

出版发行：化学工业出版社（北京市东城区青年湖南街 13 号　邮政编码 100011）
印　　装：北京虎彩文化传播有限公司
787mm×1092mm　1/16　印张 13¾　字数 356 千字　2025 年 1 月北京第 2 版第 8 次印刷

购书咨询：010-64518888　　　　　　　　　售后服务：010-64518899
网　　址：http://www.cip.com.cn
凡购买本书，如有缺损质量问题，本社销售中心负责调换。

定　　价：39.00 元　　　　　　　　　　　　　　　　版权所有　违者必究

前言

集散控制系统（Distributed Control System，简称 DCS）以良好的控制性能、高可靠性、产品质量和生产效率提高以及物耗、能耗降低等特点，已成为石油、化工、冶金、电力、煤炭、纺织、楼宇自动化等行业实现自动控制的主流产品。随着计算机技术的发展和环境保护的需求，集散控制系统的发展趋势是智能化、综合控制、信息化等，并将在面向节能减排等复杂过程控制领域发挥更大的作用。

本书以集散控制系统技术应用能力培养为目标，以真实的集散控制系统设备为载体进行学习情境的设计，采用任务驱动的教学方式组织教学，各专业可根据专业特点选取不同的学习情境，可作为高职高专生产过程自动化技术和计算机控制技术等相关专业的教学用书，也可供生产一线的技术、管理、运行等相关技术人员参考使用。

全书共分 6 个学习情境。学习情境 1 详细介绍了集散控制系统的基础知识和 JX-300X 集散控制系统的软硬件组成、系统组态、监控调试及工程应用，包括 7 个任务单元；学习情境 2 简要介绍了霍尼韦尔集散控制系统 TDC-3000、TPS/PKS 及其应用；学习情境 3 介绍了横河集散控制系统 CENTUM-CS 及其应用；学习情境 4 简要介绍了艾默生 Delta V 集散控制系统；学习情境 5 对现场总线及控制系统进行了概述；拓展学习情境简要介绍了物联网技术及其应用。

本教材主要由山西工程职业技术学院国家精品资源共享课程"集散控制系统应用"教学团队编写。常慧玲编写学习情境 1 的任务 1 和学习情境 5，韩弢编写任务 2，薛凯娟编写任务 3，辽宁石化职业技术学院马菲编写任务 4，山西职业技术学院罗贵隆编写任务 5，孔红编写任务 6，杨虎编写任务 7，赵江稳编写学习情境 2，吕增芳编写学习情境 3，太原煤气化股份有限公司第二焦化厂张政宏编写学习情境 4，皇甫勇兵编写拓展学习情境。常慧玲任主编并对全书进行了统稿，吕增芳、罗贵隆、马菲任副主编。

本教材配套的数字教学资源齐全，可在 www.cipedu.com.cn 免费下载，亦可浏览"爱课程"网站（http://www.icourses.cn/home/）资源共享课进行查询和学习。

本教材在编写过程中得到了中控科技集团公司朱胜利的大力支持与指导，同时参考了许多专家和同行的著作，编者在此一并表示衷心的感谢。

由于编者水平有限，书中难免存在不妥之处，敬请广大读者批评指正。

编　者
2015 年 6 月

目录

学习情境 **1** JX-300X集散控制系统及其应用

学习情境 ② 霍尼韦尔集散控制系统TPS/PKS及其应用

学习情境 ❸ 横河集散控制系统CENTUM-CS及其应用

学习情境 ❹ 艾默生Delta V系统及其应用

学习情境 ❺ 现场总线控制系统及其应用

拓展学习情境 ● 物联网技术及其应用

学习情境 **1**

JX-300X 集散控制系统及其应用

 学习目标

能力目标：

① 初步具备集散控制系统硬件的安装技术；

② 能熟练绘制集散控制系统流程图和制作简单报表；

③ 能熟练使用基本组态软件对集散控制系统进行系统组态、回路组态等；

④ 能用其他组态方法进行简单控制方案的设计；

⑤ 能熟练对集散控制系统进行监控和调试；

⑥ 能运用所掌握的知识和技术分析集散控制系统的应用案例。

知识目标：

① 了解集散控制系统的设计思想与发展历程；

② 掌握集散控制系统的体系结构及各层次的主要功能；

③ 掌握集散控制系统的主要硬件构成及主要功能；

④ 掌握数据通信、通信网络和 ISO/OSI 参考模型等基本知识；

⑤ 掌握组态的定义及基于组态软件的工业控制系统的一般组建过程；

⑥ 掌握系统组态的一般流程。

任务 1 集散控制系统认知

【任务描述】

通过对集散控制系统基础知识的学习，充分理解集散控制系统的设计思想和在工业控制领域所起的作用，在此基础上，搜集、整理集散控制系统生产商和产品的相关信息。

【知识链接】

1. 集散控制系统概述

（1）集散型控制系统的产生与发展

集散型控制系统（Distributed Control System，简称 DCS）是以多台微处理器为基础的集中分散型控制系统，具有良好的控制性能和可靠性、产品质量和生产效率提高以及物耗、能耗降低等特点，已成为石油、化工、冶金、建材、电力、制药等行业实现过程控制的主流产品。

由常规模拟仪表组成的控制系统，在工业过程控制中曾长期占据统治地位，但随着生产规模和复杂程度的不断增加，其局限性越来越明显，比如难以实现复杂的控制规律；控制仪表数量不断增多，使监视与操作费时费力；难以实现各分系统之间的通信以及企业的综合管理等。而最初的计算机控制系统（直接数字控制系统 DDC）虽然克服了常规模拟仪表的局限性，但由于一台计算机控制着几十甚至几百个回路，同时对几百、上千个变量进行监视、操纵、报警，危险高度集中，一旦计算机的 CPU、I/O 接口等发生故障，将会影响整个系统的运行，甚至造成严重的生产事故，"危险集中"成为当时计算机实时控制的一大难题。

20 世纪 70 年代初，随着大规模集成电路的问世、微处理器的诞生以及数字通信技术、阴极射线管（CRT）显示技术的进一步发展，基于"危险分散"的设计思想，世界上第一台实现集中管理和分散控制的新型计算机控制系统 TDC-2000 型集散控制系统于 1975 年由美国 Honeywell 公司推出。所谓集中管理，就是把整个生产过程的全部操作、显示集中在同一个操作站进行；而分散控制就是用多个微处理器来分散承担生产过程的控制，每个微处理器只控制少量回路。网络技术、软件技术等高新技术的发展，促使集散控制系统每隔几年便推出新一代产品。第二代 DCS 产品的一个明显变化是从主从式的星形网络通信转变为对等式的总线网络通信或环形网通信。美国 Foxboro 公司 1987 年推出的 I/A S 系统，标志着 DCS 进入了第三代，即采用局部网络技术和国际标准化组织（ISO）的开放系统互连（OSI）参考模型，解决了第二代 DCS 应用过程中难于互联、多种标准不同的"自动化孤岛"问题。

进入 21 世纪后，受网络通信技术、计算机硬件技术、嵌入式系统技术、现场总线技术、组态软件技术、数据库技术等发展的影响，以及用户对先进的控制功能与管理功能需求的增加，以 Honeywell、Foxboro、ABB 等为代表的 DCS 厂商纷纷提升产品的技术水平和含量，使得集散控制系统的发展进入了第四代。第四代 DCS 最主要的标志是 Information（信息）和 Integration（集成），代表产品有 Honeywell 公司的过程知识系统（Experion PKS）、Emerson 公司的 PlantWeb（Emerson Process Management）、Foxboro 公司的 A2、横河公司的 R3（PRM-工厂资源管理系统）和 ABB 公司的 Industrial IT 系统。

第四代 DCS 的体系结构主要分为四层结构，即现场仪表层、控制装置单元层、工厂（车间）层和企业管理层。企业管理层一般不包含在厂商提供的产品内，可以通过所提供的开放的数据库接口，连接第三方的管理软件平台。因此说第四代 DCS 可以实现工厂级的所有控制和管理功能，并集成全企业的信息管理功能。图 1.1.1 为某炼铁厂计算机监控室。

目前国产 DCS 的技术水平已达到或接近国外厂家同类 DCS 的水平，并占据了相当多的市场份额，如北京和利时公司（Hollysys）推出 MACS-Smartpro 第四代 DCS 系统，浙大中控公司（SUPCON）推出 Webfield（ECS）系统，上海新华公司推出了 XDPF-400 系统。

（2）集散控制系统的基本结构与特点

尽管由于市场的竞争与技术的进步，使各 DCS 厂家不断地改进产品，使其变得功能更强、应用更方便，但从系统结构分析，其基本组成部分都包括分散过程控制装置、集中操作管理系统和通信系统三个部分，如图 1.1.2 所示。

图 1.1.1　某炼铁厂计算机监控室

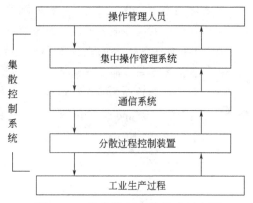

图 1.1.2　集散控制系统组成示意图

分散过程控制装置部分由多回路控制器、单回路控制器、多功能控制器、可编程序逻辑控制器（PLC）及数据采集装置等组成，相当于现场控制级和过程控制装置级。集中操作和管理部分由操作站、管理机和外部设备如打印机、拷贝机等组成，相当于车间操作管理级和全厂优化、调度管理级，实现人机接口。每级之间以及每级内的计算机或微处理器则由通信系统进行数据通信，数据通信系统是 DCS 的基本和核心，实现将分散的信息综合、管理的信息分散的功能。

目前的 DCS 主要具有以下特点。

① DCS 的信息化与集成化　信息化体现在目前的 DCS 上已经不是一个以控制功能为主的控制系统，而是一个充分发挥信息管理功能的综合平台系统，它提供从现场到设备、从设备到车间、从车间到工厂、从工厂到企业集团整个信息通道。

集成化则表现在功能的集成和产品的集成。除保留传统 DCS 的过程控制功能以外，还集成了可编程逻辑控制器（PLC）、采集发送器（RTU）、现场总线控制系统（FCS）、各种多回路调节器、智能采集或控制单元，同时 DCS 的软、硬件也采用第三方集成方式或 OEM 方式。

② DCS、PLC、FCS 相互融合形成混合控制系统　由于多数的工业企业并不能简单地划分为单一的过程控制和逻辑控制需求，而是由过程控制为主或逻辑控制为主的分过程组成，为实现整个生产过程的优化，提高整个工厂的效率，就必须把整个生产过程纳入统一的分布式集成信息系统。第四代 DCS 都包含了过程控制、逻辑控制和批处理控制，几乎全部采用了 PLC 语言设计标准的 IEC61131-3 标准进行组态软件设计，甚至直接采用成熟的 PLC 作为控制站。

所有的第四代 DCS 都包含了各种形式的现场总线接口，可以支持多种标准的现场总线仪表、执行机构等。一套 DCS 可以适应多种现场安装模式，方便灵活，实现了 DCS 与 FCS 的真正融合。

③ DCS 的开放性　开放系统的网络应符合标准的通信协议和规程，使 DCS 具有可操作性，可以互相连接，可以共享系统的资源，可以运行第三方的软件等。主要体现在三个不同的层面，在企业管理层支持与各种管理软件平台的连接，在工厂车间层支持第三方的先进控制产品和软件平台以及多种网络协议，在装置控制层支持多种 DCS、PLC、RTU、各种智能控制单元和各种标准的现场总线仪表与执行机构。

④ DCS 进入低成本时代　由于第四代 DCS 的开放性、第三方软硬件的集成、DCS 规模的灵活配置，使得 DCS 的成本和价格明显降低，大、中、小规模系统在不同行业均获得广泛应用。

（3）集散控制系统的体系结构

随着 DCS 开放性的增强，其层次化的体系结构特征更加显著，充分体现了 DCS 集中管理、分散控制的设计思想。DCS 是纵向分层、横向分散的大型综合控制系统，它以多层局部网络为依托，将分布在整个企业范围内的各种控制设备和数据处理设备连接在一起，实现各部分的信息共享和协调工作，共同完成各种控制、管理及决策任务。

图 1.1.3 为一个 DCS 的典型体系结构。按照 DCS 各组成部分的功能分布，所有设备分别处于四个不同的层次，自下而上分别是现场控制级、过程控制级、过程管理级和经营管理级。与这四层结构相对应的四层局部网络分别是现场网络（Field Network，Fnet）、控制网络（Control Network，Cnet）、监控网络（Supervision Network，Snet）和管理网络（Management Network，Mnet）。

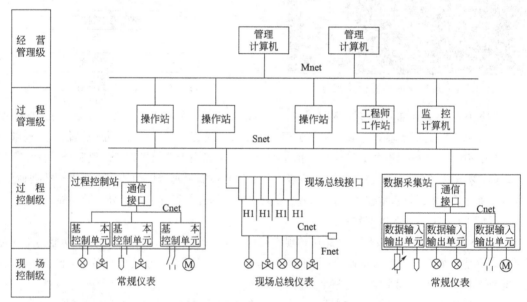

图 1.1.3　集散控制系统的体系结构

① 现场控制级　典型的现场控制级设备是各类传感器、变送器和执行器。

现场控制级设备直接与生产过程相连，是 DCS 的基础。它们将生产过程中的各种工艺变量转换为适宜于计算机接收的电信号（如常规变送器输出的 4～20mA DC 电流信号或现场总线变送器输出的符合现场总线协议的数字信号），送往过程控制站或数据采集站；过程控制站又将输出的控制器信号（如 4～20mA DC 信号或现场总线数字信号）送到现场控制级设备，以驱动控制阀或变频调速装置等，实现对生产过程的控制。

现场控制级设备的任务主要表现在四个方面：一是完成过程数据采集与处理；二是直接输出

操作命令，实现分散控制；三是完成与上级设备的数据通信，实现网络数据库共享；四是完成对现场控制级智能设备的监测、诊断和组态等。

现场网络与各类现场传感器、变送器和执行器相连，以实现对生产过程的监测与控制；同时与过程控制级的计算机相连，接收上层的管理信息，传递装置的实时数据。现场网络的信息传递有三种方式：第一种是传统的模拟信号（如 4～20mA DC 或者其他类型的模拟量信号）传输方式；第二种是全数字信号（现场总线信号）传输方式；第三种是混合信号（如在 4～20mA DC 模拟量信号上叠加调制后的数字量信号）传输方式。现场信息以现场总线为基础的全数字传输是今后的发展方向。

② 过程控制级　过程控制级主要由过程控制站、数据采集站和现场总线接口等构成。

过程控制站接收现场控制级设备（如传感器、变送器等）送来的信号，按照预定的控制规律进行运算，将运算结果作为控制信号，送回到现场的执行器中去。过程控制站可以同时实现连续控制、逻辑控制或顺序控制等功能。

数据采集站与过程控制站类似，也接收由现场设备送来的信号，并对其进行一些必要的转换和处理之后送到集散控制系统中的其他工作站（如过程管理级设备）。数据采集站接收大量的由现场设备送来的非控制过程信息，经过转换和处理后送到过程管理级设备，供操作运行人员监控用。它与过程控制站的不同之处在于它不直接完成控制功能。

在 DCS 的监控网络上可以挂接现场总线服务器（Fieldbus Server，FS），实现 DCS 网络与现场总线的集成。现场总线服务器是一台安装了现场总线接口卡与 DCS 监控网络接口卡的完整的计算机。现场设备中的输入、输出、运算、控制等功能块，可以在现场总线上独立构成控制回路，不必借用 DCS 控制站的功能。现场设备通过现场总线与 FS 上的接口卡进行通信。FS 通过它的 DCS 网络接口卡与 DCS 网络进行通信。FS 和 DCS 可以实现资源共享，FS 可以不配备操作员站或工程师站，直接借用 DCS 的操作员站或工程师站实现监控和管理。

过程控制级的主要功能表现在：一是采集过程数据，进行数据转换与处理；二是对生产过程进行监测和控制，输出控制信号，实现反馈控制、逻辑控制、顺序控制和批量控制功能；三是现场设备及 I/O 卡件的自诊断；四是与过程操作管理级进行数据通信。

③ 过程管理级　过程管理级的主要设备有操作站、工程师站和监控计算机等。

操作站是操作人员与 DCS 相互交换信息的人机接口设备，是 DCS 的核心显示、操作和管理装置。操作人员通过操作站监视和控制生产过程，观察生产过程的运行情况，了解每个过程变量的数值和状态，判断每个控制回路工作是否正常，并且可以根据需要随时进行手动/自动、串级/后备串级等控制方式的无扰动切换、修改设定值、调整控制信号、操控现场设备等，以实现对生产过程的干预。另外，还可以打印各种报表，复制屏幕上的画面和曲线等。

操作站由一台具有较强图形处理功能的微型机与相应的外部设备组成，一般配有 CRT 或 LCD 显示器、大屏幕显示装置（选件）、打印机、键盘、鼠标等，开放型 DCS 采用个人计算机作为人机接口站。

工程师站是为控制工程师对 DCS 进行配置、组态、调试、维护所设置的工作站。工程师站的另一个作用是对各种设计文件进行归类和管理，形成各种设计、组态文件，如各种图样、表格等。工程师站一般由 PC 机配置一定数量的外部设备组成，例如打印机、绘图仪等。

监控计算机的主要任务是实现对生产过程的监督控制，如机组运行优化和性能计算、先进控制策略的实现等。根据产品、原材料库存以及能源的使用情况，以优化准则来协调装置间的相互关系，以实现全企业的优化管理。另外，监控计算机通过获取过程控制级的实时数据，进行生产过程的监视、故障检测和数据存档。由于监控计算机的主要功能是完成复杂的数据处理和运算功能，因此对它的要求主要是对运算能力和运算速度的要求。一般监控计算机由超级微型机或小型机构成。

④ 经营管理级　经营管理级是全厂自动化系统的最高层，一般大规模的集散控制系统才具备这一级。经营管理级的设备可能是厂级管理计算机，也可能是若干个生产装置的管理计算机。它们所面向的使用者是厂长、经理、总工程师等行政管理或运行管理人员。

厂级管理系统的主要功能是监测企业各部门的运行情况，利用历史数据和实时数据预测可能发生的各种情况，从企业全局利益出发，帮助企业管理人员进行决策，帮助企业实现其计划目标。它从系统观念出发，从原料进厂到产品的销售，从市场和用户分析到订货、库存和交货等进行一系列的优化协调，从而降低成本，增加产量，保证质量，提高经济效益。此外还应考虑商业事务、人事组织以及其他各方面，并与办公自动化系统相连，实现整个系统的优化。

经营管理级是属厂级的，也可分成实时监控和日常管理两部分。实时监控是全厂各机组和公用辅助工艺系统的运行管理层，承担全厂性能监视、运行优化、全厂负荷分配和日常运行管理等任务。日常管理承担全厂的管理决策、计划管理、行政管理等任务，主要是为厂长和各管理部门服务。

管理计算机是具有能够对控制系统做出高速反应的实时操作系统，能够对大量数据进行高速处理与存储，能够连续运行可冗余的高可靠性系统，能够长期保存生产数据，并具有高性能、方便的人机接口，丰富的数据库管理软件、过程数据收集软件、人机接口软件以及生产管理系统生成等工具软件，能够实现整个工厂的网络化和计算机的集成化。

2．集散控制系统现场控制站

（1）现场控制站的组成

分散过程控制装置主要包括现场控制站、数据采集站、顺序逻辑控制站和批量控制站等，其中现场控制站功能最为齐全，是 DCS 与生产过程之间的接口，是 DCS 的核心。

一般来说，现场控制站中的主要设备是现场控制单元。现场控制单元是 DCS 中直接与现场过程进行信息交互的 I/O 处理系统，它的主要任务是进行数据采集及处理，对被控对象实施闭环反馈控制、批量控制和顺序控制。用户可以根据不同的应用需求，选择配置不同的现场控制单元以构成现场控制站。它可以是以面向连续生产的过程控制为主，辅以顺序逻辑控制，构成一个可以实现各种复杂控制方案的现场控制站；也可以是以顺序控制、联锁控制功能为主的现场控制站；还可以是一个对大批量过程信号进行总体信息采集的现场控制站。

现场控制站是一个可独立运行的计算机检测控制系统。由于它是专为过程检测、控制而设计的通用型设备，所以其机柜、电源、输入输出通道和控制计算机等与一般的计算机系统相比又有所不同。

① 机柜　现场控制站机柜内部均装有多层机架，以便安装各种模块和电源。为了给机柜内部的电子设备提供完善的电磁屏蔽，外壳均采用金属材料（如钢板或铝材），并且活动部分（如柜门与机柜主体）之间要保证有良好的电气连接。同时，机柜还要求可靠接地，接地电阻应小于 4Ω。

为保证柜中电子设备的散热降温，一般柜内均装有风扇，以提供强制风冷。同时为防止灰尘侵入，在与柜外进行空气交换时，要采用正压送风，将柜外低温空气经过滤网过滤后引入柜内。在灰尘多、潮湿或有腐蚀性气体的场合（例如安装在室外使用时），一些厂家还提供有密封式机柜，冷却空气仅在机柜内循环，通过机柜外壳的散热叶片与外界交换热量。为了保证在特别冷或热的室外环境下正常工作，还为密封式机柜设计了专门的空调装置，以保证柜内温度维持在正常值。另外，现场控制站机柜内大多设有温度自动检测装置,当机柜内温度超过正常范围时产生报警信号。

② 电源 现场控制站电源(交流电源和直流电源)必须稳定、可靠,才能确保现场控制站正常工作。为了保证电源系统的可靠性,通常可采取以下措施。

a. 现场控制站均采用双相交流电源供电,两相互为冗余。

b. 现场控制站机柜附近有经常开关的大功率用电设备时,应采用超级隔离变压器,将其初级、次级线圈间的屏蔽层可靠接地,以便很好地克服共模干扰的影响。

c. 电网电压波动严重时,应采用交流电子调压器,以快速稳定输入电压。

d. 在石油、化工等对控制连续性要求特别高的场合,应配有不间断供电电源 UPS,以保证供电的连续性。现场控制站内各功能模块所需直流电源一般为 $\pm 5V$、$\pm 15V$(或 $\pm 12V$)和 +24V。

为增加直流电源系统的稳定性,一般可以采取以下措施。

a. 为减少相互间的干扰,给主机供电与给现场设备供电的电源要在电气上隔离。

b. 采用冗余的双电源方式给各功能模块供电。

c. 一般由统一的主电源单元将交流电变为 24V 直流电供给柜内的直流母线,然后通过 DC-DC 转换方式将 24V 直流电源变换为子电源所需的电压。主电源一般采用 1:1 冗余配置,而子电源一般采用 N:1 冗余配置。

③ 控制计算机 控制计算机是现场控制站的核心部件,一般由 CPU、存储器、输入/输出通道等组成。

a. CPU 尽管世界各地的 DCS 产品差别很大,但现场控制站大都采用 Motorola 公司 M68000 系列和 Intel 公司 80X86 系列的 CPU 产品。为提高性能,在各生产厂家大都采用准 32 位或 32 位微处理器。由于数据处理能力的提高,因此可以执行复杂的先进控制算法,如自动整定、预测控制、模糊控制和自适应控制等。

b. 存储器 与其他计算机一样,控制计算机的存储器也分为 RAM 和 ROM。由于控制计算机在正常工作时运行的是一套固定的程序,因此 DCS 大都采用了程序固化的办法。有的系统甚至将用户组态的应用程序也固化在 ROM 中,只要一加电,控制站就可正常运行,使用更加方便,但修改组态时要复杂一些。

在一些采用冗余 CPU 的系统中,还特别设有双端口随机存储器,其中存放有过程输入输出数据、设定值和 PID 参数等。两块 CPU 板均可分别对其进行读写,保证了双 CPU 间运行数据的同步。当原先在线主 CPU 板出现故障时,原离线 CPU 板可立即接替工作,这样对生产过程不会产生任何扰动。

c. 输入/输出通道 过程控制计算机的输入/输出通道一般包括模拟量输入/输出通道 (AI/AO)、开关量输入/输出通道(SI/SO)或数字量输入/输出通道(DI/DO)以及脉冲量输入通道(PI)。

(a) 模拟量输入/输出通道(AI/AO)。生产过程中的连续性被测物理量(温度、流量、液位、压力等)和化学量(如浓度、pH 值等),只要由在线检测仪表将其转变为相应的电信号,均可送入 AI 通道,经过 A/D 转换成数字量送给 CPU。而模拟量输出通道一般将计算机输出的数字信号转换为 $4\sim 20mA\ DC$(或 $0\sim 10mA\ DC$、$1\sim 5V\ DC$)连续直流信号,用于控制各种执行机构。

(b) 开关量输入/输出通道(SI/SO)。开关量输入通道主要用来采集各种限位开关、继电器或电磁阀连动触点的开/关状态并输入给计算机。开关量输出通道主要用于控制电磁阀、继电器、指示灯、声光报警器等只具有开、关两种状态的设备。

(c) 脉冲输入通道(PI)。有很多现场仪表如涡轮流量计、罗茨式流量计以及一些机械计数装置等输出的测量信号为脉冲信号，它们必须通过脉冲输入通道才能送入计算机。

（2）现场控制站的基本功能

DCS 现场控制站的基本功能包括反馈控制、逻辑控制、顺序控制、批量控制、数据采集与处理和数据通信等。

① 反馈控制　在生产过程控制诸多类型中，反馈控制仍然是数量最多、最基本、最重要的控制方式。现场控制站的反馈控制功能主要包括输入信号处理、报警处理、控制运算、控制回路组态和输出信号处理等。

a. 输入信号处理　对于过程的模拟量信号，一般要进行采样、模/数转换、数字滤波、合理性检验、规格化、工程量变换、零偏修正、非线性处理、补偿运算等。对于数字信号则进行状态报警及输出方式处理。对于脉冲序列，需进行瞬时值变换及累积计算。

b. 报警处理　集散控制系统具有完备的报警功能，使操作管理人员能得到及时、准确又简洁的报警信息，从而保证了安全操作。DCS 的报警可选择各种报警类型、报警限值和报警优先级。

（a）报警类型。报警类型通常可分为仪表异常报警、绝对值报警、偏差报警、速率报警以及累计值报警等。

（b）报警限值。为了实现预报警，DCS 中通常还设置了多重报警限，如上限、上上限、下限、下下限等。

（c）报警优先级。常用的报警优先级控制参数有报警优先级参数、报警链中断参数和最高报警选择参数等。设置这些参数，主要是为了使操作管理人员能从众多的报警信息中分出轻重缓急，便于报警信号的管理和操作。

c. 控制运算　控制算法有常规 PID、微分先行 PID、积分分离、开关控制、时间比例式开关控制、信号选择、比率设定、时间程序设定、Smith 预估控制、多变量解耦控制、一阶滞后运算、超前-滞后运算及其他运算等。

d. 控制回路组态　现场控制站中的回路组态功能类似于模拟仪表的信号配线和配管。由于现场控制站的输入输出信号处理、报警检验和控制运算等功能是由软件实现的，这些软件构成了 DCS 内部的功能模块，或称作内部仪表。根据控制策略的需要，将一些功能模块通过软件连接起来，构成检测回路或控制回路，这就是回路组态。

e. 输出信号处理　输出信号处理功能有输出开路检验、输出上下限检验、输出变化率限幅、模拟输出、开关输出、脉冲宽度输出等功能。

② 逻辑控制　逻辑控制是根据输入变量的状态按照逻辑关系进行的控制。在 DCS 中，由逻辑功能模块实现逻辑控制功能。逻辑运算包括与（AND）、或（OR）、非（NO）、异或（XOR）、连接（LINK）、进行延时（ON DELAY）、停止延时（OFF DELAY）、触发器（FLIP- FLOP）、脉冲（PULSE）等。逻辑模块的输入变量包括数字输入/输出状态、逻辑模块状态、计数器状态、计时器状态、局部故障状态、连续控制 SLOT 的操作方式和监控计算机的计数溢出状态等。逻辑控制可以直接用于过程控制实现工艺联锁，也可以作为顺序控制中的功能模块，进行条件判断、状态转换等。

③ 顺序控制　顺序控制就是按预定的动作顺序或逻辑，依次执行各阶段动作程序的控制方法。在顺序控制中可以兼用反馈控制、逻辑控制和输入/输出监视的功能。实现顺序控制的常用方法有顺序表法、程序语言方式和梯形图法三种。

④ 批量控制　批量控制就是根据工艺要求将反馈控制与逻辑、顺序控制结合起来，使一个间歇式生产过程得到合格产品的控制。例如，配制生产一种催化剂溶液，需经投料、加入定量溶剂、

搅拌、加热并控制到一定温度、保温、过滤、排放等步骤。在这种生产过程中，每一步操作都是不连续的，但都有规定的要求，每步的转移又依赖一定的条件。这里除了要进行温度、流量的反馈控制外，还需要执行打开阀门、启动搅拌等开关控制及计时判断，要用顺序程序把这些操作按次序连接起来，定义每步操作的条件和要求，直接控制有关的现场设备，以得到满意的产品。由此可见，批量控制中的每一步中有的可能是顺序控制，有的可能是逻辑控制，有的可能是连续量的反馈控制。

⑤ 辅助功能　除了以上各种功能外，过程控制装置还必须具有一些辅助性功能才可以完成实际的过程控制。

a．控制方式选择　DCS 有手动、自动、串级和计算机等四种控制方式可供选择。手动方式（MAN）是由操作站经通信系统进行的手动操作。自动方式（AUT）是以本回路设定值为目标进行自动运算实现的闭环控制。串级方式（CAS）是以另一个控制器的输出值作为本控制器的设定值而进行自动运算，实现自动控制。计算机方式（COMP）是监控计算机输出的数据经通信系统作为本控制器设定值的控制方式，或者作为本控制器的后备，直接控制生产过程的方式。

b．测量值跟踪　增量型和速度型 PID 算法通常具有测量值跟踪功能。即在手动方式时，使本回路的设定值不再保持原来的值，而跟踪测量值。这样，从手动切换到自动时，偏差总是零，即使比例度较小，PID 输出值也不会产生波动。切到自动后，再逐步把设定值调整到所要求的数值。

c．输出值跟踪　混合型 PID 算法在设置测量值跟踪的同时，还需要设置输出值跟踪功能。即在手动方式时，使内存单元中 PID 输出值跟踪手操输出值。这样，从手动切换到自动时，由于内存单元中的数值与手操输出值相等，从而实现了无扰动切换。

在自动方式时，手操器的输出值始终跟踪控制器的自动输出值，因此，从自动切换到手动时，手操器的输出值与 PID 的输出值相等，切换是无扰动的。

（3）冗余技术

冗余技术是提高 DCS 可靠性的重要手段。由于采用了分散控制的设计思想，当 DCS 中某个环节发生故障时，仅仅使该环节失去功能，而不会影响整个系统的功能。因此，通常只对可能会影响系统整体功能的重要环节或对全局产生影响的公用环节，有重点地采用冗余化技术。自诊断可以及时检出故障，但是要使 DCS 的运行不受故障的影响，主要依靠冗余技术。

① 冗余方式　DCS 的冗余技术可以分为多重化自动备用和简易的手动备用两种方式。多重化自动备用就是对设备或部件进行双重化或三重化设置，当设备或部件万一发生故障时，备用设备或部件自动从备用状态切换到运行状态，以维持生产继续进行。

多重化自动备用还可以进一步分为同步运转、待机运转、后退运转三种方式。

a．同步运转方式　让两台或两台以上的设备或部件同步运行，进行相同的处理，并将其输出进行核对。当两台设备同步运行时，只有当它们的输出一致时，才作为正确的输出，这种系统称为"双重化系统"（Dual System）。当三台设备同步运行时，将三台设备的输出信号进行比较，取两个相等的输出作为正确的输出值，这就是设备的三重化设置，这种方式具有很高的可靠性，但投入也比较大。

b．待机运转方式　使一台设备处于待机备用状态，当工作设备发生故障时，启动待机设备来保证系统正常运行。这种方式称为 1:1 的备用方式，这种类型的系统称为"双工系统"（Duplex System）。类似地，对于 N 台同样设备，采用一台待机设备的备用方式就称为 N:1 备用。在 DCS 中一般对局部的设备采用 1:1 备用方式，对整个系统则采用 N:1 的备用方式。待机运行方式是 DCS

中主要采用的冗余技术。

c. 后退运转方式 多台设备正常运行时，各自分担不同功能，当其中之一发生故障时，其他设备放弃其中一些不重要的功能，进行互相备用。这种方式显然是最经济的，但相互之间必然存在公用部分，而且软件编制也相当复杂。

简易的手动备用方式就是采用手动操作方式实现对自动控制方式的备用。当自动方式发生故障时，通过切换成手动工作方式来保持系统的控制功能。

② 冗余措施 DCS 的冗余包括通信网络的冗余、操作站的冗余、现场控制站的冗余、电源的冗余、输入/输出模块的冗余等。通常将工作冗余称"热备用"，而将后备冗余称为"冷备用"。DCS 中通信系统至关重要，几乎都采用一备一用的配置；操作站常采用工作冗余的方式。对现场控制站，冗余方式各不相同，有的采用 1:1 冗余，也有的采用 N:1 冗余，但均采用无中断自动切换方式。DCS 特别重视供电系统的可靠性，除了 220V 交流供电外，还考虑了镍镉电池、铅钙电池以及干电池等多级掉电保护措施。DCS 在安全控制系统中采用了三重化甚至四重化冗余技术。

除了硬件冗余外，DCS 还采用了信息冗余技术，就是在发送信息的末尾增加多余的信息位，以提供检错及纠错的能力。

3．集散控制系统操作站

（1）操作站的组成

DCS 操作站一般分为操作员站和工程师站两种类型。其中工程师站主要是工程技术人员与控制系统的人机接口，或者对应用系统进行监视。工程师站组态软件可提供一个灵活的、功能齐全的工作平台，通过它来实现用户所要求的各种控制策略。为节省投资，系统的工程师站也可以用操作员站代替。

由于通用操作站的适用面广，相对生产量大，成本下降，节省经费，容易建立生产管理信息系统，更新和升级容易，因此通用操作站是 DCS 的发展方向。

① 操作台 操作台起安装、承载和保护各种计算机和外部设备的作用。目前流行的操作台有桌式操作台、集成式操作台和双屏操作台三种，可以根据需要选择使用。

② 微处理机系统 DCS 操作站的功能越来越强，对操作站的微处理机系统也提出了更高的要求。一般 DCS 操作站采用 16 位或 32 位微处理机。

③ 外部存储设备 为了很好地完成 DCS 操作站历史数据的存储功能，许多 DCS 的操作站都配有 1～2 个大容量的外部存储设备（磁盘或磁带），有些系统还配备有历史数据记录仪。

④ 图形显示设备 当前 DCS 的图形显示设备主要是 LCD，有些 DCS 还在使用 CRT。有些 DCS 操作站配备有厂家专用的图形显示器。

⑤ 操作站键盘

a. 操作员键盘 操作员键盘一般都采用具有防水、防尘能力、有明确图案或标志的薄膜键盘。这种键盘从键的分配和布置上都充分考虑到操作直观、方便，外表美观，并且在键体内装有电子蜂鸣器，以提示报警信息和操作响应。

b. 工程师键盘 工程师键盘一般为常用的击打式键盘，主要用来进行编程和组态。

现代 DCS 操作站已采用了通用 PC 机系统，因此，无论是操作员键盘还是工程师键盘都使用通用标准键盘。

⑥ 打印输出设备 一般的 DCS 操作站都配有两台打印机，一台用于打印生产记录报表和报警报表，另一台用来拷贝流程画面。有的 DCS 已经采用激光打印机，以求得清晰、美观的打印质量和降低噪声。

（2）操作站的基本功能

操作站的基本功能主要表现为显示、操作、报警、组态、系统维护和报告生成、自诊断等几个方面。

① 显示　操作站的彩色显示器具有很强的显示功能。DCS 能将系统信息集中地反映在屏幕上，并自动地对信息进行分析、判断和综合。它以模拟方式、数字方式及趋势曲线方式实时显示每个控制回路的测量值（PV）、设定值（SV）及控制输出值（MV）。所有控制回路以标记形式显示于总貌画面中，而每个回路中的信息又可以详尽地显示于分组画面中。非控制变量的实时测量值以及经处理后的输出值也可以各种方式在屏幕上显示。

工艺设备和控制设备等的开关状态，运行、停止及故障状态，回路的操作状态（手动、自动、串级），顺序控制、批量控制的执行状态等，都能以字符方式、模拟方式、图形及色彩等多种方式在显示器上显示。

操作站还具有极强的画面生成、转换及协调能力，功能画面非常丰富，大大方便了操作和监视。

② 操作　操作站可对全系统每个控制回路进行操作，对设定值、控制输出值、控制算式中的常数值、顺控条件值和操作值进行调整，对控制回路中的各种操作方式（如手动、自动、串级、计算机、顺序手动等）进行切换，对报警限值、顺控定时器及计数器的设定值进行修改和再设定。为了保证生产的安全，还可以采取紧急操作措施。

③ 报警　操作站以画面方式、色彩（或闪光）方式、模拟方式、数字方式及音响信号方式对各种变量的越限和设备状态异常进行各种类型的报警。

④ 系统组态　DCS 实际应用于生产过程控制时，需要根据设计要求，预先将硬件设备和各种软件功能模块组织起来，以使系统按特定的状态运行，这就是系统组态。

大型 DCS 的组态是在工程师站上完成的，中、小型 DCS 的组态在操作站上就可以完成。DCS 的组态分为系统组态和应用组态两类，相应的有系统组态软件和应用组态软件。

系统组态软件包括建立网络、登记设备、定义系统信息和分配系统功能，从而将一个物理的 DCS 构成一个逻辑的 DCS，便于系统管理、查询、诊断和维护。

应用组态软件用来建立功能模块，包括输入模块、输出模块、运算模块、连续控制模块、逻辑控制模块、顺序控制模块和程序模块等，将这些功能模块适当组合后构成控制回路，以实现各种控制功能。

组态过程是先系统组态，后应用组态。组态主要针对过程控制级和过程管理级。设备组态的顺序是自上而下，先过程管理级，后过程控制级；功能组态的顺序恰好相反，先过程控制级，后过程管理级。

⑤ 系统维护　DCS 的各装置具有较强的自诊断功能，当系统中的某设备发生故障时，一方面立刻切换到备用设备，另一方面经通信网络传输报警信息，在操作站上显示故障信息，蜂鸣器等发出音响信号，督促工作人员及时处理故障。

⑥ 报告生成　根据生产管理需要，操作站可以打印各种班报、日报、操作日记及历史记录，还可以拷贝流程图画面等。

⑦ 自诊断功能　为了提高 DCS 的可靠性，延长系统的平均故障间隔时间（MTBF）和缩短平均故障修复时间（MTTR）。集散控制系统的各装置具有较强的自诊断功能。在系统投运前，用离线诊断程序检查各部分工作状态；系统运行中，各设备不断执行在线自诊断程序，一旦发现错误，立即切换到备用设备，同时经过通信网络在显示器上显示出故障代码，等待及时处理。通常故障代码可以定位到卡件板，用户只需及时更换卡件。

4．集散控制系统组态软件

计算机系统的软件一般包括系统软件和应用软件两部分。由于集散控制系统采用分布式结构，在软件体系中既包括了上述两种软件，还增加了诸如通信管理软件、组态生成软件及诊断软件等。

（1）常用组态软件及特点

① 组态基本概念　组态（Configuration）是指集散控制系统实际应用于生产过程控制时，需要根据设计要求，预先将硬件设备和各种软件功能模块组织起来，以使系统按特定的状态运行。具体讲，就是用集散控制系统所提供的功能模块、组态编辑软件以及组态语言，组成所需的系统结构和操作画面，完成所需的功能。集散控制系统的组态包括系统组态、画面组态和控制组态。

组态是通过组态软件实现的，组态软件有通用组态软件和专用组态软件。目前由于工业自动化控制系统的硬件，除采用标准工业 PC 外，系统大量采用各种成熟通用的 I/O 接口设备、各类智能仪表和现场设备，因此在软件方面可直接采用现有的组态软件进行系统设计，大大缩短了软件开发的周期；还可以应用组态软件所提供的多种通用工具模块，很好地完成一个复杂工程所要求的功能，将更多精力集中在如何选择合适的控制算法、提高控制品质等关键问题上。从管理的角度来看，用组态软件开发的系统具有与 Windows 一致的图形化操作界面，便于生产的组织和管理。

② 常用组态软件　目前市场上的组态软件很多，常用的组态软件如下。

a．InTouch　它是美国 Wonderware 公司率先推出的 16 位 Windows 环境下的组态软件。InTouch 软件图形功能比较丰富，使用方便，I/O 硬件驱动丰富，工作稳定。7.0 版本及以上（32位）在网络和数据管理方面有所加强，并实现了实时关系数据库。

b．FIX 系列　这是美国 Intellution 公司开发的一系列组态软件，包括 DOS 版、16 位 Windows 版、32 位 Windows 版、OS/2 版和其他一些版本，功能较强，但实时性欠缺。最新推出的 iFIX 全新模式的组态软件体系结构新，功能更完善，但由于过分庞大，系统资源耗费非常严重。

c．WinCC　德国西门子公司针对西门子硬件设备开发的组态软件 WinCC，是一款比较先进的软件产品，但在网络结构和数据管理方面要比 InTouch 和 iFIX 差。若用户选择其他公司的硬件，则需开发相应的 I/O 驱动程序。

d．MCGS　北京昆仑通态公司开发的 MCGS 组态软件设计思想比较独特，有很多特殊的概念和使用方式，有较大的市场占有率。在网络方面有独到之处，但效率和稳定性还有待提高。

e．组态王　该软件以 Windows 98/Windows NT4.0 中文操作系统为平台，充分利用了 Windows 图形功能的特点，用户界面友好，易学易用。该软件是由北京亚控公司开发、国内出现较早的组态软件。

f．ForceControl（力控）　大庆三维公司的 ForceControl 也是国内较早出现的组态软件之一，在结构体系上具有明显的先进性，最大的特征之一就是其基于真正意义的分布式实时数据库的三层结构，且实时数据库为可组态的"活结构"。

g．SCKey　浙大中控技术有限公司开发、用于为 JX-300X DCS 进行组态的基本组态软件 SCKey，采用简明的下拉菜单和弹出式对话框，以及分类的树状结构管理组态信息，用户界面友好，易学易用。

③ 组态信息的输入　各制造商的产品虽然有所不同，归纳起来，组态信息的输入方法有两种。

a．功能表格或功能图法　功能表格是由制造商提供的用于组态的表格，早期常采用与机器码或助记符相类似的方法，而现在则采用菜单方式，逐行填入相应参数。功能图主要用于表示连接关系，模块内的各种参数则通过填表法或建立数据库等方法输入。

b.编制程序法　采用厂商提供的编程语言或者允许采用的高级语言，编制程序输入组态信息。在顺序逻辑控制组态或复杂控制系统组态时常采用编制程序法。

④ 组态软件特点　尽管各种组态软件的具体功能各不相同，但它们具有共同的特点。

a.实时多任务　在实际工业控制中，同一台计算机往往需要同时进行实时数据的采集、处理、存储、检索、管理、输出、算法的调用，实现图形和图表的显示，完成报警输出、实时通信等多个任务。这是组态软件的一个重要特点。

b. 接口开放　组态软件大量采用"标准化技术"。在实际应用中，用户可以根据自己的需要进行二次开发，例如使用 VB、C++等编程工具自行编制所需的设备构件，装入设备工具箱，不断充实设备工具箱。

c. 强大数据库　配有实时数据库，可存储各种数据，完成与外围设备的数据交换。

d. 可扩展性强　用户在不改变原有系统的前提下，具有向系统内增加新功能的能力。

e. 可靠性、安全性高　由于组态软件需要在工业现场使用，因而可靠性是必须保证的。组态软件提供了能够自由组态控制菜单、按钮和退出系统的操作权限，例如工程师权限、操作员权限等，当具有某些权限时才能对某些功能进行操作，防止意外地或非法地进入系统修改参数或关闭系统。

（2）组态软件的功能与使用

① 组态软件主要解决的问题

a. 如何与控制设备之间进行数据交换，并将来自设备的数据与计算机图形画面上的各元素关联起来。

b. 处理数据报警和系统报警。

c. 存储历史数据和支持历史数据的查询。

d. 各类报表的生成和打印输出。

e. 具有与第三方程序的接口，方便数据共享。

f. 为用户提供灵活多变的组态工具，以适应不同应用领域的需求。

② 基于组态软件的工业控制系统的一般组建过程

a. 组态软件的安装　按照要求正确安装组态软件，并将外围设备的驱动程序、通信协议等安装就绪。

b. 工程项目系统分析　首先要了解控制系统的构成和工艺流程，弄清被控对象的特征，明确技术要求，然后再进行工程的整体规划，包括系统应实现哪些功能、需要怎样的用户界面窗口、哪些动态数据显示、数据库中如何定义及定义哪些数据变量等。

c. 设计用户操作菜单　为便于控制和监视系统的运行，通常应根据实际需要建立用户自己的菜单以方便操作，例如设立一按钮来控制电动机的启/停。

d. 画面设计与编辑　画面设计分为画面建立、画面编辑和动画编辑与链接几个步骤。画面由用户根据实际工艺流程编辑制作，然后将画面与已定义的变量关联起来，使画面上的内容随生产过程的运行而实时变化。

e. 编写程序进行调试　用户编写好程序之后需进行调试。调试前一般要借助于一些模拟手段进行初调，检查工艺流程、动态数据、动画效果等是否正确。

f. 综合调试　对系统进行全面的调试后，经验收方可投入试运行，在运行过程中及时完善系统的设计。

5．数据通信技术

（1）数据通信原理

数据通信是计算机或其他数字装置与通信介质相结合，实现对数据信息的传输、转换、存储和处理的通信技术。在 DCS 中，各单元之间的数据信息传输就是通过数据通信系统完成的。

① 数据通信系统的组成　通信是指用特定的方法，通过某种介质将信息从一处传输到另一处的过程。数据通信系统由信号、发送装置、接收装置、信道和通信协议五部分组成。

② 通信类型　信号按其是连续变化还是离散变化分为模拟信号和数字信号，相应地通信也分为模拟通信和数字通信两大类。

模拟通信是以连续模拟信号传输信息的通信方式，例如在模拟仪表控制系统中，采用 0～10mA DC 或 4～20mA DC 电流信号传输信息。数字通信是将数字信号进行传输的通信方式。

数据信息是具有一定编码、格式和字长的数字信息。

③ 传输方式　信息按其在信道中的传输方向，分为单工、半双工和全双工三种传输方式。单工方式是指信息只能沿一个方向传输，而不能沿相反方向传输的通信方式，如广播、电视。半双工方式是指信息可以沿着两个方向传输，但在指定时刻，信息只能沿一个方向传输的通信方式，如对讲机。全双工方式是指信息可以同时沿着两个方向传输的通信方向，如手机、电话等。

④ 串行传输与并行传输　串行传输是把数据逐位依次在信道上进行传输的方式。而并行传输是把数据多位同时在信道上进行传输的方式。在 DCS 中，数据通信网络几乎全部采用串行传输方式。

⑤ 基带传输与宽带传输　计算机中的信息是以二进制数字（0 或 1）形式存在的，这些二进制信息可以用一系列的脉冲（方波）信号来表示。

a．基带传输　所谓基带是指电信号所固有的频带。基带传输就是直接将代表数字信号的电脉冲信号原样进行传输。其优点是安装、维护投资小。缺点是信息传送容量小，每条传输线只可传送一路信号，且传送距离较短。

b．宽带传输　当传输距离较远时，需要用基带信号调制载波信号。在信道上传输调制信号，就是载带传输。如果要在一条信道上同时传送多路信号，各路信号可以以不同的载波频率加以区别，每路信号以载波频率为中心占据一定的频带宽度，而整个信道的带宽为各路载波信号所分享，实现多路信号同时传输，这就是宽带传输。

⑥ 异步传输与同步传输　为了保证接收装置能正确地接收信号，需要采用同步技术。常用的同步技术有两种，即异步传输和同步传输。

在异步传输中，信息以字符为单位进行传输，每个信息字符都具有自己的起始位和停止位，一个字符中的各个位是同步的，但字符与字符之间的时间间隔是不确定的。

在同步传输中，信息不是以字符而是以数据块为单位进行传输的。通信系统中有专门用来使发送装置和接收装置保持同步的时钟脉冲，使两者以同一频率连续工作，并且保持一定的相位关系。在这一组数据或一个报文之内不需要启/停标志，所以可以获得较高的传输速率。

⑦ 传输速率　信息传输速率又称为比特率，是指单位时间内通信系统所传输的信息量。一般以每秒所能够传输的比特数来表示，单位是比特/秒，记为 bit/s 或 bps。

⑧ 信息编码　信息在通过通信介质进行传输前必须先转换为电磁信号。将信息转换为信号，需要对信息进行编码。用模拟信号表示数字信息的编码称为数字-模拟编码。在模拟传输中，发送设备产生一个高频信号作为基波来承载信息信号，将信息信号调制到载波信号上，这种形式的改变称为调制（移动键控），信息信号被称为调制信号。

数字信息是通过改变载波信号的一个或多个特性（振幅、频率或相位）来实现编码的。载波信号是正弦波信号，它有三个描述参数，即振幅、频率和相位，所以相应地也有三种调制方式，即调幅方式、调频方式和调相方式。常用编码方法是幅移键控（ASK）、频移键控（FSK）和相移键控（PSK），如图 1.1.4 所示。此外还有振幅与相位变化结合的正交调幅（QAM）。

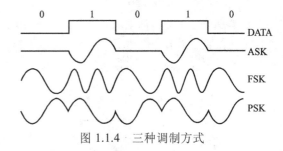

图 1.1.4　三种调制方式

a. 幅移键控法（Amplitude Shift Keying, ASK）　它是用调制信号的振幅变化来表示二进制数的，例如用高振幅表示 1，用低振幅表示 0。

b. 频移键控法（Frequency Shift Keying, FSK）　它是用调制信号的频率变化来表示二进制数的，例如用高频率表示 1，用低频率表示 0。

c. 相移键控法（Phase shift keying, PSK）　它是用调制信号的相位变化来表示二进制数的，例如用 0°相位表示 0，用 180°相位表示 1。

⑨ 数据交换方式　在数据通信系统中，通常采用线路交换、报文交换、报文分组交换三种数据交换方式。其中报文分组交换方式又包含虚电路和数据报两种交换方式。

a. 线路交换方式　在需要通信的两个节点之间，事先建立起一条实际的物理连接，然后再在这条实际的物理连接上交换数据，数据交换完成之后再拆除物理连接。因此，线路交换方式将通信过程分为三个阶段，即线路建立、数据通信和线路拆除阶段。

b. 报文交换方式　由中间节点的存储转发功能来实现数据交换，又称为存储转发方式。报文交换方式交换的基本数据单位是一个完整的报文，这个报文是由要发送的数据加上目的地址、源地址和控制信息所组成的。

c. 报文分组交换方式　交换的基本数据单位是一个报文分组。报文分组是一个完整的报文按顺序分割开来的比较短的数据组。由于报文分组比报文短得多，传输时比较灵活。特别是当传输出错需要重发时，只需重发出错的报文分组，而不必像报文交换方式那样重发整个报文。

报文交换方式和报文分组交换方式不需要事先建立实际的物理连接。

（2）通信网络

所谓计算机网络就是把分布在不同地点且具有独立功能的多个计算机系统通过通信设备和介质连接起来，在功能完善的网络软件和协议的管理下，以实现网络中资源共享为目标的系统。DCS的通信网络实质就是计算机网络，因为系统中的每一个节点工作站和网络接口相当于一个计算机系统。

① 局部网络与拓扑结构　局部区域网络 LAN（Local Area Network）简称为局部网络或局域网，是一种分布在有限区域内的计算机网络，是利用通信介质将分布在不同地理位置上的多个具有独立工作能力的计算机系统连接起来，并配置网络软件的一种网络，广大用户能够共享网络中的所有硬件、软件和数据等资源。

在通信网络中，"拓扑"一词是指网络中节点或工作站相互连接的方法。网络拓扑结构就是网络节点互连的方法。拓扑结构决定了一对节点之间可以使用的数据通路或称链路。通信网络的拓扑结构主要是指星形、环形、总线型、树形等。

a. 星形结构　如图 1.1.5 所示的星形结构中，每一个节点都通过一条链路连接到一个中央节点上，任何两个节点之间的通信都要经过中央节点。在中央节点有一个"智能"开关装置，用来接通两个节点之间的通信路径。因此，中央节点的构造是比较复杂的，一旦发生故障，整个通信系统就要瘫痪。

b. 环形结构　如图1.1.6所示，在环形结构中，所有的节点通过链路组成一个环形。需要发送信息的节点将信息送到环上，信息在环上只能按某一确定的方向传输。当信息到达接收节点时，该节点识别信息中的目的地址，若与自己的地址相同，就将信息取出，并加上确认标记，以便由发送节点清除。由于传输是单方向的，所以不存在确定信息传输路径的问题，简化了链路的控制。当某一节点出现故障时，可以将该节点旁路，以保证信息畅通无阻。

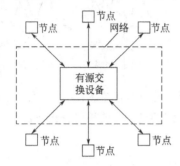

图1.1.5　星形拓扑结构

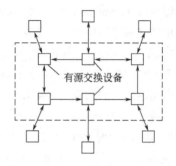

图1.1.6　环形拓扑结构

环形结构的主要问题是在节点数量太多时会影响通信速度。另外，环是封闭的，不便于扩充。环形结构易于用光缆作为网络传输介质，而光纤的高速度和高抗干扰能力，使环形网络性能提高。

c. 总线型结构　如图1.1.7所示，所有的站都通过相应的硬件接口直接接到总线上。由于所有的节点都共享一条公用的传输线路，所以每次只能由一个节点发送信息，信息由发送节点向两端扩散，如同广播电台发射的信号向空间扩散一样，所以，这种结构的网络又称为广播式网络。某节点发送信息之前，必须保证总线上没有其他信息正在传输。当这一条件满足时，它才能把信息送上总线。在有用信息之前有一个询问信息，询问信息中包含着接收该信息的节点地址，总线上其他节点同时接收这个信息。当某个节点由询问信息中鉴别出接收地址与自己的地址相符时，这个节点便做好准备，接收后面所传送的信息。

总线结构突出的特点是结构简单，便于扩充。另外，由于网络是无源的，所以当采用冗余措施时并不增加系统的复杂性。总线结构对总线的电气性能要求很高，对总线的长度也有一定的限制，因此，它的通信距离不可能太长。

d. 树形结构　树形拓扑是从总线型拓扑演变过来的，形状像一棵倒置的树，顶端有一个带分支的根，每个分支还可延伸出子分支，如图1.1.8所示。

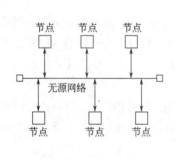

图1.1.7　总线型拓扑结构

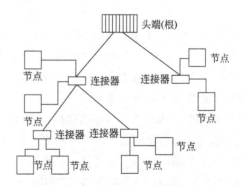

图1.1.8　树形拓扑结构

这种拓扑和带有几个段的总线拓扑的主要区别在于根（也称头端）的存在。当节点发送时，根接收该信号，然后再重新广播发送到全网。这种结构不需要中继器。

② 传输介质　传输介质是通信网络的物质基础，主要有双绞线、同轴电缆和光缆三种，如图1.1.9所示。

a. 双绞线　双绞线是由两条相互绝缘的导体扭绞而成的线对。在线对的外面常有金属箔组成的屏蔽层和专用的屏蔽线，如图1.1.9（a）所示。双绞线的成本比较低，但在传输距离比较远时，它的传输速率受到限制，一般不超过10Mbps。

b. 同轴电缆　同轴电缆由内导体、中间绝缘层、外导体和外绝缘层构成，如图1.1.9（b）所示。信号通过内导体和外导体传输，外导体一般是接地的，起屏蔽作用。同轴电缆分为用于基带传输的基带同轴电缆（如50Ω同轴电缆）和用于宽带传输的宽带同轴电缆（如75Ω电视天线电缆）。同轴电缆的数据传输速率、传输距离、可支持的节点数、抗干扰等性能优于双绞线，成本高于双绞线，但低于光纤。

c. 光缆　如图1.1.9（c）所示，光缆内芯是由二氧化硅拉制成的光导纤维，外

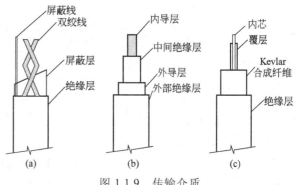

图1.1.9　传输介质

面敷有一层玻璃或聚丙烯材料制成的覆层。由于内芯和覆层的折射率不同，以一定角度进入内芯的光线能够通过覆层折射回去，沿着内芯向前传播以减少信号的损失。因为光缆中的信息是以光的形式传播的，所以电磁干扰对它几乎毫无影响，具有良好的抗干扰性能。

③ 网络控制方法　在通信网络中，使信息从发送装置迅速而正确地传递到接收装置的管理机制称为网络控制方法。网络控制方法与所使用的网络拓扑结构有关，常用的方法有查询、令牌传送、自由竞争、存储转发等方式。

a. 查询式　查询式用于主从结构网络中，如星形网络或具有主站的总线型网络。主站依次询问各站是否需要通信，收到通信应答后再控制信息的发送与接收。当多个从站要求通信时，按站的优先级安排发送。

b. 自由竞争式　在这种方式中，网络上各站是平等的，任何一个站在任何时刻均可以向网上广播要发送的信息。信息中包含有目的站地址，其他各站接收到后确定是否为发给本站的信息。由于总线型网络中线路是公用的，因此竞争发送所要解决的问题是当有多个站同时发送信息时的协调问题。

当工作站有数据需要发送时，首先监听线路是否空闲。若空闲，则该站就可发送数据。载波监听技术虽然能够减少线路冲突，但还不能完全避免冲突。如两个工作站同时监听到线路空闲时，会同时发送数据而产生冲突，造成数据作废。解决的办法是在发送数据的同时，发送站还需进行冲突检测。当检测到冲突发生时，工作站将等待一个随机时间再次发送。载波侦听多工访问/冲突检测（CSMA/CD）方法就是一个典型例子。

c. 令牌传送　这种方式中，有一个称为令牌的信息段在网络中各节点之间依次传递。令牌有空、忙两种状态，开始时为空闲。节点只有得到空令牌时才具有信息发送权，同时将令牌置为忙。令牌沿网络而行，当信息被目标节点取走后，令牌被重新置为空。

令牌传送的方法实际上是一种按预先的安排让网络中各节点依次轮流占用通信线路的方法。令牌是一组特定的二进制代码，它按照事先排列的某种逻辑顺序沿网络而行，只有获得令牌的节点才

有权控制和使用网络。若某节点得到令牌后有信息要发送，则先将令牌从网络上取下，并把令牌改成连接器，此时该节点即可发送信息。发送完毕，还需将令牌再附在信息后面，传送给逻辑顺序中的下一个节点。而如果下一节点无信息发送，则令牌将随即向逻辑顺序中的下一个节点传递。

图 1.1.10 是一个令牌传送过程示意图。由图可见，令牌传送的次序是由用户根据需要预先确定的，而不是按节点在网络中的物理次序传送的。图中的传送次序为 A—C—F—B—D—E—A。

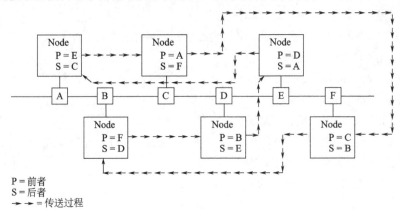

P = 前者
S = 后者
→ = 传送过程

图 1.1.10　令牌传送过程示意图

令牌传送既适合于环形网，也适合于总线型网。在总线型网的情况下，各站被赋予一个逻辑位置，所有站形成一个逻辑环。令牌传送效率高，信息吞吐量大，实时性好。

令牌传送与 CSMA/CD 相比，重载时响应时间较短，实时性较好。而 CSMA/CD 在网络重载时将不断地发生冲突，因此响应时间较长，实时性变差。但令牌方式控制较复杂，网络扩展时必须重新初始化。

d．存储转发式　源节点发送信息到达它的相邻节点时，相邻节点将信息存储起来，等到自己的信息发送完，再转发这个信息，直到把此信息送到目的节点；目的节点加上确认信息（正确）或否认信息（出错），向下发送直至源站；源节点根据返回信息决定下一步动作，如取消信息或重新发送。存储转发式不需要通信指挥器，允许有多个节点在发送和接收信息，信息延时小，带宽利用率高。

④ 差错控制技术　DCS 的通信网络是在条件比较恶劣的工业环境下工作的，因此，在信息传输过程中，各种各样的干扰可能造成传输错误，这些错误轻则会使数据发生变化，重则会导致生产过程事故，因此必须采取一定的措施来检测错误并纠正错误。检错和纠错统称为差错控制。

a．传输错误与误码率　在通信网络上传输的信息是二进制信息，它只有 0 和 1 两种状态。因此，如果把 0 误传为 1，或者把 1 误传为 0 就是传输错误。一种是由突发噪声引起的突发错误，其特征是误码连续成片出现。另一种是由随机噪声引起的随机错误，其特征是误码与其前后的代码是否出错无关。

为了满足控制要求和充分利用信道的传输能力，信息传输速率一般在 0.5～100Mbps 左右。传输速率越大，每一位二进制代码（又称码元）所占用的时间就越短，波形就越窄，抗干扰能力就越差，可靠性就越低。

传输可靠性用误码率表示，误码率是指通信系统所传输的总码元数中发生差错的码元数所占的比重（取统计平均值）。误码率越低，通信系统的可靠性就越高。在 DCS 中，常用每年出现多少次误码来代替误码率。对大多数 DCS 来说，这一指标大约在每年 0.01 次到 4 次左右。

b．反馈重发纠错方式（ARQ）　在反馈重发纠错方式下，发送端要对所发送的数据进行某种运算，产生能检测错误的帧校验序列，然后把校验序列与数据一起发往对方。在接收端根据事先约定的编码运算规则及校验序列，检查数据在传输过程中是否有出错，并通过反馈信道把判决结果发回发送端。发送端收到反馈信号，若标明传送有错，则发送端重发数据，直到接收端返回信号标明接收正确为止。ARQ 方式中，必须有一个反馈信道，并且只用于点对点的通信方式。

ARQ 方式的关键问题是检错编码问题。检错编码的方法很多，常用的有奇偶校验和循环冗余码校验 CRC。

（a）奇偶检验　在传递字节后附加一位校验位，该校验位根据字节内容取 1 或 0。奇校验时传送字节与校验位中"1"的数目为奇数，偶校验时传送字节与校验位中"1"的数目为偶数。接收端按同样的校验方式对收到的信息进行校验。如发送时规定为奇校验时，若收到的字符及校验位中"1"的数目为奇数，则认为传输正确，否则，认为传输错误，采取进一步措施纠错。奇偶校验只能检测出奇数个信息位出错的情况，而且差错的位置不能确定。

（b）循环冗余码校验　在传输的信息中按照规定附加一定数量的冗余位。有了冗余位，真正有用的代码数就少于所能组合成的全部代码数。这样，当代码在传输过程中出现错误，并且使接收到的代码与有用的代码不一致时，说明发生了错误。

发送端在信息码的后面按一定的规则附加冗余码组成传输码组的过程称为编码，在接收端按相同规则检测和纠错的过程称为译码。编码和译码都是由硬件电路配合软件完成的。在 DCS 中应用较多的是循环冗余码 CRC（Cyclic Redundancy Code）校验方法。

（3）通信协议

① 通信协议的概念　网络通信功能包括传输数据和通信控制两大部分。为了可靠、准确且快速地传输数据信息，通信过程从开始发送信息到结束发送可分为若干个阶段，相应的通信控制功能也分成一组组操作。将通信的全过程称为通信体系结构，一组组通信控制功能应当遵守通信双方共同约定的规则，并受这些规则的约束。在计算机通信网络中，对数据传输过程进行管理的规则被称为协议。

通信协议不仅规定了通信过程，还需要规定报文的格式及所使用的命令的含义等。协议关键要素为语法（Syntax）、语义（Semantics）和时序（Timing）。

完善的通信协议是复杂的，为了使其设计简单，易于调试和正确实现，通常将整个协议划分为若干个层次。不同的局部网络，其通信网络系统结构不同，描述其通信控制功能的协议也不同。

② 开放系统互连参考模型　为了使各种网络能够互连，国际标准化组织 ISO（International Standards Organization）提出了一个开放系统互连 OSI（Open Systems Interconnection）参考模型，简称 ISO/OSI 模型。它是系统之间相互交换信息所共同使用的一组标准化规则，凡按照该模型建立的网络就可以互连。

ISO/OSI 模型是信息处理领域内的最重要标准之一。它为协调研制系统互连的各种标准提供共同基础，为保持所有相关标准的相容性提供共同的参考，为研究、设计、实现和改造信息系统提供了功能上和概念上的框架。标准将开放系统的通信功能分为 7 层，描述了分层的意义及各层的命名和功能。

ISO/OSI 模型由 7 层组成，从下至上分别为物理层、链路层、网络层、传送层、会话层、表示层及应用层。可以认为低层实际上是高层的接口，每一层都详细地规定了通信协议和任务，一旦这一层的任务完成，它上面或下面层的任务就开始执行。ISO/OSI 模型各层的功能如下。

a. 物理层　物理层用来提供通信设备的机械特性、电气特性、功能特性和过程特性，并在物理线路上传输数据位流。

b.链路层　链路层负责将被传送的数据按帧结构格式化，从一个站无差错地传送到下一个站。

c.网络层　网络层负责将数据通过多种网络从源地址发送到目的地址，并负责多路径下的路径选择和拥挤控制。

d.传送层　传送层负责源端到目的端完整数据的传送，在这一点上与网络层是有区别的，网络层只负责数据包的传送，它并不关心数据包之间的关系。

e.会话层　会话层为网络的会话控制器，负责通信设备间交互作用的建立、维护与同步，同时还负责每一会话的正常关闭，即不会造成会话的突然中断。

f.表示层　表示层使数据格式不同的设备之间可以进行通信，如设备分别采用不同的编码。表示层具有代码翻译功能，使设备间能够互相理解。

g.应用层　应用层为用户提供访问网络的手段，包括提供界面及各种服务，如电子邮件、文件存取、数据库管理等。

总之，下面 3 层主要解决网络通信的细节，并为上层用户服务；上面 4 层解决端对端的通信，并不涉及实现传输的具体细节。

6. JX-300X 集散控制系统概述

JX-300X 集散控制系统是浙大中控技术有限公司于 1997 年在原有系统的基础上，吸收了最新的网络技术、微电子技术成果，充分应用了最新信号处理技术、高速网络通信技术、可靠的软件平台和软件设计技术以及现场总线技术，采用了高性能的微处理器和成熟的先进控制算法，全面提高了系统性能，运用新技术推出的新一代集散控制系统。

JX-300X 系统的整体结构如图 1.1.11 所示，它的基本组成包括工程师站（ES）、操作站（OS）、控制站（CS）和通信网络 SCnet Ⅱ。通过在 JX-300X 的通信网络上挂接总线变换单元（BCU），可实现与早期产品 JX-100、JX-200、JX-300 系统的互联；在通信网络上挂接通信接口单元（CIU），可实现 JX-300X 与 PLC 等数字设备的连接；通过多功能站（MFS）和相应的应用软件 Advantrol-PIMS，可实现与企业管理计算机网的信息交换，实现企业网络（Intranet）环境下的实时数据采集、实时流程查看、实时趋势浏览、报警记录与查看、开关量变位记录与查看、报表数据存储、历史趋势存储与查看、生产过程报表生成与输出等功能，从而实现整个企业生产过程管理与控制的全集成综合自动化。

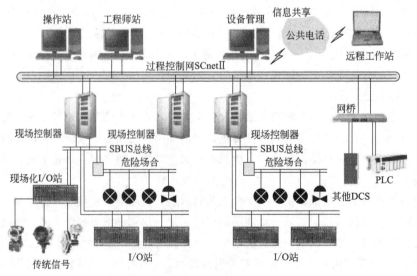

图 1.1.11　JX-300X 系统整体结构示意图

（1）系统主要设备

① 控制站（CS） 实现对物理位置、控制功能都相对分散的现场生产过程进行控制的主要硬件设备称为控制站（Control Station，CS）。

通过不同的硬件配置和软件设置可构成不同功能的控制站，包括数据采集站（DAS）、逻辑控制站（LCS）和过程控制站（PCS）三种类型。

数据采集站提供对模拟量和开关量信号的基本监视功能，一个数据采集站最多可处理 384 点模拟量信号（AI/AO）或 1024 点开关量信号（DI/DO）、768KB 数据运算程序代码及 768KB 数据存储器。

逻辑控制站提供电机控制和继电器类型的离散逻辑功能。信号处理和控制响应快，控制周期最小可达 50ms。逻辑控制站侧重于完成联锁逻辑功能，回路控制功能受到相应限制。逻辑控制站最大负荷为 64 个模拟量输入、1024 个开关量、768KB 控制程序代码和 768KB 数据存储器。

过程控制站简称控制站，是传统意义上集散控制系统的控制站，提供常规回路控制的所有功能和顺序控制方案，控制周期最小可达 0.1s。过程控制站最大负荷为 128 个控制回路（AO）、256 个模拟量输入（AI）、1024 个开关量（DI/DO）、768KB 控制程序代码、768KB 数据存储器。

主控制卡是控制站中关键的智能卡件，又叫 CPU 卡（或主机卡）。主控制卡以高性能微处理器为核心，能进行多种过程控制运算和数字逻辑运算，并能通过下一级通信总线获得各种 I/O 卡件的交换信息，而相应的下一级通信总线称之为 SBUS。

控制站的子单元是由一定数量的 I/O 卡件（1～16 个）构成的，可以安装在本地控制站内或无防爆要求的远方现场，分别称为 IO 单元（IOU）或远程 IO 单元（RIOU）。

② 操作站（OS） 由工业 PC 机、CRT、键盘、鼠标、打印机等组成的人机接口设备称为操作站（Operator Station，OS），是操作人员完成工艺过程监视、操作、记录等管理任务的环境。

高性能工控机、卓越的流程图、多窗口画面显示等功能可以方便地实现生产过程信息的集中显示、集中操作和集中管理。

③ 工程师站（ES） 集散控制系统中用于控制应用软件组态、系统监视、系统维护的工程设备称为工程师站（Engineer Station，ES）。它是为专业工程技术人员设计的，内装有相应的组态平台和系统维护工具。工程师站的硬件配置与操作站基本一致。

通过系统组态平台生成适合于生产工艺要求的应用系统，具体包括系统生成、数据库结构定义、操作组态、流程图画面组态、报表程序编制等。

④ 通信接口单元（CIU） 用于实现 JX-300X 系统与其他计算机、各种智能控制设备（如 PLC）接口的硬件设备称为通信接口单元（Communication Interface Unit，CIU 或通信管理站）。

⑤ 多功能站（MFS） 用于工艺数据的实时统计、性能运算、优化控制、通信转发等特殊功能的工程设备统称为多功能站（Multi-function Station，MFS）。

系统需向上兼容、连接不同网络版本的 JX 系列 DCS 系统时，采用 MFS 即可实现，并节省用户的投资成本。

⑥ 过程控制网（SCnetⅡ） 将控制站、操作站、通信接口单元等硬件设备连接起来，构成一个完整的分布式控制系统，实现系统各节点间相互通信的网络称为过程控制网（简称 SCnetⅡ）。SCnetⅡ采用冗余 10Mbps（局部可达 100Mbps）工业以太网。

（2）系统软件

众所周知，计算机仅有硬件是无法工作的。为进行系统设计并使系统正常运行，JX-300X 系统除硬件设备外，还配备了给 CS、OS、MFS 等进行组态的专用软件包。

组态软件包中包括 SCKey（系统组态）、SCDraw（流程图绘制）、SCControl（图形化组态）、SCDiagnose（系统诊断）等工具软件；同时还有用于过程实时监视、操作、记录、打印、事故报警等功能的实时监控软件 AdvanTrol/AdvanTrol-Pro。

PIMS（Process Information Management Systems）软件是自动控制系统监控层一级的软件平台和开发环境，以灵活多变的组态方式提供了良好的开发环境和简捷的使用方法，各种软件模块可以方便地实现和完成监控层的需要，并能支持各种硬件厂商的计算机和 I/O 设备，是理想的信息管理网开发平台。

Advantrol Pro 在中控的 WebField JX-300X、ECS-100 等系统上已经得到了广泛的应用，在继承原版本软件功能丰富、界面友好、使用简单特点的基础上，针对 JX-300XP 系统的特点，中控对原版本的 Advantrol Pro 软件包进行了多项改进与升级，形成了更为丰富、便于使用的 AdvanTrol-Pro（For JX-300XP）软件包。

软件包构成：

AdvanTrol 实时监控软件；

SCKey 系统组态软件；

SCLang C语言组态软件（简称SCX语言）；

SCControl 图形化组态软件；

SCDraw 流程图制作软件；

SCForm 报表制作软件；

SCSOE SOE 事故分析软件；

SCConnect OPC Server 软件；

SCViewer 离线查看器软件；

SCDiagnose 网络检查软件；

SCSignal 信号调校软件。

（3）通信网络

集散控制系统中的通信系统担负着传递过程变量、控制命令、组态信息以及报警信息等任务，是联系过程控制站与操作站的纽带，在集散控制系统中起着十分重要的作用。

JX-300X 系统为了适应各种过程控制规模和现场要求，通信系统对于不同结构层次分别采用了信息管理网、SCnetⅡ网络和 SBUS 总线，其典型的拓扑结构如图 1.1.12 所示。

信息管理网连接各个控制装置的网桥和企业各类管理计算机，用于工厂级的信息传送和管理，是实现全厂综合管理的信息通道。

JX-300X 系统采用双高速冗余工业以太网 SCnetⅡ作为其过程控制网络，直接连接系统的控制站、操作站、工程师站、通信接口单元等，是传送过程控制实时信息的通道，具有很高的实时性和可靠性。

SBUS 总线是控制站各卡件之间进行信息交换的通道。SBUS 总线由两层构成，即 SBUS-S1 和 SBUS-S2。主控制卡就是通过 SBUS 总线来管理分散于各个机笼的 I/O 卡件的。

（4）系统主要特点

JX-300X DCS 具有大型集散控制系统的安全性、冗余功能、网络扩展功能、集成的用户界面及信息存取功能，除具有模拟量信号输入/输出、数字量信号输入/输出、回路控制等常规 DCS 功能外，还具有高速数字量处理、高速事件顺序记录（SOE）、可编程逻辑控制等特殊功能；不仅提供功能块图、梯形图等直观的图形组态工具，还提供开发复杂高级控制算法（如模糊控制）的类

C语言SCX编程环境。系统规模变化灵活，产品多元化、正规化，安装方便，维护简单，主要以国内过程控制为对象，可以实现从一个单元的过程控制到全厂范围的自动化集成。

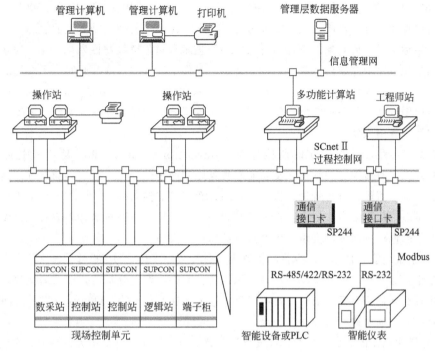

图1.1.12　JX-300X系统网络拓扑结构示意图

① 高速、可靠、开放的通信网络SCnetⅡ　过程控制网络SCnetⅡ连接工程师站、操作站、控制站和通信处理单元。采用1:1冗余的工业以太网，总线型或星形拓扑结构，曼彻斯特编码方式，遵循开放的IEEE802.3标准和TCP/IP协议，并辅以实时网络故障诊断，可靠性高，纠错能力强，通信效率高，通信速率达10Mbps。

SCnetⅡ真正实现了控制系统的开放性和互连性。通过配置交换器（SWITCH），操作站之间的网络速度能提升至100Mbps，而且可以连接多个SCnetⅡ子网，形成一种组合结构。每个SCnetⅡ网理论上最多可带1024个节点，最远可达10000m。目前已实现的网络可带15个控制站和32个其他站。

② 分散、独立、功能强大的控制站　控制站通过主控制卡、数据转发卡和相应的I/O卡件，实现现场过程信号的采集、处理、控制等功能。根据现场要求的不同，系统配置规模可以从几个回路、几十个信息量到1024个控制回路、6144个信息量。主控制卡可以冗余配置，保证实时过程控制的可靠性，尤其是主控制卡的高度模件化结构，可以用简单的配置方法实现复杂的过程控制。

在一个控制站内，通过SBUS总线可以挂接6个I/O或远程I/O单元，一个I/O单元可以带16个I/O卡件，I/O卡件可对现场信号进行预处理。

③ 多功能的协议转换接口　JX-300X系统具有与多种现场总线仪表、PLC以及智能仪表通信互连的功能，可实现与MODBUS、HostLink等多种协议的网际互连，可方便地完成对它们的隔离配电、通信、修改组态等，如Rosemount公司、ABB公司、上海自动化仪表公司、西安仪表厂、川仪集团的产品以及浙大中控开发的各种智能仪表和变送器，实现了系统的开放性和互操作性。

④ 全智能化卡件设计，可任意冗余配置　控制站的所有卡件均采用专用的微处理器负责卡件的控制、检测、运算、处理以及故障诊断等工作，在系统内部实现全数字化数据传输和数据处理。

另外，控制站的电源、主控卡、数据转发卡和模拟量卡均可按不冗余或冗余的要求配置（开关量卡不能冗余），从而在保证系统可靠性和灵活性的基础上，降低了费用。

⑤ 简单、易用的组态手段和工具　SCKey 组态软件是基于中文 Windows 2000/NT 操作系统开发的，用户界面友好、功能强大、操作方便，全面支持系统各种控制方案的组态。

软件体系运用了面向对象的程序设计（OOP）技术和对象链接与嵌入（OLE）技术，可以帮助工程师们系统有序地完成信号类型、控制方案、操作手段等的设置。同时，系统增加和扩充了上位机的使用和管理软件 Advantrol-PIMS，开发了 SCX 控制语言（类 C 语言）、梯形图、顺序控制语言功能块图、结构化语言等算法组态工具，完善了流程图设计操作、实时数据库开放接口、报表、打印管理等附属软件。

⑥ 丰富、实用、友好的实时监控界面　AdvanTrol/AdvanTrol-Pro 是基于中文 Windows 2000/NT 开发的实时监控应用软件，支持实时数据库和网络数据库，用户界面友好，具有分组显示、趋势图、动态流程、报警管理、报表及记录、存档等监控功能。

操作站可以一机配多台 CRT，并配有薄膜键盘、触摸屏、跟踪球等输入方式。操作员可以通过丰富的多种彩色动态界面，实现对生产过程的监视和操作。

⑦ 事件记录功能　JX-300X 提供功能强大的过程顺序事件记录、操作人员的操作记录、过程参数的报警记录等多种事件记录功能，并配以相应的事件存取、分析、打印、追忆等软件。系统配有最小事件分辨时间间隔（1ms）的顺序事件记录（SOE）卡件，可以通过多卡时间同步的方法，同时对 256 点信号进行快速顺序记录。

⑧ 与异构化系统的集成　网关卡（又称通信接口卡）是通信接口单元的核心，实现 JX-300X 系统与其他厂家智能设备的互连，可将非 JX-300X 系统智能系统的数据通过通信的方式连入 JX-300X 系统中，通过 SCnet II 网络实现数据在 JX-300X 系统中的共享。

【任务实施】搜集、整理集散控制系统产品及应用等相关信息

每 5～6 人进行随机组合，通过因特网或图书资料等方式，搜集整理 1～2 个集散控制系统生产商、产品及应用方面的相关信息，然后进行学习评价，并依据评价标准（见附录 2）给出成绩。

收集的信息应包括产品型号、制造商、系统构成、典型设备及具体功能、通信网络及参数、产品应用领域、典型应用案例等。

【学习评价】

1. 什么是集散控制系统？其基本设计思想是什么？

2. 简述集散控制系统的体系结构及各层次的主要功能。

3. 操作站主要包括哪些设备？操作站的基本功能有哪些？

4. 现场控制站的主要设备有哪些？它具有哪些功能？

5. 什么是组态？组态软件主要解决哪些问题？

6. 什么是冗余技术？

7. 数据通信系统是由哪些部分组成的？

8. 解释数据传输方式、串行传输与并行传输、基带传输与宽带传输、异步传输与同步传输、信息编码、数据交换方式等概念。

9. 什么是局部网络？它的拓扑结构、传输介质、网络控制方法分别有哪几种？

10. 什么是通信协议？简述开放系统互连参考模型（OSI）。

11. JX-300X 系统的基本组成是什么？主要设备包括哪些内容？

12. JX-300X 系统组态软件包中有哪些软件？各自的功能是什么？

13. JX-300X 系统的通信网络是如何构成的？各自的作用是什么？

任务 2　JX-300X 集散控制系统的安装与硬件认识

【任务描述】

集散控制系统的硬件是实现其控制功能的物质基础。控制站是系统中直接与现场打交道的 I/O 处理单元，完成整个工业过程的实时监控功能。通过软件设置和硬件的不同配置可构成不同功能的控制结构，如过程控制站、逻辑控制站、数据采集站。认识和掌握 JX-300X 系统的控制站并学会硬件及软件的安装，对提高学生的实际操作能力是非常重要的。

【知识链接】

1. 控制站认识与安装

控制站是系统中直接与现场打交道的 I/O 处理单元，完成整个工业过程的实时监控功能。通过软件设置和硬件的不同配置可构成不同功能的控制结构，如过程控制站、逻辑控制站、数据采集站。

控制站主要由机柜、机笼、供电单元和各类卡件（包括主控制卡、数据转发卡和各种信号输入/输出卡）组成，其核心是主控制卡。主控制卡通常插在过程控制站最上部机笼内，通过系统内高速数据网络 SBUS 扩充各种功能，实现信号的输入输出，同时完成过程控制中的数据采集、回路控制、顺序控制以及包括优化控制等各种控制算法。

（1）控制站设备认识

控制站硬件的部件号和对应的名称如表 1.2.1 所示。

表 1.2.1　控制站硬件部件号及其名称

部件号	部件名称	部件号	部件名称
SP202	机柜	SP221	电源指示卡
SP201S	小机柜	SP251	电源箱机笼
SP211	一体化机笼（含母板端子）	SP251-1	电源（5V，24V），110W
SP243X	主控制卡	SP251-2	电源（24V）单体，110W
SP233	数据转发卡	SP291	SBUS 总线扩展电缆（m）
SP244	RS-232/RS-485 通信接口卡		

① 机柜　机柜采用拼装结构，机柜最多可安装 1 个控制站的电源单元、6 个 I/O 单元（机笼）。由于机柜采用了拼装结构，可以通过拆卸各个机柜上的侧面板，形成互通的控制柜组，方便整个系统内部走线。控制站机柜外壳均采用金属材料，柜门与机柜主体之间保证有良好的电气连接，使其为内部的电子设备提供完善的电磁屏蔽。为保证电磁屏蔽效果，也为了操作人员的安全，要求机柜可靠接地，接地电阻应小于 4Ω。机柜顶部安装两只散热风机，后门下部开有通风孔，并安

装滤网来过滤进风。机柜底部安装有可调整尺寸的电缆线入口，机柜侧面安装有可活动的汇线槽。SP201S 型机柜如图 1.2.1 所示。

② 机笼　JX-300X DCS 控制站机械结构设计符合硬件模块化的总线结构设计要求，采用了插拔卡件方便、容易扩展的带导轨的机笼框架结构。JX-300X DCS 的机笼为一体化机笼，如图 1.2.2 所示。

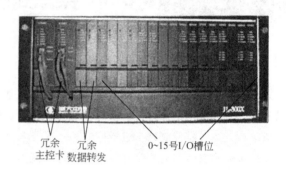

冗余主控卡　冗余数据转发　0~15号I/O槽位

图 1.2.1　SP201S 型机柜　　　　　　　　图 1.2.2　机笼

机笼主体由金属框架和母板组成。每个机笼内有 20 个槽位用于固定卡件，每个槽位的具体分工不同，从左往右依次为冗余主控卡位、冗余数据转发卡位、0~15 号 I/O 卡位。同一控制站的各个机笼通过双重化串行通信总线 SBUS-S2 相连。

机笼的背部固定有母板，其介质为印刷电路板。母板上固定有欧式插座，通过欧式插座将机笼内的各个卡件在电气上连接起来。母板为卡件提供工作所需的 5V、24V 直流电源。每个母板上焊接有 20 个欧式插座，与机笼内的 20 条导轨相对应。将卡件沿导轨插入后，卡件上的插针将顺势插入欧式插座内。欧式插座背面有一组接线端子，每个卡件对应 8 个接线端子。不同的卡件在接线端子的接线方法是不相同的。JX-300X 型母板接线端子的排列形式为统一横排，JX-300XP 型母板接线端子的排列形式为各卡件分列竖排。

母板为数据转发卡与 I/O 卡件间通信提供 SBUS-S1 级通信通道，对于主控制机笼而言，母板还提供主控制卡与数据转发卡间的 SBUS-S2 级的通信通道。主控制机笼与所有 I/O 机笼的 SBUS-S2 通信是通过在机笼上的 D 型 9 芯插座上插接 8 芯双绞线来实现的。

母板的电气连接是构造 SBUS 通信结构的重要部分。其中，SBUS-S1 为点对点的通信，每一个 I/O 通道对应有一条专用通信线路。SBUS-S2 为总线形式。

③ 电源　电源配置可按照系统容量及对安全性的要求灵活选用单电源供电、冗余双电源供电等配电模式。控制站卡件要求供电电压为+5V 和+24V，由 220V 交流电经过电源转换，引出 5 根电源线，其中 2 根为+5V，1 根为+24V，2 根为 GND（直流地）。

JX-300X 电源系统供电可靠，安装、维护方便。通过电源系统内部的设计，还可限制系统对交流电源的污染，并使系统不受交流电源波动和外部干扰的影响。电源还具有过流保护、低电压报警等功能。

④ 控制站卡件　控制站卡件位于控制站机笼内，主要由控制卡、数据转发卡和 I/O 卡件组成。卡件按一定的规则组合在一起，完成信号采集、信号处理、信号输出、控制、计算、通信等功能。

卡件命名规则如下。

SP　ABCD-E

A　系统分类号。0：操作站硬件；1：软件；2：控制站硬件；3：控制站 I/O 卡件；4：网络部件；5：端子部件。

B　部件分类号，用 0～9 表示。

C　部件序号，用 1～9 表示。

D　改进号，用 A、B、C 表示。

E　零部件序号，用 1～9 表示。

各卡件名称性能如表 1.2.2 所示。

表 1.2.2　控制站卡件一览表

型　号	卡件名称	性能及输入/输出点数
SP243X	主控制卡	负责采集、控制和通信等，10Mbps
SP244	通信接口卡	RS-232/RS-485/RS-422 通信接口，可以与 PLC、智能设备通信
SP233	数据转发卡	SBUS 总线标准，用于扩展 I/O 单元
SP313	电流信号输入卡	4 路输入，可配电，分组隔离，可冗余
SP314	电压信号输入卡	4 路输入，分组隔离，可冗余
SP315	应变信号输入卡	2 路输入，点点隔离
SP316	热电阻信号输入卡	2 路输入，点点隔离，可冗余
SP317	热电阻信号输入卡（定制小量程）	2 路输入，点点隔离，可冗余
SP322	模拟信号输出卡	4 路输入，点点隔离，可冗余
SP323	四路 PWM 输出卡	总脉宽长为 200ms，和 SP542 端子板配合用
SP334	四路 SOE 信号输入卡	4 点分组隔离型
SP335	脉冲量输入卡	4 路输入，最高相应频率 10kHz
SP341	位置调节输出卡（PAT）卡	1 路模入，2 路开出，2 路开入
SP363	触点型开关量输入卡	7/8 路输入，统一隔离
SP361	电平型开关量输入卡	7/8 路输入，统一隔离
SP362	晶体管触点开关量输出卡	7/8 路输出，统一隔离
SP364	继电器开关量输出卡	7 路输出，统一隔离
SP000	空卡	I/O 槽位保护板

a. 主控制卡（SP243X）　主控制卡是控制站的软、硬件核心，负责协调控制站内的所有软、硬件关系和各项控制任务，如完成控制站中的 I/O 信号处理、控制计算、与上下网络通信控制处理、冗余诊断等功能。主控制卡的功能和性能将直接影响系统功能和可用性、实时性、可维护性和可靠性。

JX-300X 系统的主控制卡采用双微处理器协同处理控制站的任务，两个处理器分别为主处理器和从处理器。主处理器负责对整个控制站进行管理和协调，从处理器负责控制站与其他站的通信。在主控制卡上集成有两个 10Mbps 以太网标准通信控制器和驱动接口，互为冗余，构成双重化、热冗余的过程控制网 SCnet II。

主控制卡支持冗余和非冗余配置。在冗余配置方式下，一个控制站内配有两块主控制卡，每一块控制卡均执行同样的应用程序，当然只有一个运行在控制方式，称为工作机，另外一块必须运行在后备方式，称为备用机。它们都能访问 I/O 和过程控制网络，但工作模式下的主控制卡起着控制、输出、实时信息广播决定性的作用。在控制模式下，处理器功能如同在非冗余情况下，直接访问 I/O 口，执行数据采集和控制功能，此外它还监视其配对的后备卡件和过程控制网络的工作状态。在备用方式下，后备主控制卡执行诊断和监视主处理器的状态，通过周期查询运行中的主处理器的数据库存储器，接受工作机发送的全部运行信息，后备处理器可随时保存最新的控制数据，包括过程点数据、控制算法中间值等，保证了工作/备用的无扰动切换。在一块主控制卡故障时，另一块主控制卡能自动投入工作中。一旦主控制卡被切换到后备处理器上，故障的主控制卡可停电、维修、更换，丝毫不影响运行的控制系统。在更换故障主控制卡时，可以在系统不断电的情况下进行热插拔。检修好的处理器上电后再启动，会检测到其配对的处理器是否处于控制方式，若是，则承担起后备处理器的任务。而运行中的主控制卡检测到有后备主控制卡出现便会调整为冗余工作方式。

图 1.2.3　主控制卡面板

主控制卡还具有如下特点：控制软件和算法模块采用模块化设计，固化在 EPROM 中；控制回路可达 128 个；具有 4Mbit 的用户可组态的控制程序和 4Mbit 的数据区，为用户设计的复杂控制程序和数据区准备了充足的内存空间；实时诊断和状态信息可在本卡件的 LED 上显示，并向 SCnet 上广播；带算术、逻辑、控制算法库；支持 1Mbps SBUS 的 I/O 总线的通信接口；可带 16～128 块 I/O 卡，通过 SBUS 实现就地或远程 I/O 功能，节省安装费用；用户程序的存储介质采用大容量的 Flash 内存，控制程序可以实现在线修改，断电不丢失，可靠保存；内置后备锂电池，用于保护主控制卡断电情况下卡件内 SRAM 的数据（包括系统配置、控制参数、运行状态等），提高了系统的安全性和可维护性；在系统断电的情况下，能保护 SRAM 数据不丢失最长时间为 3 年。

主控制卡面板上有两个冗余网络端口，分别为 PORT-A 和 PORT-B，通过双绞线 RJ45 连接器与过程控制网相连，主控制卡上还有一组 LED 状态指示灯，如图 1.2.3 所示。LED 指示灯说明如表 1.2.3 所示。

表 1.2.3　主控制卡 LED 指示灯说明

SP243X 卡件 LED 指示灯		名　称	指示灯 颜色	单卡 上电启动	备用卡 上电启动	正常运行	
						工作卡	备用卡
FAIL		故障报警或复位指示	红	亮→暗→闪一下→暗	亮→暗	暗（无故障情况下）	暗（无故障情况下）
RUN		运行指示	绿	暗→亮	与 STDBY 配合交替闪	闪（频率为采样周期的 2 倍）	暗
WORK		工作/备用指示	绿	亮	暗	亮	暗
STDBY		准备就绪	绿	亮→暗	与 RUN 配合交替闪（状态拷贝）	暗	闪（频率为采样周期的 2 倍）
通信	LED-A	0# 网络通信指示	绿	暗	暗	闪	闪
	LED-B	1# 网络通信指示	绿	暗	暗	闪	闪
SLAVE		I/O 采样运行状态	绿	暗	暗	闪	闪

SP243X 具有 WATCHDOG 复位和冷热启动判断电路。WATCHDOG 复位功能是指系统在受到干扰或用户程序（系统定义的组态或用户控制程序）出错而造成程序执行混乱或跳飞后，自动对卡内 CPU 及各功能部件进行有效的复位，以快速恢复（热启动模式）到系统的正常运行状态。冷热启动判断电路能使系统正确判断系统复位状态，以进行合理的初始化。

b. 数据转发卡（SP233）　数据转发卡（SP233）是系统 I/O 机笼的核心单元，是主控制卡连接 I/O 卡件的中间环节，如图 1.2.4 所示。它一方面驱动 SBUS 总线，另一方面管理本机笼的 I/O 卡件，是每个机笼的必备卡件。通过数据转发卡，一块控制卡可扩展到 1～8 个 I/O 机笼，即可以扩展到 1～128 块不同功能的 I/O 卡件。

SP233 支持冗余结构，每个机笼可配置双 SP233 卡，互为备份。在运行过程中，如果卡件出现故障，SP233 卡可自动无扰动切换到备用卡件上，并可实现硬件故障情况下软件切换和软件死机情况下的硬件切换，确保系统安全可靠地运行。若不需冗余，可单卡工作。冗余工作和单卡工作这两种结构对于用户来说，系统功能是完全一致的。SP233 卡具有地址跳线，可设置本卡件在 SBUS 总线中的地址和是否冗余工作。在系统规模容许的条件下，只需增加 SP233 卡就可扩展 I/O 机笼。SP233 卡可对本机笼的供电状况实行自检，系统中 24V、5V 电源采用双路冗余供电方式，其中任何一

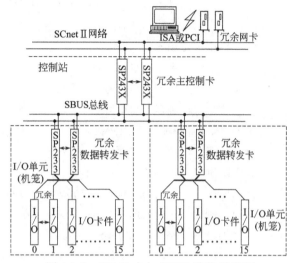

图 1.2.4　SP233 卡与 SBUS 连接示意图

路出现异常情况时，SP233 卡可向上位机显示故障。SP233 卡设有选频跳线，可根据实际节点连接方法选择相应的通信波特率。SP233 支持 SBUS-I/O 总线通信规约，即冗余 1Mbps 高速 SBUS 总线通信。

SP233 卡具有自身运行状态的 LED 指示灯，LED 指示灯说明如表 1.2.4 所示。

表 1.2.4　SP233 卡 LED 指示灯说明

SP233 卡件 LED 指示灯	FAIL 出错指示	RUN 运行指示	WORK 工作/备用指示	COM 与主控制卡通信时	POWER 电源指示
颜色	红	绿	绿	绿	绿
正常	暗	亮	亮（工作）暗（备用）	工作：快闪 备用：慢闪	亮
故障	亮	暗	—	暗	暗

c. I/O 卡件　控制站卡件除了主控制卡、数据转发卡外，还设置了多种 I/O 卡件，下面仅对它们的主要性能指标进行概述，卡件的详细信息可查阅《JX-300X 集散控制系统使用手册》。

（a）电流信号输入卡（SP313）

功　　能　　带模拟量信号调理功能的 4 路智能信号采集卡，并可为 4 路变送器提供+24V 的隔离电源。

输入点数　　4 点，分组隔离（两点为一组）。

分 辨 率　　15bit，带极性。

输入阻抗　　200Ω。

隔离电压　　现场与系统之间 500V AC。

共模抑制比　　≥120dB。

卡件供电　　+5V：＜35mA；

　　　　　　+24V：4 路均配电：＜160mA（max）；4 路均不配电：＜30mA（max）。

配　电　方　式　　+24V DC。

短路保护电流（配电情况下）　＜30 mA。

精　　　度　　对于不同的输入信号，SP313 卡可调理的范围及精度为：Ⅱ型标准电流时，测量范围 0～10mA，精度± 0.1%FS；Ⅲ型标准电流时，测量范围 4～20mA，精度 ± 0.1%FS。

（b）电压信号输入卡（SP314）

功　　　能　　带模拟量信号调理功能的 4 路智能信号采集卡，每一路分别可接收Ⅱ型、Ⅲ型标准电压信号、毫伏信号及各种热电偶信号，并将其转换成数字信号送给主控制卡 SP243X。当处理热电偶信号时，具有冷端补偿功能。

输入点数　　4 点，分组隔离。

分　辨　率　　15bit，带极性。

输入阻抗　　＞1MΩ。

隔离电压　　现场与系统之间 500V AC，通道间 500V AC。

共模抑制比　≥120dB。

卡件供电　　+5V：＜30mA。

精　　　度　　对于不同的输入信号，SP314 卡可调理范围不同，精度均为± 0.2%FS。冷端补偿误差小于±1℃。

（c）应变信号输入卡（SP315）

功　　　能　　测力称重系统中电阻应变式压力传感器将力矩产生的应变转换成线性关系的电信号。SP315 带 2 路配电输出，可以实时处理 2 路应变信号。

输入电数　　2 点，点点隔离。

分　辨　率　　15bit。

隔离电压　　现场侧与系统之间 500V AC，通道间 500V AC。

共模抑制比　＞130dB。

卡件供电　　母板供电 +5V：＜40mA；+24V：＜200mA。

精　　　度　　± 0.2%FS。

（d）热电阻信号输入卡（SP316）

功　　　能　　专门用于测量热电阻信号的点点隔离、可冗余的 2 路 A/D 转换卡，每一路分别可接收 Pt100、Cu50 两种热电阻信号，并将其调理后转换成数字信号送给主控制卡 SP243X。

输入点数　　2 点，点点隔离。

分　辨　率　　15bit，带极性。

输入阻抗　　＞1MΩ。

隔离电压　　现场与系统之间 500V AC，两组通道间 500V AC。

共模抑制比　≥120dB。

卡件供电　　+5V：＜35mA。

精　　　度　　对于不同的输入信号，SP316 卡可调理范围及精度为：Pt100 时，测量范围-200～850℃，精度± 0.1%FS；Cu50 时，测量范围-50～150℃，精度± 0.2%FS。

（e）小量程热电阻信号输入卡（SP317）

功　　　能　　特制的高精度 Pt100 热电阻小量程范围测量用、点点隔离、可冗余的 2 路 A/D

转换卡。

输入点数　　2点，点点隔离。

分　辨　率　15bit，带极性。

隔离电压　　现场与系统之间500V AC，两组通道间500V AC。

共模抑制比　≥120dB。

卡件供电　　+5V：＜35mA。

精　　　度　Pt100时，测量范围-200～850℃，精度±0.2%FS。

（f）模拟信号输出卡（SP322）

功　　　能　带CPU的高智能、4路点点隔离型电流（Ⅱ型或Ⅲ型）信号输出卡，具有实时
　　　　　　检测输出状况功能。

输出点数　　4点，点点隔离，具有输出自检。

输出信号　　0～10mA或4～20mA，可组态选择。

输出负载　　＜1.5kΩ（0～10mA）；＜750Ω（4～20mA）。

精　　　度　±0.1%FS。

线　性　度　±0.1%FS。

分　辨　率　0.025%FS。

隔离电压　　现场与系统之间500V AC。

冗余方式　　1:1热冗余。

卡件供电　　+5V：＜30mA；+24V：＜100mA。

（g）电平型开关量输入卡（SP361）

功　　　能　为7路或8路数字信号输入卡，光电隔离，能快速响应电平信号输入，实现数
　　　　　　字信号的准确采集，具有内部软硬件运行状况在线检测功能。

卡件供电　　+5V DC：＜20mA；+24V DC：＜40mA。

输入通道　　7路或8路通道，统一隔离。

信号类型　　电平输入。

隔离电压　　现场与系统之间500V AC。

隔离方式　　光电方式，统一隔离。

电平输入时　OFF状态：＜5V；ON状态：12V＜电压信号＜54V。

响应时间　　OFF—ON：＜1.2ms；ON—OFF：＜1.2ms。

输入滤波　　卡件通过硬件滤波和软件滤波对输入抖动造成的干扰进行滤波。

（h）晶体管触点开关量输出卡（SP362）

功　　　能　智能型7路或8路无源晶体管开关触点输出卡，通过中间继电器驱动电动控制
　　　　　　装置。卡件采用光电隔离、具有输出自检功能。

电源功耗　　+5V DC：20mA(max)；+24V DC：20mA(max)。

电压范围　　5V系统：4.8～5.2V；24V系统：23.5～24.5V。

输出点数　　7点或8点（跳线选择）。

触点类型　　晶体管开关触点（无源）。

隔离方式　　光电隔离。

隔离电压　　现场侧与系统侧之间500V AC。

配　　　点　卡件不提供配电电源。在使用时，必须使用外供电源。

负载能力　　每点 500mA（24V，吸收电流），每卡 400mA。

ON 电 平　　输出晶体管压降小于 0.3V。

OFF 电平　　最大漏电流小于 0.1mA。

保　　护　　尖峰电压吸收电路。

（i）触点型开关量输入卡（SP363）

功　　能　　智能型 7 路或 8 路数字量信号输入卡，卡件能快速响应干触点输入，具有在线
　　　　　　检测功能。

电源供电　　+5V DC：20mA(max)；+24V DC：20mA(max)。

输入通道　　7 路或 8 路（跳线选择）。

信号类型　　干触点输入（共地）。

隔离电压　　现场侧与系统侧 500V AC。

隔离方式　　光电隔离。

巡检电压　　+24V±10%。

短路电流　　2.5mA。

触点状态内阻　　ON 状态：＜1kΩ；OFF 状态：＞100kΩ。

响应时间　　OFF—ON：＜1.2ms；ON—OFF：＜1.2ms。

输入保护　　电阻限流。

触点抖动滤波时间　　25ms。

（j）继电器开关量输出卡（SP364）

功　　能　　智能型 7 通道小功率继电器输出卡，完成去现场小型执行器的数字量电气输出。
　　　　　　卡件具有在线检测功能和对输出信号进行回读的自检功能；同时具有在 SBUS 通
　　　　　　信出现中断时对输出信号进行保持的功能，适用于现场执行器为电阻性负载或小
　　　　　　型感性负载的场合。若需驱动功率较大的执行器，可增加相应的中间继电器。

电源功耗　　5V DC：40mA(max)；24V DC：80mA(max)。

电压范围　　5V 系统：4.8～5.2V；24V 系统：23.5～24.5V。

输出触点　　7 通道继电器输出，不向外配电。

隔离方式　　继电器隔离。

输出继电器型号　　OMRON-G6B-1174。

隔离电压　　现场侧与系统侧之间 500V AC。

最大驱动能力　　30V DC：每一路电流 50 mA；总电流 350 mA；
　　　　　　　　220V AC：每一路电流 50 mA；总电流 350 mA。

最大开关速度　　20 次/s。

吸合/释放时间　　5/15ms。

漏 电 流　　＜0.5 mA。

（k）位置调节输出卡（PAT 卡）（SP341）

功　　能　　PAT 卡（Position Adjusting Type）主要用于控制电动调节阀。具有 1 路模拟量
　　　　　　输入，用于引入位置反馈；2 路开关量输入，用于阀门位置正负极限位置报警；
　　　　　　2 路开关量输出，分别控制固态继电器正反向运动。正负极限位置报警输入与
　　　　　　输出驱动具有联锁保护特性，即在阀门到达极限位置、电机发生堵转时，立即
　　　　　　切断输出电源，以保护电机。PAT 卡一般同时配有手操器，通过卡件上的 RS-485

接口与卡件相连，以便在紧急情况下手工控制阀位。

开关量输入　　2 点，干触点信号，光耦统一隔离。

模拟量输入　　1 点，1Ω 滑动电阻反馈或 4～20mA 电流信号，单独隔离，精度 0.5%FS。

开关量输出　　2 点，晶体管接点，有源，可输出 10mA 电流，光耦统一隔离。

控制精度　　　定位精度≤阀门最小步进长度。

供　　　电　　+5V：＜25mA；+24V：＜40mA。

（1）四路 SOE 信号输入卡（SP334）

功　　　能　　4 点分组隔离型 SOE（Sequence of Event：事件顺序）信号输入卡。多应用在电厂发生事故跳闸，引起一系列开关动作时。SOE 卡以相对时间（相对于第一发生跳变的点）为计量单位，将这些动作（即事件）按发生的先后顺序记录下来，以利于事故后的分析。SP334 既可以将 4 路开关量信号通过数据转发卡送给主控制卡参与控制，又可以向基于 RS-485 信号的 SOE 网络传送 SOE 事件信号。

输入点数　　　4 点。

信号类型　　　干触点输入。

隔离方式　　　统一隔离。

隔离电压　　　现场侧与系统侧 500V AC，47～53Hz，1min。

干触点输入　　闭合状态时触点电阻＜200Ω；断开状态时触点电阻＞500kΩ。

配电电压　　　由卡件配电，配电电压为+24V。

分 辨 率　　　具有 1ms 的事故顺序记录分辨率。

卡件内存　　　32KB，共可记录并保存 3000 条事件记录。

工作温度　　　0～60℃。

（m）脉冲量输入卡（SP335）

功　　　能　　智能型 4 路脉冲信号输入卡。

输入点数　　　4 点，点点隔离。

工作电流　　　5V DC，40 mA。

隔离方式　　　光耦点点隔离。

隔离电压　　　现场侧 500V AC。

信号类型　　　电平信号，小于 1.0V 为逻辑 0，大于 3.5V 为逻辑 1。

信号要求　　　输入信号为方波，峰值小于 5V，占空比 40%～60%。

响应频率　　　0～10kHz。

精　　　度　　±0.2%FS。

⑤ 系统端子板　系统端子板由安装有端子的印刷电路板和端子盒构成，端子盒起固定和保护作用。JX-300X 系统现场信号线可采用端子板转接，再进入相关功能的 I/O 卡件。端子板上具有滤波、抗浪涌冲击、过流保护、驱动等功能电路，提供对信号的前期处理及保护功能。

系统端子板采用 19in U 形导轨双面安装、纵向排列。在机柜宽度方向上可排列 3 块，纵向 8 块，2 面共安装 48 块，最多可处理 768 路信号。端子板通过系统内部电缆与相关的 I/O 卡件相连接。

（2）控制站安装

控制站机笼、供电电源箱、HUB 和控制站机柜一般均由供货方根据用户配置直接安装好，并经过测试、验收后出厂。因此，现场控制站的安装主要是机笼内主控制卡、数据转发卡及 I/O 卡件等的安装。安装卡件过程中应注意正确设置地址开关、冗余方式的选择跳线、配电选择跳线、信号类型选择跳线。

① 主控制卡（SP243X）设置 控制站作为过程控制网的一个节点，其通信任务由主控制卡来完成，为此必须给主控制卡分配一个网络地址。过程控制网采用以太网技术，遵循 TCP/IP 协议，主控制卡的网络地址遵循表 1.2.5 的约定。

表 1.2.5 主控制卡网络地址约定

类　别	地 址 范 围		备　注
	网 络 码	IP 地址	
控制站地址	128.128.1	2～31	每个控制站包括两块互为冗余主控制卡。同一块主控制卡享用相同的 IP 地址，两个网络码
	128.128.2	2～31	

网络码 128.128.1 和 128.128.2 代表两个互为冗余的网络。在主控制卡上表现为两个冗余的通信口。主控制卡面板上的 PORT-A 端口网络码为 128.128.1，PORT-B 端口网络码为 128.128.2，如图 1.2.5 所示。

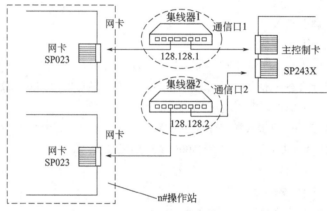

图 1.2.5 主控制卡冗余网络端口示意图

主控制卡的网络码已经固化在主控制卡中，无需用户设置。对主控制卡进行网络地址设置时，仅需设置 IP 地址。通过主控制卡上的一组拨号开关 SW2，可以对主控制卡的 IP 地址进行设置，如图 1.2.6 所示。

图 1.2.6 主控制卡

拨号开关 SW2 共有 8 位，自左至右代表高位至低位，分别为 S1～S8。SW2 采用二进制计数方法读数，开关拨向上方为 ON，拨向下方为 OFF。ON 代表 1，OFF 代表 0。SW2 的 S4、S5、S6、S7、S8 设置位为主控制卡在过程控制网 SCnet Ⅱ 中的网络地址设置位。通过拨动开关可以设置合适的网络地址。拨号开关状态与主控制卡网络地址关系如表 1.2.6 所示。

JX-300X 系统中最多可有 15 个控制站。在设置主控制卡网络地址时应注意三点。

表 1.2.6　拨号开关 SW2 与主控制卡网络地址关系表

地址选择 SW2					地址	地址选择 SW2					地址
S4	S5	S6	S7	S8		S4	S5	S6	S7	S8	
					—	ON	OFF	OFF	OFF	OFF	16
					—	ON	OFF	OFF	OFF	ON	17
OFF	OFF	OFF	ON	OFF	02	ON	OFF	OFF	ON	OFF	18
OFF	OFF	OFF	ON	ON	03	ON	OFF	OFF	ON	ON	19
OFF	OFF	ON	OFF	OFF	04	ON	OFF	ON	OFF	OFF	20
OFF	OFF	ON	OFF	ON	05	ON	OFF	ON	OFF	ON	21
OFF	OFF	ON	ON	OFF	06	ON	OFF	ON	ON	OFF	22
OFF	OFF	ON	ON	ON	07	ON	OFF	ON	ON	ON	23
OFF	ON	OFF	OFF	OFF	08	ON	ON	OFF	OFF	OFF	24
OFF	ON	OFF	OFF	ON	09	ON	ON	OFF	OFF	ON	25
OFF	ON	OFF	ON	OFF	10	ON	ON	OFF	ON	OFF	26
OFF	ON	OFF	ON	ON	11	ON	ON	OFF	ON	ON	27
OFF	ON	ON	OFF	OFF	12	ON	ON	ON	OFF	OFF	28
OFF	ON	ON	OFF	ON	13	ON	ON	ON	OFF	ON	29
OFF	ON	ON	ON	OFF	14	ON	ON	ON	ON	OFF	30
OFF	ON	ON	ON	ON	15	ON	ON	ON	ON	ON	31

a．主控制卡的网络地址不可设置为 00#，01#。

b．如果主控制卡按非冗余方式配置，即单主控制卡工作，卡件的网络地址必须满足 $2 \leqslant I < 31$（I 为卡件地址，且必须为偶数），而且 I+1 的地址被占用，不可作为其他节点地址用。如地址 02#，04#，06#。

c．如果主控制卡按冗余方式配置，两块互为冗余的主控制卡的网络地址必须满足 $2 \leqslant I < 31$（I 为第一块主控制卡地址，I+1 为冗余主控制卡地址，I、I+1 连续，且 I 必须为偶数）。如地址 02# 与 03#，04#，05#。

拨号开关 SW2 的最高位 S1 为主控制卡与 SBUS 总线通信的波特率设置位。S1 设为 OFF 时，主控制卡的波特率为 625Kbps；S1 设为 ON 时，主控制卡的波特率为 156.25Kbps。主控制卡的波特率必须与数据转发卡的波特率保持一致，否则 SBUS 不能正常工作，主控制卡无法与 I/O 卡件正常通信。

在主控制卡上还有一个跳线 J5，如图 1.2.6 所示。J5 是主控制卡 RAM 后备电池开/断跳线。当 J5 插入短路块时（ON），卡件内置的后备电池将工作。如果用户需要强制丢失主控制卡内 SRAM 的数据（包括系统配置、控制参数、运行状态等），只需拔去 J5 上的短路块（OFF）。出厂时的缺省设置为 ON，即后备电池处于上电状态，RAM 数据在失电的情况下，组态数据不会丢失。

② 数据转发卡（SP233）设置　数据转发卡上有 8 对跳线，从上往下依次为 S1～S8，S1 为低位，S8 为高位，如图 1.2.7 所示。

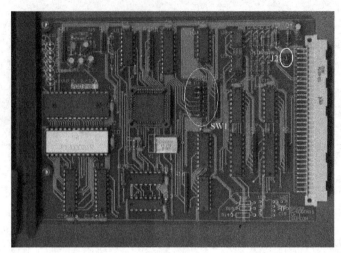

图 1.2.7　数据转发卡 SP233

SW1 采用二进制码计数方法读数。跳线用短路块插上为 ON，不插短路块为 OFF。ON 为 1，OFF 为 0。其中 4 对跳线 S1～S4 用于设置数据转发卡在 SBUS 总线中的地址。数据转发卡 SP233 的跳线 S1～S4 与 SBUS 总线地址的关系如表 1.2.7 所示。

在设置数据转发卡的总线地址时应注意以下两方面问题。

a. 按非冗余方式配置（即单卡工作时），SP233 卡件的地址必须满足 0≤I＜15（I 为数据转发卡的 SBUS 总线地址，且必须为偶数），而且 I+1 的地址被占用，不可作为其他数据转发卡地址。在同一个控制站内，把 SP233 卡件配置为非冗余工作时，只能选择偶数地址号，即 0#、2#、4#……。

表 1.2.7　数据转发卡地址设置表

地址选择跳线				地址	地址选择跳线				地址
S4	S3	S2	S1		S4	S3	S2	S1	
OFF	OFF	OFF	OFF	00	ON	OFF	OFF	OFF	08
OFF	OFF	OFF	ON	01	ON	OFF	OFF	ON	09
OFF	OFF	ON	OFF	02	ON	OFF	ON	OFF	10
OFF	OFF	ON	ON	03	ON	OFF	ON	ON	11
OFF	ON	OFF	OFF	04	ON	ON	OFF	OFF	12
OFF	ON	OFF	ON	05	ON	ON	OFF	ON	13
OFF	ON	ON	OFF	06	ON	ON	ON	OFF	14
OFF	ON	ON	ON	07	ON	ON	ON	ON	15

b. 数据转发卡按冗余方式配置时，两块 SP233 卡件的 SBUS 地址必须满足 0≤I＜15（I 为第一块数据转发卡的总线地址，I+1 为冗余数据转发卡的地址，I、I+1 连续，且 I 必须为偶数）。如：00#与 01#、02#与 03#。

SP233 地址在同一 SBUS 总线中，即同一控制站中统一编址，不能重复。

SW1 中的跳线 S8 为数据转发卡与 SBUS 总线通信时波特率的设置跳线。当 S8 设为 ON 时，波特率为 156.25Kbps；当 S8 设为 OFF 时，波特率为 625Kbps。数据转发卡 SP233 的波特率设置必须与主控制卡的波特率设置保持一致，否则 SBUS 不能正常工作，主控制卡无法与 I/O 卡件正常通信。

SW1 跳线中的 S5～S7 为系统保留资源。

当数据转发卡 SP233 采用冗余方式配置时，互为冗余的两块 SP233 卡件的 J2 跳线必须都用短路块插上，如图 1.2.7 所示。

2．操作站认识与安装

（1）操作站设备认识

JX-300X 操作站的硬件基本组成包括工控 PC 机、彩色显示器、鼠标、键盘、SCnet II 网卡、专用操作员键盘、操作台、打印机等。工程师站的硬件配置与操作站的硬件配置基本一致，它们的区别仅在于系统软件的配置不同，工程师站除了安装有操作、监视等基本功能的软件外，还装有相应的系统组态、维护等工程师专用的工具软件。

① 工控 PC 机　操作站的硬件以高性能的工业控制机为核心，具有超大容量的内部存储器和外部存储器，可以根据用户的需要选择 21in❶显示器。通过配置两个冗余的 10Mbps SCnet II 网络适配器，实现与系统过程控制网连接。操作站可以是一机多 CRT，并配置有键盘、鼠标（或轨迹球）等外部设备。

操作员站/工程师站应用的工业控制计算机的最低配置应为 Intel Pentium II；64M SDRAM；

10GB 硬盘；$3\frac{1}{2}$in 软盘；48 倍速的 CDROM；64bit 图形加速器；128 位声卡（报警声音输出）；

DELL 21in/17in 扫描彩色显示器,256 色,分辨率 1280×768；Windows NT/2000 操作系统；AdvanTrol 监控软件；SCKey 工程师软件包（工程师站软件选件）；标准键盘；操作员键盘（SP032）；鼠标；相应软件功能的软件狗；有源音箱（ICS 工控机配）；输出扬声器（DELL 工控机配）。

② 操作员键盘　操作站配备专用的操作员键盘。操作员键盘的操作功能由实时监控软件支持，操作员通过专用键盘并配以鼠标就可实现所有实时监控操作任务。

操作员键盘共有 96 个按键，分为自定义键、功能键、画面操作键、屏幕操作键、回路操作键、数字修改键、报警处理键及光标移动键等。

操作员键盘具有如下特征：

① 和标准 PC 机 101/102 键盘接口完全兼容，无特殊的驱动程序；

② 内部采用 OMRON 微动开关，使用寿命长；

③ 图形化的键盘布局和标识，操作简便、快捷；

④ 采用独立的金属外壳封装，防水、防尘；

⑤ 支持 AdvanTrol 软件的实时操作，如报警一览、总貌画面、趋势画面、控制分组、流程图、信息修改等；

⑥ 常用键冗余布置，如报警确认、消音、手/自动、翻页、开/关、增/减、快增/快减键等；

⑦ 功能强大，有多达 24 个自定义键，根据用户的要求自行定义功能。

除此之外，操作站还应配备报表打印机、操作台等设备。

（2）操作站设备安装

操作站可安装于平台式操作台或立式操作台中。

① 平台式操作台　平台式操作台如图 1.2.8 所示。在平台式操作台的中央放置显示器，工业 PC 机从前面放入操作台的下层平台上，工业 PC 机的背部朝后，以便于连接电缆。

工业计算机安置于操作平台后，将计算机的标准部件连接起来，完成操作站的安装。工业计算机标准部件的连接可参阅工业 PC 机使用说

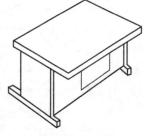

图 1.2.8　平台式操作台

---

❶ 1in=25.4mm。全书同。

明书和显示器使用说明书。

② 立式操作台　立式操作台如图 1.2.9 所示。立式操作台是将 CRT 显示器嵌入在一个方形门框内,将工业计算机封闭在一个箱体内。在立式操作台内有一个放置 CRT 显示器的可调节抽动式平台,当 CRT 从操作台背面放入抽动式平台后,可以上下调节平台,使 CRT 的塑性表面与操作台的表面边框吻合。

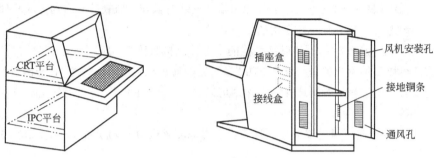

图 1.2.9　立式操作台

工业计算机的放置也是从背面放入并放置在下面的一个平台上。工业计算机的背部朝后,以便于连接电缆。将工业计算机安置于立式操作台中以后,将工业计算机的标准部件连接起来,完成操作站的安装。

3．通信网络及安装

（1）通信网络

JX-300X 的通信系统对于不同结构层次分别采用了信息管理网 Etherent、SCnetⅡ 网络和 SBUS 总线。

① 信息管理网 Ethernet　信息管理网连接各个控制装置的网桥和企业各类管理计算机,用于工厂级的信息传送和管理,是实现全厂综合管理的信息通道。信息管理网通过在多功能站 MFS 上安装双重网络接口（信息管理和过程控制网络）转接的方法,获取集散控制系统中过程参数和系统运行信息,同时向下传送上层管理计算机的调度指令和生产指导信息。管理网采用大型网络数据库实现信息共享,并可将各种装置的控制系统连入企业信息管理网,实现工厂级的综合管理、调度、统计和决策等。

信息管理网的基本特性为:

a．拓扑结构　总线型或星形结构;

b．传输方式　曼彻斯特编码方式;

c．通信控制　符合 IEEE802.3 标准协议和 TCP/IP 标准协议;

d．通信速率　10Mbps、100Mbps、1Gbps 等;

e．网上站数　最大 1024 个;

f．通信介质　双绞线（星形连接）、50Ω 细同轴电缆、50Ω 粗同轴电缆（总线型连接,带终端匹配器）、光纤等;

g．通信距离　最大距离为 10km;

h．信息管理网开发平台　采用 PIMS 软件。

② 过程控制网络 SCnetⅡ　JX-300X 系统采用双高速冗余工业太网 SCnetⅡ 作为其过程控制网络,直接连接系统的控制站、操作站、工程师站、通信接口单元等,是传送过程控制实时信息的通道,具有很高的实时性和可靠性。通过挂接网桥,SCnetⅡ 可以与上层的信息管理网或其他厂

家设备连接。

过程控制网络SCnetⅡ是在10base Ethernet基础上开发的网络系统，各节点的通信接口均采用专用以太网控制器，数据传输遵循TCP/IP和UDP/IP协议。

SCnetⅡ基本性能指标如下：

a．拓扑结构　总线型或星形结构；

b．传输方式　曼彻斯特编码方式；

c．通信控制　符合IEEE802.3标准协议和TCP/IP标准协议；

d．通信速率　10Mbps、100Mbps等；

e．节点容量　最多15个控制站、32个操作站或工程师站或多功能站；

f．通信介质　双绞线、RG-58细同轴电缆、RG-11粗同轴电缆、光缆；

g．通信距离　最大10km。

JX-300X SCnetⅡ网络采用双重化冗余结构，如图1.2.10所示。在其中任一条通信线发生故障的情况下，通信网络仍保持正常的数据传输。

SCnetⅡ的通信介质、网络控制器、驱动接口等均可冗余配置。冗余配置时，发送站点（源）对传输数据包（报文）进行时间标识，接收站点（目标）进行出错检验和信息通道故障判断、拥挤情况判断等处理。若校验结果正确，按时间顺序等方法择优获取冗余的两个数据包中的一个，而滤去重复和错误的数据包。当某一条信息通道出现故障时，另一条信息通道将负责整个系统通信任务，使通信仍然畅通。

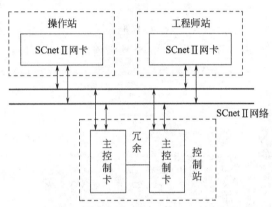

图1.2.10　SCnetⅡ网络双重化冗余结构示意图

除专用控制器所具有的循环冗余码校验、命令/响应超时检查、载波丢失检查、冲突检测及自动重发等功能外，对于数据传输应用层软件还提供路由控制、流量控制、差错控制、自动重发（对于物理层无法检测的数据丢失）、报文传输时间顺序检查等功能，保证了网络的响应特性，使响应时间小于1s。

在保证高速、可靠传输过程数据的基础上，SCnetⅡ还具有完善的在线实时诊断、查错、纠错等手段。系统配有SCnetⅡ网络诊断软件，内容覆盖了网络上每一个站点（操作站、数据服务器、工程师站、控制站、数据采集站等）、每个冗余端口（0#和1#）、每个部件（HUB、网络控制器、传输介质等），网络各组成部分的故障状态在操作站上实时显示，以提醒用户及时维护。

③ SBUS总线　SBUS总线是控制站各卡件之间进行信息交换的通道。SBUS总线由两层构成，即SBUS-S1和SBUS-S2。主控制卡就是通过SBUS总线来管理分散于各个机笼的I/O卡件的。

第一层为双重化总线SBUS-S2，它是系统的现场总线，位于控制站所管辖的I/O机笼之间，连接主控制卡和数据转发卡，用于主控制卡与数据转发卡间的信息交换；第二层为SBUS-S1网络，位于各I/O机笼内，连接数据转发卡和各块I/O卡件，用于数据转发卡与各块I/O卡件间的信息交换。SBUS-S2级和SBUS-S1级之间为数据存储转发关系，按SBUS总线的S2级和S1级进行分层寻址。

SBUS-S2总线性能指标为：

a．用途　是主控制卡与数据转发卡之间进行信息交换的通道；

b．电气标准　EIA的RS-485标准；

c．通信介质　特性阻抗为 120Ω 的 8 芯屏蔽双绞线；

d．拓扑结构　总线型结构；

e．传输方式　二进制码；

f．通信协议　采用主控制卡指挥式令牌存储转发通信协议；

g．通信速率　1Mbps（max）；

h．节点数目　最多可带 16 块（8 对）数据转发卡；

i．通信距离　最远 1.2km（使用中继器）；

j．冗余度　1:1 热冗余。

SBUS-S1 总线性能指标为：

a．通信控制　采用数据转发卡指挥式存储　转发通信协议；

b．传输速率　156Kbps；

c．电气标准　TTL 标准；

d．通信介质　印刷电路板连线；

e．网上节点数目　最多可带 16 块智能 I/O 卡件。

图 1.2.11　以太网网卡

SBUS-S1 属于系统内局部总线，采用非冗余的循环寻址（I/O 卡件）方式。

（2）通信网络安装

网络安装主要分为操作站网卡安装、控制站主控制卡安装、通信网络连接三部分。

操作站网卡采用 10BaseT 以太网接口卡，它既是 SCnet II 通信网与上位操作站的通信接口，又是 SCnet II 网的节点（两块互为冗余的网卡视为一个节点），完成操作站与 SCnet II 通信网的连接。图 1.2.11 为以太网网卡。安装网卡时将计算机机箱打开，用十字螺丝刀拧下挡板螺钉，将网卡插入主板上的 PCI 插槽并压紧，然后将机箱盖安上。操作站的网卡可采用单网卡配置，也可以采用双网卡冗余配置。安装双网卡时应保证主板上有足够的 PCI 插槽。

JX-300X 网络中最多支持 32 个操作站或工程师站，每个操作站或工程师站的 IP 地址设置如表 1.2.8 所示。

表 1.2.8　操作站/工程师站 IP 地址设置表

类　别	地　址　范　围		说　　明
	网　络　码	IP 地　址	
操作站地址	128.128.1	129~160	每个操作站包括两块互为冗余的网卡。两块网卡使用同一个 IP 地址，但应设置不同的网络码
	128.128.2	129~160	

网卡硬件安装完成后，进入 Windows 操作系统设置网卡的 IP 地址。在桌面上右击"网上邻居"图标，在弹出的快捷菜单中选择属性，打开网络连接窗口，如图 1.2.12 所示。

在网络连接窗口中右键单击要设置的网卡图标，弹出"属性"对话框，如图 1.2.13 所示。

双击"Internet 协议（TCP/IP）"弹出"IP 地址设置"对话框，如图 1.2.14 所示。在对话框中填入合适的 IP 地址，子网掩码选择 255.255.255.0，单击"确定"完成设置。若操作站网卡为冗余配置，依照此方法对另一块网卡进行设置。

图 1.2.12　网络连接窗口

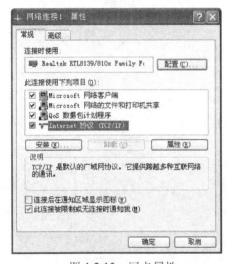

图 1.2.13　网卡属性

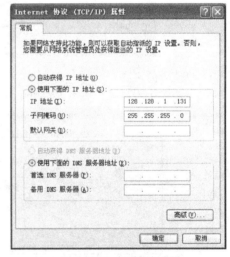

图 1.2.14　IP 地址设置

控制站主控制卡网络地址设置前面已做介绍。

操作站（工程师站）和控制站的网络地址设置完成后，用双绞线将系统中各站连接至以太网集线器，构成过程控制网 SCnetⅡ。

4．机柜内安装

（1）机柜内机笼的安装

机笼安装的步骤具体为：

① 将方螺母放入弹性座内，并将其卡入机柜内机笼立柱上合适位置的方孔里；

② 方螺母与弹性座组合的放入位置为空五个方孔放一粒、空一个方孔放一粒，依次循环；

③ 把机笼放在柜上的合适位置，使安装托架上的安装孔与机柜内机笼立柱上的安装孔对齐，将机笼与立柱用滚花螺钉牢固地相连，注意不要拧太紧，以便机笼位置适当调整；

④ 观察机笼的安装位置，使机笼的安装托架与机柜的正面一致，并将托架与机柜内轨道平行放置，使托架安装在机笼的正前方；

⑤ 其他需安装的机笼重复以上步骤；

⑥ 适当调整机笼位置，使各机笼左右对齐、上下间隙均匀；

⑦ 用合适的工具将机笼用滚花螺钉牢固地固定在机笼立柱上，如图 1.2.15 所示。

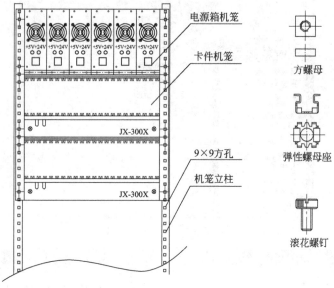

图 1.2.15　机笼安装示意图

（2）机笼内的接线

机笼背面固定有母板，为卡件提供工作所需的直流电源（+24V、+5V，GND）。母板上有一组电源接线端子，如图 1.2.16 所示，将直流电源的输出接入此组端子。

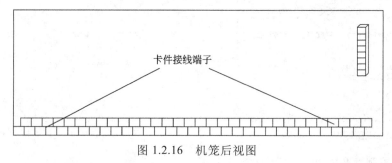

图 1.2.16　机笼后视图

机笼电源端子的结构如图 1.2.17 所示。

电源端子的接线方式如下。

介质　三芯电缆线（两组冗余电缆线）。

接口　电源 A 组端子（+5VA、+24VA，GND）与机笼 A 组直流输入端子对应连接；

电源 B 组端子（+5VB、+24VB，GND）与机笼 B 组直流输入端子对应连接。

母板上还有两排 I/O 卡件接线端子，具体的接线方法参照各 I/O 卡件的说明。

5．软件包安装

JX-300X DCS 的 AdvanTrol 软件的操作平台为中文 Windows，支持 Windows 2000/NT4.0 或 Windows XP。在安装软件包前应确保计算机安全可靠、无病毒，并且 IE 版本为 5.0 或 5.0 以上。安装过程如下。

① 将 SUPCON JX-300X 随系统附带的 AdvanTrol 系列软件的安装光盘放入光驱，此时将会

自动弹出一个安装画面，如图 1.2.18 所示。如果没有自动弹出安装画面，可打开"我的电脑"，双击光驱图标，将会打开安装画面。

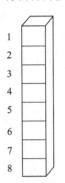

1: +5VA　2: +5VB　3~6: GND　7: +24VA　8: +24VB

图 1.2.17　机笼电源端子结构

图 1.2.18　安装画面

② 在欢迎安装界面中单击"下一步"，出现软件"许可证协议"对话框，如图 1.2.19 所示。

③ 在"许可证协议"对话框中选择"是"，出现"客户信息"对话框，如图 1.2.20 所示。

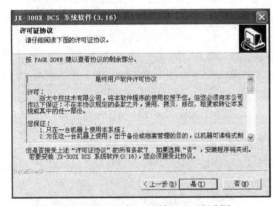

图 1.2.19　"许可证协议"对话框

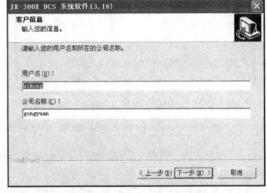

图 1.2.20　"客户信息"对话框

④ 在"客户信息"框中输入用户信息，单击"下一步"，出现选择安装位置对话框，如图 1.2.21 所示。

⑤ 通过浏览按钮选择合适的安装位置，然后单击"下一步"，出现"安装类型"对话框，如图 1.2.22 所示。

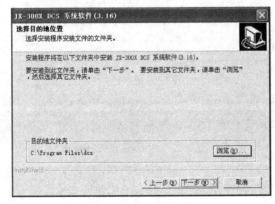

图 1.2.21　安装位置

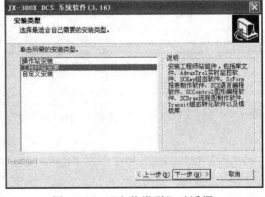

图 1.2.22　"安装类型"对话框

在安装类型中有操作站安装、工程师站安装和自定义安装三个选项，可根据需要进行相应类型的安装。操作站安装类型仅安装库文件和 AdvanTrol 监控软件。此种安装类型下，用户无法进行组态操作，只能监控系统运行状态，适合操作人员使用。工程师站安装类型安装工程师站组件，包括库文件、AdvanTrol 实时监控软件、SCKey 组态软件、ScForm 报表制作软件、SCX 语言编程软件、SCControl 图形编程软件、SCDraw 流程图制作软件以及模板库。此种安装类型下，用户可进行组态、编程、监控等操作，适合工程师使用。自定义安装类型具有最大的自由度，可以根据需要选择安装库文件、AdvanTrol 实时监控软件、SCKey 组态软件、ScForm 报表制作软件、SCX 语言编程软件、SCControl 图形编程软件、SCDraw 流程图制作软件组件、OPC 服务器、离线浏览器、Soe 事件查看、故障分析以及模板库等组件，建议高级用户采用。选择合适的安装类型后单击"下一步"，出现"选择程序文件夹"对话框，如图 1.2.23 所示。

⑥ 选择合适的程序文件夹后单击"下一步"开始安装，出现"安装状态"窗口，如图 1.2.24 所示。

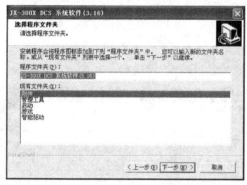
图 1.2.23 "选择程序文件夹"对话框

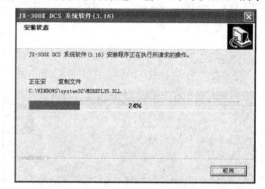
图 1.2.24 "安装状态"对话框

⑦ 安装完成后出现"相关信息"设置框，如图 1.2.25 所示。

⑧ 在"相关信息"框中输入用户名称和装置名称，单击"下一步"，出现"建立特权用户"设置框，如图 1.2.26 所示。

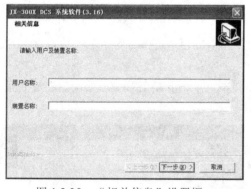
图 1.2.25 "相关信息"设置框

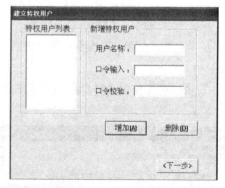
图 1.2.26 "建立特权用户"设置框

⑨ 在"建立特权用户"设置框中，输入欲添加的特权用户名称，并设置相应的密码，单击"增加"后，该特权用户即被添加到左边的"特权用户列表"中，用户如果需要多个特权用户，可依次添加。特权用户添加完成后，单击"下一步"，出现"设置主操作站"对话框，如图 1.2.27 所示。

在一套 DCS 系统中可能存在多个操作站，每个操作站的时钟可能不同步。为了进行时钟同步，必须有一个操作站作为主操作站，并以主操作站的时钟为标准时钟。每隔一段时间主操作站向控制站和其他操作站发出时钟信息，使其他操作站的时钟和主操作站的时钟保持一致。一个控制系统只能有一个主操作站，安装时根据实际情况进行选择。如果该操作站是主操作站，则选择"是"，反之，选择"否"。选择之后出现重新启动界面，如图 1.2.28 所示。

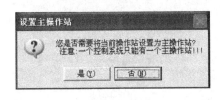

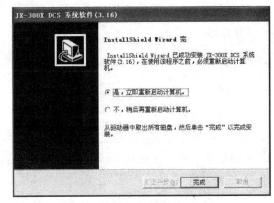

图 1.2.27　"设置主操作站"对话框　　　　图 1.2.28　完成安装

⑩ 选中单选按钮"是"，单击"完成"按钮，重新启动计算机后完成安装。

完成软件安装后，将授权加密狗插入计算机的并行口即可正常使用。若无加密狗，AdvanTrol 软件即为试用版，将会在运行 2h 后自动退出。

【任务实施】JX-300X 集散控制系统硬件安装

结合所学知识进行 JX-300X 集散控制系统硬件的安装训练。任务实施过程中采取的方式为：学生分组接受学习工作任务，组长组织实际调研，综合相关信息并通报交流；教师先通过实物或多媒体课件进行辅导讲授，然后由学生在教师的指导下完成工作任务。

在进行硬件安装前还应了解以下注意事项。

（1）卡件安装注意事项

① 各种卡件在保存或运送时，应包装在防静电袋里，不可随意放置。

② 插拔卡件前，须戴上接地良好的防静电手腕，或进行必要的人体放电。

③ 不要直接用手接触卡件上的元器件、焊点等。

④ 正确设置地址开关、冗余方式选择跳线、配电选择跳线、信号类型选择跳线等。

⑤ 在将卡件插入机笼时注意将卡件的印刷电路板插入相应的导轨中，不要歪斜。

⑥ 将卡件插入导轨后推到底，均匀用力，将卡件的插针插入母板的欧式插座中，然后将锁扣扣住。

（2）缆线连接注意事项

① 各端子连接线应采用柔性好、易弯曲的细线。刚硬缆线会增加接线难度，而且在接线端子上施加过分力量易导致对端子的损害。

② 各种缆线规格、类型如表 1.2.9 所示。

表 1.2.9　缆线规格、类型表

类　　型	截面积/mm^2	适用的电缆类型
信号线	0.75～1.5	普通电器用聚乙烯或耐热聚乙烯绝缘导线
控制回路和报警信号线	0.5~1.5	耐压 600V 聚乙烯绝缘导线或耐热聚乙烯绝缘导线
电源线	1.25~2.0	耐压 600V 聚乙烯绝缘导线
接地线	直径>3.00mm	聚乙烯绝缘导线或裸铜线

③ 当相邻卡件设置成冗余方式时，采用并联冗余接线即相邻的端子对应相连。

④ 网络连接采用 5 类或超 5 类无屏蔽双绞线或带屏蔽双绞线。

⑤ 暴露在地面的双绞线必须使用保护套管。电气干扰严重的场所，双绞线必须使用金属保护套管并可靠接地。

【学习评价】

1. 填空题

① JX-300X 系统中最多支持_____个操作站和_____个控制站。

② 每个 JX-300X 系统中有_____个主操作站。

③ JX-300X 系统中的操作站地址范围为_____至_____。

④ 主控制卡的 IP 地址范围为_____至_____。

⑤ 数据转发卡的地址范围为_____至_____。

⑥ 一块主控制卡上有_____个互为冗余的通信网络端口。

⑦ 互为冗余的两块主控制卡，可以通过_____信号灯来区别它们的工作或备用状态。

2. 简述操作站与工程师站在安装系统软件时的不同之处。

3. 某系统中有一个控制站，主控制卡为非冗余配置，欲将其网络地址设置为 128.128.1.2，主控制卡的拨号开关，应如何设置？

4. 某系统中数据转发卡采用冗余配置，数据转发卡的冗余跳线应如何设置？

5. 主控制卡设置网络地址时应注意哪些方面？

6. 数据转发卡设置总线地址时应注意哪些方面？

7. 在安装卡件时，主控制卡和数据转发卡都需要设置地址，简述这两种卡件的地址的含义有何不同。

8. 简述 JX-300X 系统软件安装时插入加密狗和不插入加密狗的区别。

任务3 JX-300X 集散控制系统组态

【任务描述】

整个集散控制系统是由被控对象、卡件、模块、接口、传感器、执行器、PLC、电源单元和各种软件等构成的。如何让系统按照设计要求，达到工业控制的预定目标，方便操作人员对系统的监控和管理，就必须有序地将这些软、硬件进行组织，这就是组态，又叫系统生成。组态是 DCS 重要的关键环节之一。任务实施中运用组态软件对一个 DCS 进行完整的组态练习。

【知识链接】

1. 组态软件应用流程

系统组态是指在工程师站上为控制系统设定各项软硬件参数的过程。由于 DCS 的通用性和复杂性，系统的许多功能及匹配参数需要根据具体场合而设定，例如系统由多少个控制站和操作站构成、系统采集什么样的信号、采用何种控制方案、怎样控制、操作时需显示什么数据、如何操作等。另外，为适应各种特定的需要，集散控制系统备有丰富的 I/O 卡件、各种控制模块和操作平台。在组态时一般根据系统的要求选择硬件设备，当与其他系统进行数据通信时，需要提供系统所采用的协议和使用的端口。

组态过程是一个循序渐进、多个软件综合应用的过程。在应用 AdvanTrol-Pro 软件对控制系统进行组态时，可针对系统的工艺要求，逐步完成对系统的组态。系统组态工作流程如图 1.3.1 所示。

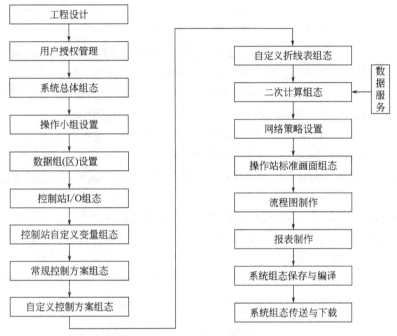

图 1.3.1　系统组态工作流程

① 工程设计　工程设计包括测点清单设计、常规（或复杂）对象控制方案设计、系统控制方案设计、流程图设计、报表设计以及相关设计文档编制等。工程设计完成以后，应形成包括《测点清单》、《系统配置清册》、《控制柜布置图》、《I/O 卡件布置图》、《控制方案》等在内的技术文件。

工程设计是系统组态的依据，只有在完成工程设计之后，才能动手进行系统的组态。

② 用户授权管理　用户授权管理操作主要由 SCReg 软件来完成。通过在软件中定义不同级别的用户来保证权限操作，即一定级别的用户对应一定的操作权限。每次启动系统组态软件前都要用已经授权的用户名进行登录。

③ 系统总体组态　系统组态是通过 SCKey 软件来完成的。系统总体结构组态是根据《系统配置清册》确定系统的控制站与操作站。

④ 操作小组设置　对各操作站的操作小组进行设置，不同的操作小组可观察、设置、修改不同的标准画面、流程图、报表、自定义键等。操作小组的划分有利于划分操作员职责，简化操作人员的操作，突出监控重点。

⑤ 数据组（区）设置　完成数据组（区）的建立工作，为 I/O 组态时位号的分组分区做好准备。

⑥ 控制站 I/O 组态　根据《I/O 卡件布置图》及《测点清单》的设计要求，完成 I/O 卡件及 I/O 点的组态。

⑦ 控制站自定义变量组态　根据工程设计要求，定义上、下位机间交流所需要的变量及自定

任务 3　JX-300X 集散控制系统组态

义控制方案中所需的回路。

⑧ 常规控制方案组态 对控制回路的输入、输出只是 AI 和 AO 的典型控制方案进行组态。

⑨ 自定义控制方案组态 利用 SCX 语言或图形化语言编程实现联锁及复杂控制等，实现系统的自动控制。

⑩ 自定义折线表组态 对主控制卡管理下的自定义非线性模拟量信号进行线性化处理。

⑪ 二次计算组态 二次计算组态的目的是在 DCS 中实现二次计算功能，优化操作站的数据管理，提供更丰富的报警内容，支持数据的输入、输出。把控制站的一部分任务由上位机来做，既提高了控制站的工作速度和效率，又可提高了系统的稳定性。

⑫ 网络策略设置 确定控制系统中的操作站节点，获取数据的模式及操作小组与数据组（区）的绑定模式，完成策略表概述设置和单张策略表详细设置。

⑬ 操作站标准画面组态 系统的标准画面组态是指对系统已定义格式的标准操作画面进行组态，其中包括总貌、趋势、控制分组、数据一览等四种操作画面的组态。

⑭ 流程图制作 流程图制作是指绘制控制系统中最重要的监控操作界面，用于显示生产产品的工艺及被控设备对象的工作状况，并操作相关数据量。

⑮ 报表制作 编制可由计算机自动生成的报表，供工程技术人员进行系统状态检查或工艺分析。

⑯ 系统组态保存与编译 对完成的系统组态进行保存与编译。

⑰ 系统组态传送与下载 将在工程师站已编译完成的组态传送到操作员站，或是将已编译完成的组态下载到各控制站。

⑱ 数据服务（可选项） 当系统与符合 ModBus 通信协议的其他智能设备相连时，可通过 ModBus 数据连接与二次计算组态，将其他智能设备的数据传送到 AdvanTrol-Pro 实时监控画面中显示。

实现 OPC 服务器与客户端的连接，通过 OPC 服务器对外发布 DCS 实时数据。

完成数据提取的组态工作，以文本方式或数据库方式对外提供 DCS 的各种数据。

下面重点介绍基本组态软件 SCkey 和图形化组态软件的使用，流程图制作和报表制作分别在任务 4 和任务 5 中详细介绍，未介绍的部分可参阅相关资料。

2. 组态软件 SCkey

SCKey 组态软件是一个全面支持各类控制方案的组态平台，运用了面向对象（OOP）技术和对象链接与嵌入（OLE2）技术，是基于中文 Windows 操作系统开发的 32 位应用软件。

SCKey 组态软件通过简明的下拉菜单和弹出式对话框建立友好的人机对话界面，采用分类的树状结构管理组态信息，并大量采用 Windows 的标准控件，使操作保持了一致性，易学易用。另外，SCKey 组态软件还提供了强大的在线帮助功能，在组态过程中遇到问题时，只需按 F1 键或选择"帮助"菜单，就可以随时得到帮助提示。

（1）组态软件 SCkey 简介

① 组态软件 SCKey 主画面及菜单介绍 用鼠标双击桌面上的 SCKey 快捷图标，启动组态软件 SCKey。图 1.3.2 为 SCKey 组态软件的主画面，由标题栏、工具栏、菜单栏、操作显示区和状态栏 5 部分组成。

标题栏显示当前进行组态操作的组态文件名。

菜单栏包括文件、编辑、总体信息、控制站、操作站、查看、帮助 7 个菜单，各菜单又包括若干子菜单项。

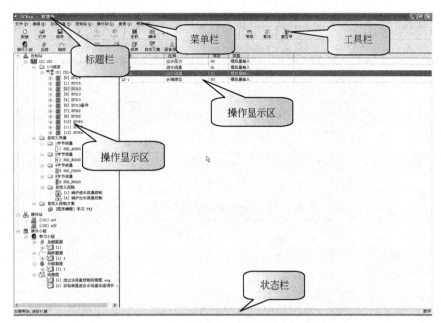

图 1.3.2　SCKey 组态软件主画面

工具栏由主菜单中一些常用菜单项以形象的图标形式排列而成，使操作更为方便。工具栏是否需要显示，可在"查看"菜单中的"工具栏"选项中选择。

操作显示区由两部分构成。左边显示组态信息的树状图，对"组态树"可直接进行复制、剪切、粘贴操作；右边显示当前选中的"组态树"节点的内容。当选择"查看"菜单中"错误信息"选项时，右下显示区显示错误信息。

状态栏显示当前的操作信息以及一些提示信息。可通过"查看"菜单对状态栏是否显示进行设置。当需要显示时，此菜单项前有选中标志"√"。

下面重点介绍菜单栏中各项的主要功能。

a. 文件菜单　包括新建、打开、保存、另存为、打印、打印预览、打印设置和退出 8 个菜单项。

b. 编辑菜单　包括剪切、复制、粘贴、删除 4 个菜单项，该操作针对组态树进行。

c. 总体信息菜单　包括主机设置、编译、备份数据、组态下载、组态传送 5 个功能项。总体信息菜单各菜单项功能简介见表 1.3.1。

表 1.3.1　总体信息菜单项功能简介

菜 单 项 名	功 能 说 明
主机设置	进行控制站（主控卡）和操作站的设置
编译	将组态保存信息转化为控制站（主控卡）和操作站识别的信息，即将后级为.SCK 的文件转化为.SCO 和.SCC 文件
备份数据	备份所有与组态有关的数据到指定的文件夹
组态下载	将.SCC 文件通过网络下载到控制站（主控卡）
组态传送	将.SCO 文件通过网络传送到操作站

d. 控制站菜单　包括 I/O 组态、自定义变量、常规控制方案、自定义控制方案和折线表定义 5 个菜单项。控制站菜单各菜单项功能简介见表 1.3.2。

e. 操作站菜单　包括操作小组设置、总貌画面、趋势画面、分组画面、一览画面、流程图、

任务 3　JX-300X 集散控制系统组态

报表、自定义键、语音报警 9 个菜单项。各菜单项功能简介见表 1.3.3。

表 1.3.2　控制站菜单项功能简介

菜 单 项 名	功 能 说 明
I/O 组态	对数据转发卡、I/O 卡件、I/O 点进行各种设置
自定义变量	对 1 字节变量、2 字节变量、4 字节变量、8 字节变量和自定义回路（64 个）的一些参数进行设置
常规控制方案	在每个控制站中可以对 64 个回路进行常规控制方案的设置
自定义控制方案	在每个控制站中使用 SCX 语言或图形化环境进行控制站编程
折线表定义	定义折线表，在模拟量输入和自定义控制方案中使用

表 1.3.3　操作站菜单项功能简介

菜 单 项 名	功 能 说 明
操作小组设置	定义操作小组
总貌画面	设置总貌画面
趋势画面	设置趋势曲线画面
分组画面	设置控制分组画面
一览画面	设置数据一览画面
流程图	登录流程图文件
报表	登录报表文件
自定义键	设置操作员键盘上自定义键的功能
语音报警	对语音报警的参数进行设置

f. 查看菜单　包括状态栏、工具栏、错误信息、位号查询、选项 5 个菜单项。各菜单项功能简介见表 1.3.4。

表 1.3.4　查看菜单项功能简介

菜 单 项 名	功 能 说 明
状态栏	当选中状态栏选项后，状态栏出现在主画面的最下端，显示当前的状态
工具栏	当选中工具栏选项后，工具栏将出现在主画面的上端
错误信息	错误信息项被选中时，操作显示区右下方会显示具体错误信息。在大多数的错误条目上双击可直接修改相应的内容，程序启动时不显示，编译之后会自动显示
位号查询	根据位号或者地址查找位号信息
选项	设置一些选项，这些选项可能对某个或全部组态文件产生影响

其中位号查询是根据位号或地址查找位号信息。位号信息包括位号、注释、地址和类型。

位号指当前信号点在系统中的位置。每个信号点在系统中的位号应是唯一的，不能重复，位号只能以字母开头，不能使用汉字，且字长不得超过 10 个英文字符。

地址的表示方法如下。

（a）I/O 位号：[主控卡地址]—[数据转发卡地址]—[I/O 卡件地址]—[I/O 点地址]。

（b）回路：[主控卡地址]—S[回路地址]。

（c）自定义变量：[主控卡地址]—[A/B/C/D/E] [序号]，其中 A/B/C/D 表示自定义 1/2/4/8 字节变量，E 表示自定义回路。

g. 帮助菜单　包括帮助主题和关于 SCKey 两个菜单项。前者将启动软件帮助信息，后者将显示本软件的版本信息及版权通告信息，也可按 F1 得到。

② 组态规格　表 1.3.5 列出了 JX-300X DCS 系统组态的最大规模和最大容量。

表 1.3.5　组态规格

内　容	规　格	说　明
控制站	15	地址：2～31 AO≤128　AI+PI≤384　DI≤1024　DO≤1024
操作站	32	地址：129～160
最多数据转发卡/控制站	8 对	
最多 I/O 卡件/机笼	16	
最多点数/卡件	16	1 点：SP341
		2 点：SP311　SP311X　SP315　SP316　SP316X　SP317
		8 点：SP361X　SP362X　SP363X　SP364X
		16 点：SP336　SP337　SP339
		其他卡件均为 4 点
主控卡运算周期	0.1～5.0s	
位号长度	10 字节	以字节或下画线开头，以字符、数字、下画线和减号组成，前后不带空格
注释长度	20 字节	前后不带空格
单位长度	8 字节	前后不带空格
报警描述长度	8 字节	前后不带空格
开关描述长度	8 字节	前后不带空格
滤波常数	0～20	
小信号切除值	0～100	
报警级别	0～90	80～90 只记录不报警
时间系数	不为 0	
单位系数	不为 0	
报警限值	下限—上限	高三值≥高二值≥高一值>低一值≥低二值≥低三值
速率限	下限—上限	
死区	下限—上限	
时间恢复按钮的复位时间	0～255s	
PAT 卡死区大小	0～10	
PAT 卡行程时间	0～20	
PAT 卡上限幅	0～100	上限幅>下限幅
PAT 卡下限幅	0～100	
自定义 1 字节变量	4096	序号（No）：0～4095
自定义 2 字节变量	2048	序号（No）：0～2047
自定义 4 字节变量	512	序号（No）：0～511
自定义 8 字节变量	256	序号（No）：0～255
自定义回路	64	序号（No）：0～63
自定义 2 字节变量描述数量	32 个	
自定义 2 字节变量描述长度	30 字节	
常规控制回路	64 个	序号（No）：0～63
输出分程点	0～100%	
折线表数量	64	
操作小组数量	16	页码：1～16
总貌画面数量	160	页码：1～160
分组画面数量	320	页码：1～320
趋势画面数量	640	页码：1～640
一览画面数量	160	页码：1～160

续表

内　容	规　格	说　明
流程图数量	640	页码：1～640
报表数量	128	页码：1～128
趋势记录周期	1～3600	
趋势记录点数	1920～2592000	
自定义键数量	24	键号：1～24
语音报警数量	256	

③ 组态窗口的基本操作

a. 组态树的基本操作　组态软件主画面的左边操作显示区显示当前组态的"组态树"，如图1.3.2 所示。"组态树"以分层展开的形式，直观展示了组态信息的树形结构，可清晰地看到从控制站直至信号点的各层硬件结构及相互关系，也可以看到操作站上各种操作画面的组织方式。"组态树"提供了总览整个系统组态体系的极佳方式。

无论是系统单元、I/O 卡件还是控制方案，或是某页操作画面，只要展开"组态树"，在其中找到相应"树节点"内容，用鼠标双击，就能直接进入该单元的组态窗口进行修改。

对"组态树"可直接进行复制、粘贴和剪切操作。

b. 组态窗口的基本操作　图1.3.3 和图1.3.4 所示的组态窗口中出现的基本功能按钮有设置、整理、增加、删除、退出、确定、取消、编辑等，具体操作说明如下。

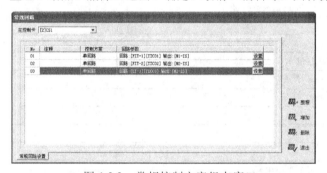

图 1.3.3　常规控制方案组态窗口

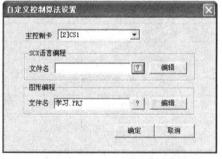

图 1.3.4　自定义控制方案组态窗口

在列表框中可以直接进行修改，修改将被保存。

按"设置"按钮，会弹出所在栏参数设置对话框，即可进行相应参数的设置。

按"整理"按钮，会将组态窗口中各单元按地址值或序号值从小到大排列。

按"增加"按钮，将一个新单元加入到组态窗口中。快捷键"Ctrl+A"也同样具有此功能。

按"删除"按钮，将删除列表框内选中的一个单元。但应当注意的是，如果被删除单元有下属信息，此操作也将删除其下属的所有组态信息，需谨慎使用。快捷键"Ctrl+D"也同样具有删除功能。在"查看"菜单"选项"中选择"删除时提示确认"后，会有窗口弹出提示是否删除。

按"退出"按钮，退出该组态窗口。

按"确定"按钮，表示确认窗口参数有效并退出组态窗口。

按"取消"按钮，将取消本次对窗口内参数的修改，并退出组态窗口。

按"编辑"按钮，可打开选中文件进行编辑修改。

c. 位号选择窗口　在许多要求提供已经存在的位号旁边有一 ? 按钮，该按钮提供对该位号的选取功能。单击 ? ，即弹出图1.3.5 所示对话框，双击列表框中的条目或者单击条目后选择"确定"按钮，均可关闭窗口并将所选中的位号自动填写到  前的编辑框中。位号支持多选。

"控制主机"处于不可用情况（灰色显示）时，表明只可选择该主机；在可用情况下时，用户可以选择相应的控制主机。

"位号类型"处于不可用情况时，表明只可选择该类型；在可用情况下时，用户可以选择相应的位号类型。

在列表框中列出符合"控制主机"和"位号类型"的位号、注释和地址。

（2）总体信息组态

总体信息组态是整个组态信息文件的基础和核心，包括主机设置、编译、备份数据、组态下载和组态传送 5 个功能。

① 主机设置　主机设置是对系统各主控制卡与操作站在系统中的位置进行组态。

图 1.3.5　控制位号选择窗口

当启动组态软件后，选中"总体信息"菜单的"主机设置"选项，打开"主机设置"窗口，见图 1.3.6 所示。

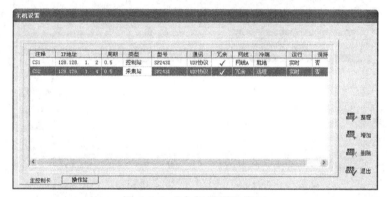

图 1.3.6　"主机设置"窗口

a. 主控制卡组态　单击窗口左下方"主控制卡"选项卡，对主控制卡进行组态，窗口中各项内容说明如下。

注释　注释栏内写入主控制卡的文字说明。

IP 地址　SUPCON DCS 系统采用了双冗余高速工业以太网 SCnetⅡ作为其过程控制网络。控制站作为 SCnetⅡ的节点，其网络通信功能由主控卡承担。JX 系列最多可组 15 个控制站，对 TCP/IP 协议地址采用表 1.3.6 所示的系统约定，组态时要保证实际硬件接口和组态时填写的地址应绝对一致。

表 1.3.6　TCP/IP 协议控制站地址的系统约定

类　别	地　址　范　围		备　注
	网　络　码	主　机　码	
控制站地址	128.128.1	2～31	每个控制站包括两块互为冗余的主控制卡。每块主控制卡享用不同的网络码。IP 地址统一编排，相互不可重复。地址应与主控卡硬件上的跳线地址匹配
	128.128.2	2～31	

周期　其值必须为 0.1s 的整数倍，范围在 0.1～5.0s 之间，一般建议采用默认值 0.5s。运算周

期包括处理输入输出时间、回路控制时间、SCX 语言运行时间、图形组态运行时间等，运算周期主要耗费在自定义控制方案的运行上，大致 1K 代码需要 1ms 运算时间。

类型 通过软件和硬件的不同配置可构成不同功能的控制结构，如过程控制站、逻辑控制站、数据采集站。

型号 目前可以选用的型号为 SP243X。

通讯 目前通信采用 UDP 用户数据协议，UDP 协议是 TCP/IP 协议的一种，具有通信速度快的特点。

冗余 一般情况下，在偶数地址放置主控卡；在冗余的情况下，其相邻的奇数地址自动被占据用以表示冗余卡。

网线 填写需要使用网络 A、网络 B 还是冗余网络进行通信。

冷端 选择热电偶的冷端补偿方式，可以选择"就地"或"远程"。"就地"表示直接在主控卡上进行冷端补偿。"远程"表示在数据转发卡上进行冷端补偿。

运行 选择主控卡的工作状态，可以选择实时或调试。

保持 选择"实时"，表示运行在一般状态下；选择"调试"，表示运行在调试状态下。

b. 操作站组态 选中"操作站"选项卡，进入操作主机的组态状态窗口，如图 1.3.7 所示。

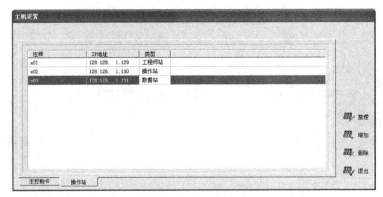

图 1.3.7　操作站组态窗口

注释 注释栏内写入操作站的文字说明。

IP 地址 JX 系列最多可组 32 个操作站（或工程师站），对 TCP/IP 协议地址采用表 1.3.7 所示的系统约定。

类型 操作站类型分为工程师站、数据站和操作站三种，可在下拉组合框中选择。

（a）工程师站。用于系统维护、系统设置及扩展。由满足一定配置的普通 PC 或工业 PC 作硬件平台，系统软件由 Windows 系统软件和 AdvanTrol 组态软件包等组成，完成现场信号采集、控制和操作界面的组态。工程师站硬件也可由操作站硬件代替。

（b）操作站。是操作人员完成过程监控任务的操作界面，由高性能的 PC 机、大屏幕彩显和其他辅助设备组成。

表 1.3.7　操作站地址的系统约定

类　　别	地　址　范　围		备　　　注
	网　络　码	主　机　码	
操作站地址	128.128.1	129～160	每个操作站包括两块互为冗余的网卡。两块网卡享用同一 IP 地址，但应设置不同的网络码。IP 地址统一编排，不可重复
	128.128.2	129～160	

（c）数据站。用于数据处理。

② 编译　用户定义的组态文件必须经过系统编译，才能下载给控制站执行以及传送到操作站监控。编译是通过"总体信息"菜单的"编译"命令进行的，且只可在控制站与操作站都组态以后进行，否则"编译"操作不可选。编译之前 SCKey 会自动将组态内容保存。

组态编译是对系统组态信息、流程图、SCX 自定义语言及报表信息等一系列组态信息文件的编译。编译包括快速编译和全体编译两种。快速编译只编译改动的部分。全体编译是编译组态的所有数据。编译的情况（如编译过程中发现有错误信息）显示在右下方操作区中。

编译过程中显示的错误信息及解决方法举例说明如下。

"位号重复"　单击"查看"菜单"位号查询"命令或工具栏中的 ![按钮] 按钮，弹出"位号查询"对话框，单击"位号"标题栏对位号排序以便于位号查询。找到重复位号后，查看其相应的地址，结合位号类型和地址查找此位号的组态窗口，在此进行位号的修改。例如重复位号相应地址为00-02-01-00，则单击"控制站"菜单"I/O 组态"，查找 0 号地址主控制卡\2 号地址数据转发卡\1号 I/O 卡件\I/O 点组态窗口，对 0 号地址的 I/O 点位号进行修改。

"AI 位号#的压力补偿位号错误"　双击编译中产生的错误信息，将弹出此位号的组态窗口，在此进行位号的修改。

"[#]站的[#]常规控制方案回路[#]的 AO1 错误"　双击编译中产生的错误信息，将弹出此位号的组态窗口，单击"设置"按钮，在弹出的"回路设置"对话框中进行 AO1 的修改。

"[#]操作小组总貌画面第[#]页第[#]位置填写错误"　双击编译中产生的错误信息，将弹出"操作小组总貌画面"组态窗口，在此进行相应修改。

"[#]操作小组流程图[#]文件操作错误"　此错误信息代表流程图信息文件不存在或无法打开。双击编译中产生的错误信息，将弹出此流程图组态窗口，在此进行修改。

"[#]操作小组流程图[#]有编译错误"　此错误信息代表流程图文件存在但流程图出错。双击编译中产生的错误信息，将弹出此流程图组态窗口，在此进行修改。

"无法调用流程图编译程序"　查对 SCDraw.EXE 文件是否存在或连接是否出错。

"[#]站的 SCX 文件[#]操作错误"　此错误信息代表 SCX 语言文件不存在或无法打开。双击编译中产生的错误信息，将弹出"自定义控制算法"设置窗口，在此进行相应的 SCX 文件修改。

"[#]站的 SCX 文件[#]有编译错误"　此错误信息代表 SCX 语言文件存在但出错。双击编译中产生的错误信息，将弹出自定义控制算法设置窗口，在此进行相应的 SCX 文件修改。

"无法调用 SCX 编译程序"　查对 SCLang.EXE 文件是否存在或连接出错。

"[#]操作小组自定义键#号错误"双击编译中产生的错误信息，将弹出"自定义键组态"窗口，在此进行相应修改。

"RPC 调用失败，无法生成特征字"重装 Windows 95/98/NT2000。

③ 备份数据　备份数据之前需编译成功，否则会弹出一警告框提示"编译错误，请在编译正确后再试！"。编译成功后选择"总体信息"菜单的"备份数据"选项，弹出"组态备份"对话框，如图 1.3.8 所示，可单击"备份到..."这一项后面的 ![按钮] 按钮，从浏览文件夹对话框中选择备份的路径，从需要备份的文件列

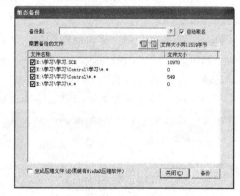

图 1.3.8　"组态备份"对话框

表框中选择要备份的文件，单击"备份"按钮后，所选文件将被复制备份到指定目录下。

④ 组态下载　组态下载用于将上位机中的组态内容编译后下载到控制站。修改与控制站有关的组态信息（主控制卡配置、I/O 卡件设置、信号点组态、常规控制方案组态、SCX 语言组态等）后，需要重新下载组态信息。如果修改操作主机的组态信息（标准画面组态、流程图组态、报表组态等），则不需下载组态信息。

单击"总体信息"菜单"组态下载"选项，将打开组态下载对话框，如图 1.3.9 所示。组态下载有"下载所有组态信息"和"下载部分组态信息"两种方式。如果用户对系统非常了解或为了某一明确的目的，可采用"下载部分组态信息"，否则采用"下载所有组态信息"。

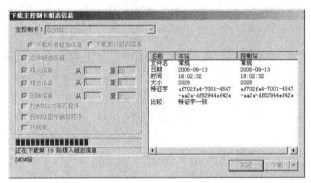

图 1.3.9　组态下载对话框

选中"下载部分组态信息"，如果总体组态信息、模入信息、模出信息、回路信息、控制站 SCX 语言程序、控制站梯形图程序及折线表都已组态，则它们相应的复选框将变为可选，从中选择需要下载的内容。其中模入信息、模出信息、回路信息还可选择部分进行下载。

信息显示区中"本站"一栏显示正要下载的文件信息，其中包括文件名、编译日期及时间、文件大小、特征字。"控制站"一栏则显示当前控制站中的.SCC 文件信息，由工程师来决定是否用本站内容去覆盖原控制站中内容。下载执行后，本站的内容将覆盖控制站原有内容，此时，"本站"一栏中显示的文件信息与"控制站"一栏显示的文件信息相同。

控制站组态信息特征字主要用于表征某个控制站正在运行什么样的组态，以保证各控制站和操作站的统一。操作站以一定时间间隔（1s）读取控制站组态特征字。当读取的特征字与操作软件当前运行的组态特征字不一致时，就需要用户进行同步。如果用户所修改的内容影响某控制站，该控制站所对应的.SCC 文件的特征字会自动改变，因此通过比较特征字的方法可知是否上下一致。

当组态下载成功时，信息显示区"本站"信息与"控制站"信息相同。"控制站"信息显示当前运行组态的下载日期、时间、大小和特征字。特征字是随机产生的，操作站的组态被更改后，其特征字也随之改变，从而与控制站上的特征字不相符合。

当组态下载出现阻碍时，会弹出一警告框提示"通信超时，检查通信线路连接是否正常、控制站地址设置是否正确"。

由于在线下载存在着一定的安全隐患，所以在工程应用中不可随意采取在线下载的方式。适应于在线下载和离线下载的不同情况包括：

a. 离线下载　I/O 变量的增加或删除、对梯形图变量重新定位、修改自定义变量的序号、修改控制程序、系统软件版本的升级、增减主控卡、增减机笼、增减卡件、增减卡件中的位号、增减自定义位号、增减自定义回路、增减常规方案、SCX 语言中添加或删除全局变量等；

b. 在线下载　修改位号名、描述、单位，修改位号量程、信号类型、补偿、累积、描述、报警、滤波、折线表，修改画面包括线条的修改、动态的数据源修改、增减动态数据、控制分组的修改、流程图登录的增减、趋势的修改、报表的修改等。

⑤ 组态传送　组态传送用于将编译后的文件名后缀为.SCO 操作信息文件、.IDX 编译索引文件、.SCC 控制信息文件等通过网络传送给操作站。组态传送前必须在操作站安装 FTP Sever（文件传输协议服务器），设置一传送路径，这些会在安装时自动完成。选择"总体信息"菜单"组态传送"命令，打开"组态传送"对话框，见图 1.3.10 所示。

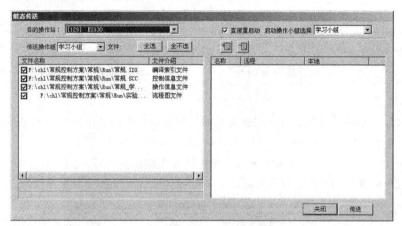

图 1.3.10 "组态传送"对话框

根据一般组态传送情况，此对话框中"直接重启动"复选框默认为选中。"直接重启动"复选框选中时，在远程运行的 AdvanTrol 监控软件将重载组态文件，该组态文件就是传送过去的文件。以"启动操作小组选择"项选择的操作小组直接运行。未选择此复选框，则 AdvanTrol 重载组态文件后，弹出对话框要求操作人员选择操作小组。

信息显示区中，"远程"为将被传送文件传送给目的操作站。此栏显示的操作站中的.IDX 文件信息，包括文件名、编译日期及时间、文件大小。"本地"为本地工程师站上文件信息，由工程师决定是否用本地内容去覆盖原目的操作站中的内容。如果用户修改某操作小组，该操作小组所对应的.SCO 文件的特征字会自动改变，因此通过比较特征字的方法可知工程师站上的文件和操作站上的文件是否一致。

在"目的操作站"下拉组合框中选择要接收传送文件的操作站，选中"传送"按钮，按设置情况进行组态信息传送。当传送成功，AdvanTrol 软件接收到向操作站发送的消息后，将其拷贝到执行目录下便可运行。

组态传送的功能是一方面可快速将组态信息传送给各操作站，另一方面可以检查各操作站与控制站中组态信息是否一致。

（3）控制站组态

控制站由主控制卡、数据转发卡、I/O 卡件、供电单元等构成。控制站组态是指对系统硬件和控制方案的组态，主要包括系统 I/O 组态、自定义变量、常规控制方案组态、自定义控制方案和折线表定义 5 个部分，图 1.3.11 给出了控制站组态的流程。

系统网络节点可扩展修改，控制站内的总线也可方便地扩展 I/O 卡件。

① 系统 I/O 组态　系统 I/O 组态是分层进行的，首先从挂接在主控制卡上的数据转发卡组态开始，然后 I/O 卡件组态、信号点组态，最后为信号点设置组态（包括模入 AI、模出 AO、开入 DI、开出 DO、脉冲量输入 PI、位置信号输入 PAT、SOE 输入组态）。

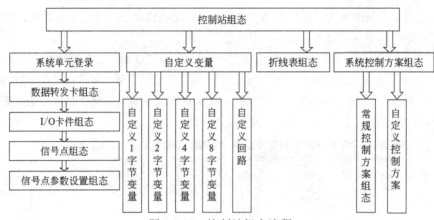

图 1.3.11　控制站组态流程

a. 数据转发卡组态　数据转发卡组态是对某一控制站内部的数据转发卡的冗余情况、卡件在 SBUS-S2 网络上的地址进行组态。

单击"控制站"菜单"I/O 组态"项后，"I/O 输入"窗口被打开，在其中选择"数据转发卡"选项卡后将看到如图 1.3.12 所示的组态窗口。

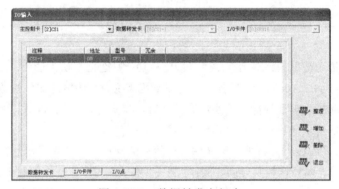

图 1.3.12　数据转发卡组态

主控制卡　此项下拉列表列出登录的所有主控制卡，可选择当前主控制卡。数据转发卡窗口中列出的数据转发卡都将挂接在该主控制卡上。一块主控制卡最多可组 16 块数据转发卡。

注释　写入当前组态数据转发卡的文字说明。

地址　定义当前数据转发卡在主控卡上的地址，最好设置为 0～15 内的偶数。注意地址应与数据转发卡硬件上的跳线地址匹配，必须递增上升，不能跳跃，不可重复。

型号　只有 SP233 供选择。

冗余　设置当前组态的数据转发卡为冗余单元。

b. I/O 卡件登录　I/O 卡件组态是对 SBUS-S1 网络上的 I/O 卡件型号及地址进行组态。

在图 1.3.12 所示窗口中单击"I/O 卡件"选项卡，打开图 1.3.13 所示的 I/O 卡件组态画面。一块数据转发卡下可组 16 块 I/O 卡件。

注释　写入对当前 I/O 卡件的文字说明。

地址　定义当前 I/O 卡件在数据转发卡上的地址，应设置为 0～15。注意地址应与它在控制站机笼中的排列编号匹配，且不可重复。

型号　下拉列表框中可选定当前组态 I/O 卡件的类型。SUPCON DCS 系统提供多种卡件供选择，见表 1.3.8 的卡件类型列表。

图 1.3.13 I/O 卡件组态画面

表 1.3.8 卡件类型列表

卡件型号	卡 件 名 称	输入/输出信号点数	可 冗 余
SP313	电流信号输入卡	4 路模拟输入	√
SP314	电压信号输入卡	4 路模拟输入	√
SP315	应变信号输入卡	2 路模拟输入	√
SP316	热电阻信号输入卡	2 路模拟输入	√
SP317	热电阻信号输入卡（小量程）	2 路模拟输入	√
SP322	模拟信号输出卡	4 路模拟输出	√
SP323	PWM 输出卡	4 路模拟输出	√
SP334	事件顺序记录卡	4 路开关量输入	×
SP335	脉冲量输入卡	4 路脉冲量输入	×
SP341	位置调节输出卡	驱动 1 只电动调节阀	×
SP361	电平型开入卡	8 路开关量输入	×
SP362	晶体管接点开出卡	8 路开关量输出	×
SP363	触点型开入卡	8 路开关量输入	×
SP364	继电器开出卡	8 路开关量输出	×

冗余 设置当前组态的 I/O 卡件为冗余单元。

c. 信号点组态 在图 1.3.13 中单击"I/O 点"，打开信号点组态窗口见图 1.3.14。

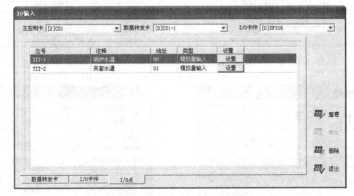

图 1.3.14 信号点组态画面

位号 定义当前信号点在系统中的位号。每个信号点在系统中的位号应是唯一的，不能重复，位号只能以字母开头，不能使用汉字，且字长不得超过 10 个英文字符。

注释 写入对当前 I/O 点的文字说明，字长不得超过 20 个字符。

地址 定义指定信号点在当前 I/O 卡件上的编号。信号点的编号应与信号接入 I/O 卡件的接口编号匹配，不可重复使用。

类型 显示当前信号点信号的输入/输出类型，包括模拟信号输入 AI、模拟信号输出 AO、开关信号输入 DI、开关信号输出 DO、脉冲信号输入 PI、位置输入信号 PAT、事件顺序输入 SOE 输入 7 种类型。

设置 单击"设置"按钮，系统将根据该信号点所设的信号类型，进入与之匹配的信号点参数设置组态窗口。

d. 信号点参数设置组态 单击图 1.3.14 中窗口中的"设置"按钮，组态软件将根据 I/O 点的类型分别进行不同的组态，共分为 6 种不同的组态窗口。图 1.3.15～图 1.3.19 所示为模拟量信号输入/输出点、PAT 卡件、开关信号输入/输出点、脉冲量信号输入点 6 种类型参数的组态窗口，各组态窗口的详细说明略。

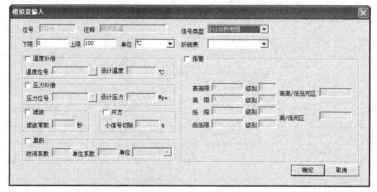

图 1.3.15 模拟量信号输入点组态画面

图 1.3.16 模拟量信号输出点组态画面

图 1.3.17 PAT 卡件组态画面

图 1.3.18 开关量信号输入输出点组态画面

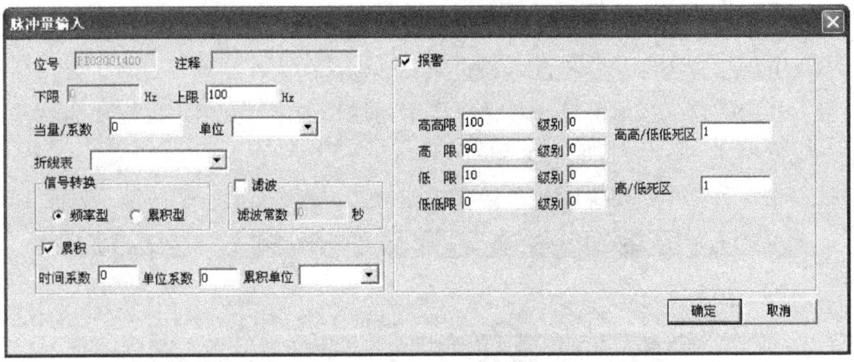

图 1.3.19　脉冲量信号输入点组态画面

② 自定义变量　自定义变量的作用是在上、下位机之间建立交流的途径。上、下位机均可读可写，即上位机写，下位机读，是上位机向下位机传送信息，表明操作人员的操作意图；下位机写，上位机读，是下位机向上位机传送信息，一般是需要显示的中间值或需要二次计算的值。

单击"控制站"菜单"自定义变量"菜单项，进入图 1.3.20 所示"自定义声明"组态窗口。

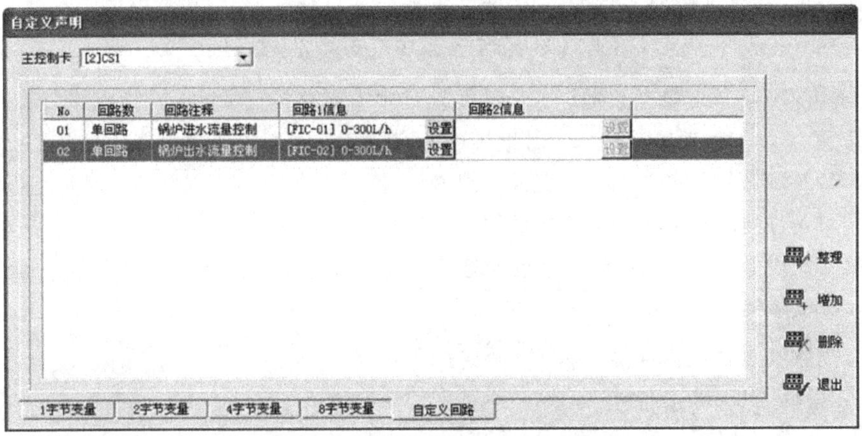

图 1.3.20　自定义回路组态画面

a. 自定义回路组态　每个控制站可支持 64 个自定义回路。

No　写入当前自定义回路的回路号。编写 SCX 语言时，该序号与 bsc 和 csc 的序号对应（bsc 和 csc 是 SCX 语言中单回路控制模块和串级控制模块的名称）。

回路数　此栏可选单回路或双回路。选择单回路时只可填写回路 1 的信息；选双回路时，回路 1（内环）和回路 2（外环）的信息都必须填写。

回路注释　填入对当前设置回路的描述。

回路 1 信息　单击该回路的"设置"按钮，会自动弹出"自定义回路输入"对话框，如图 1.3.21 所示。该对话框中包括：

位号　写入当前自定义回路的回路定义位号；

注释　写入当前自定义回路的文字描述；

上限/下限　写入当前自定义回路反馈量的限幅值；

单位　当前自定义回路输入信号的工程单位。

回路 2 信息　按下对应的"设置"按钮，对回路 2 进行设置。设置方法同回路 1。

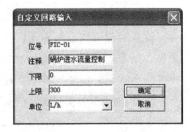

图 1.3.21　"自定义回路输入"对话框

b. 1 字节变量定义　SUPCON DCS 系统在处理操作站和控制站内部数据的交换中，在控制站主机的内存中开辟了一个数据交换区，通过对该数据区的内存编址，实现了操作站与控制站的内部数据交换。用户在定义控制算法中如果需要引用这样的内部变量，就需要为这些变量进行定义。每个控制站支持 4096 个自定义变量。

选择"控制站"菜单"自定义变量"选项，选择"1 字节变量"选项卡，见图 1.3.22 所示。

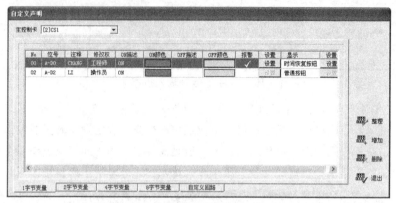

图 1.3.22　自定义 1 字节变量组态画面

No　自定义 1 字节变量存放地址。当某一地址中不需存放变量时，此地址依然存在。例如图 1.3.22 中 No 栏不填 1 号地址，表示 1 号地址中不存放变量，但 1 号地址依然存在。

位号　写入对当前自定义 1 字节变量的定义位号。

注释　写入对当前自定义 1 字节变量的文字描述。

修改权　此栏下拉列表框中提供当前自定义 1 字节变量的修改权限，有观察、操作员、工程师、特权 4 级权限保护：

观察　此权限时该变量处于不可修改状态；

操作员　可供操作员、工程师、特权级别用户修改；

工程师　可供工程师、特权级别用户修改；

特权　仅供特权级别用户修改。

开/关状态（ON/OFF 描述、ON/OFF 颜色）　对开/关量信号状态进行描述和颜色定义。

报警　信号需要报警时选中报警项，此栏以"√"显示。

设置　当报警被选中时，按下"设置"按钮将打开"开关量报警设置"对话框，对报警状态、报警描述、报警颜色、报警级别进行设置。其中"报警级别"选项为此 1 字节自定义变量报警设置报警级别（0～90）。

显示　下拉列表框中提供 3 种显示按钮，即时间恢复按钮、位号恢复按钮和普通按钮。

设置　设置恢复时间和恢复位号。

c. 2 字节变量定义　物理意义、功能及使用方法与 1 字节变量定义十分相似，不同的是数据长度有所区别。每个控制站支持用户定义 2048 个 2 字节变量，如图 1.3.23 所示。

No/位号/注释/修改权　同自定义 1 字节变量使用方法。

上限/下限　自定义 2 字节变量数据类型为浮点数或整数时，填写量程上限和下限。

单位　提供常用的工程单位可选择。

数据类型　提供半浮点、描述字符串、无符号整数和有符号整数 4 种类型可选择。

半浮点　范围为−8～7.9999，最高位为符号位，后 3 位为整数位，其余为小数部分，整数和小数之间的小数点消隐。

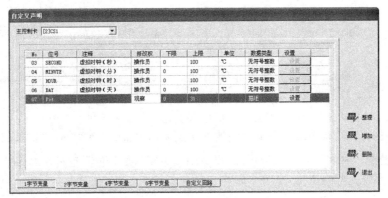

图 1.3.23　自定义 2 字节变量组态画面

描述字符串　以整数来显示字符串，用于间歇性流程。为整数 0 时显示 on，为整数 1 时显示 off，为整数 2 时显示 alarm。

无符号整数　范围 0～65535。

有符号整数　范围－32768～32767。

设置　仅当数据类型选择为"描述"时可用，在相应对话框中填入字符串，运行时用字符串来代替此字符串前的整数序号。允许使用汉字，字符串长度为 30 个字符。

此外，4 字节变量定义和 8 字节变量定义也都与上面的操作相似，每个控制站分别支持 512 个自定义 4 字节变量和 256 个自定义 8 字节变量。

③ 常规控制方案组态　控制方案组态分为常规控制方案组态和自定义控制方案组态。所谓常规控制方案是指过程控制中常用的调节控制方法。对一般要求的常规调节控制，系统提供的控制方案基本都能满足要求，且控制方案易于组态，操作方便，实际运用中控制运行可靠、稳定，因此对于无特殊要求的常规控制，采用系统提供的常规控制方案即可。完成系统 I/O 组态后，就可以进行系统的控制方案组态了。

在组态软件的主菜单中，单击"控制站"的"常规控制方案"菜单项，即启动系统常规控制方案组态窗口，如图 1.3.24 所示。每个控制站支持 64 个常规回路。

图 1.3.24　常规控制方案组态

主控制卡　此项中列出所有已组态登录的主控制卡，用户必须为当前组态的控制回路指定主控制卡，对该控制回路的运算和管理由所指定的主控制卡负责。

No　回路存放地址，"整理"后会按地址大小排序。

注释　填写当前控制方案的文字描述。

控制方案　列出了 SUPCON DCS 系统支持的 8 种常用的典型控制方案（手操器、单回路、串级、单回路前馈、串级前馈、单回路比值、串级变比值、采样控制），可根据需要选择适当的控制方案。

回路参数　用于确定控制方案的输出方法。单击后面的"设置"按钮，在弹出的"回路设置"对话框中进行回路参数的设置，如图 1.3.25 所示。

a. 回路 1/回路 2 功能组，用以对控制方案的各回路进行组态（回路 1 为内环，回路 2 为外环）。"回路位号"项填入该回路的位号；"回路注释"项填入该回路的说明描述；"回路输入"项填入相应输入信号的位号，常规回路输入位号只允许选择 AI 模入量。位号也可通过 ? 按钮查询选定。SUPCON DCS 系统支持的控制方案中，最多包含两个回路。如果控制方案中仅一个回路，则只需填写回路 1 功能组。

b. 当控制输出需要分程输出时，选择"分程"选项，并在"分程点"输入框中填入适当的百分数（40%时填写 40）。

如果是分程输出，"输出位号 1"填写回路输出分程点时的输出位号，"输出位号 2"填写回路输出。如果不加分程控制，则只需填写"输出位号 1"项。常规控制回路输出位号只允许选择 AO 模出量，位号可通过一旁的 ? 按钮进行查询。

c. 跟踪位号　当该回路外接硬手操器时，为了实现从外部硬手动到自动的无扰动切换，必须将硬手动阀位输出值作为计算机控制的输入值，跟踪位号就用来记录此硬手动阀位值。

d. 其他位号　当控制方案选择前馈类型或比值类型时，其他位号项变为可写。当控制方案为前馈类型时，在此项填入前馈信号的位号。当控制方案为比值类型时，在此填入传给比值器信号的位号。

④ 折线表定义　折线表是用折线近似的方法将信号曲线分段线性化以达到对非线性信号的线性化处理。

单击"控制站"菜单的"折线表定义"选项，打开"折线表输入"窗口，如图 1.3.26 所示，定义用于信号非线性处理的折线表。在折线表定义窗口中最多可定义 64 张自定义折线表。

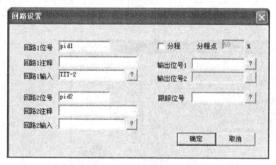

图 1.3.25　"回路设置"组态窗口

图 1.3.26　"折线表输入"窗口

名称　折线表的名称。系统自动提供的折线表名为"LINE+数字"。

类型　折线表类型分为一维折线表和二维折线表两种，如图 1.3.27 示。将整条折线的 X 轴坐标等分成 16 份，如果每一段两端点的折线段较接近直线，将这条折线定义为一维折线表；其余情况将这条折线表定义为二维折线表。所取的 X、Y 值均应在 0 和 1 之间。

数据　选中"设置"按钮进行类型选择。一维折线表是把折线在 X 轴上均匀分成 16 段，将 X 轴上 17 点所对应的 Y 轴坐标值依次填入，对 X 轴上各点则做归一化处理。二维折线表则把非线性处理折线不均匀地分成 10 段，系统把原始信号 X 通过线性插值转换为 Y，将折点的 X 轴、Y 轴坐标依次填入表格中。

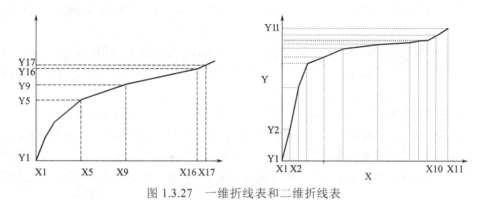

图 1.3.27　一维折线表和二维折线表

自定义折线表是全局的，一个主控制卡管理下的两个模拟信号可以使用同一个折线进行非线性处理，一个主控制卡能管理 64 个自定义折线表。

综上所述，将 SUPCON DCS 系统的控制组态全过程归纳为 4 个步骤。

步骤 1　系统单元登录。确定系统的控制站（即主控制卡）和操作站的数目。

步骤 2　系统 I/O 组态。分层、逐级、自上而下依次对每个控制站硬件结构进行组态。

步骤 3　自定义变量组态和折线表组态。

步骤 4　系统的控制方案组态。控制方案组态分为常规控制方案组态和自定义控制方案（SCX 语言和图形编程）组态，根据实际需要采用不同方式进行组态。

完成了系统控制方面的组态，即可开始面向操作站的操作组态了。

（4）操作站组态

操作站组态是对系统操作站操作画面的组态，是面向操作人员的 PC 操作平台的定义。它主要包括操作小组设置、标准画面（总貌画面、趋势画面、控制分组画面、数据一览画面）组态、流程图登录、报表制作、自定义键和语音报警组态 6 部分，如图 1.3.28 所示的操作站组态流程。

应注意必须首先进行系统的单元登录和系统控制站组态，只有在这些信息已经存在的前提下，系统操作站的组态才有意义。

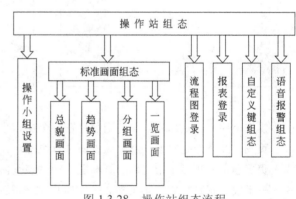

图 1.3.28　操作站组态流程

① 操作小组设置　由于操作站所有组态内容并不是每个操作站都需要查看，不同的操作小组可观察、设置、修改不同的标准画面、流程图、报表、自定义键。因此，组态时可设置几个操作小组，在各操作站组态画面中只设定该操作站关心的内容。

同时，还应设置一个包含所有操作小组组态内容的操作小组，当其中有一个操作站出现故障时，可以运行此操作小组，查看出现故障的操作小组运行内容，以免时间耽搁而造成损失。

单击"操作站"菜单的"操作小组设置"项，打开如图 1.3.29 所示的操作小组设置窗口。操作小组最多可设置 16 个。

序号　填入操作小组设置的序号。

名称 填入各操作小组的名字。

切换等级 此栏下拉列表框中为操作小组选择登录等级，SUPCON DCS 系统提供观察、操作员、工程师、特权 4 种操作等级。在 AdvanTrol 监控软件运行时，需要选择启动操作小组名称，可以根据登录等级的不同进行选择。

当"切换等级"为"观察"时，只可观察各监控画面，而不能进行任何修改。

当"切换等级"为"操作员"时，可将修改权限设为操作员的自定义变量、回路、回路给定值、手自动切换、手动时的阀位值、自动时的 MV 值。

当"切换等级"为"工程师"时，还可修改控制器的 PID 参数、前馈参数。

当"切换等级"为"特权"时，可删除前面所有等级的口令，其他与工程师等级权限相同。

报警级别范围 为了操作站操作方便，在报警级别一栏中对每个操作小组都定义了需要查看的报警级别，这样在报警一览画面中只可看到该级别值的报警，并且监控软件只对该级别的报警做出反应。

② **系统标准画面组态** 系统的标准画面组态是指对系统已定义格式的标准操作画面进行组态，包括总貌画面、趋势画面、分组画面、一览画面 4 种操作画面的组态。

a. **总貌画面组态** 单击"操作站"菜单中的"总貌画面"项，进入如图 1.3.30 所示的系统"总貌画面设置"窗口。

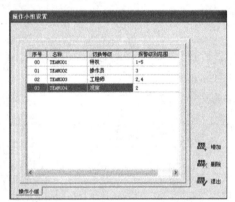

图 1.3.29 操作小组组态画面

图 1.3.30 总貌画面组态窗口

操作小组 指定总貌画面的当前页在哪个操作小组中显示。

页码 此项选定对哪一页总貌画面进行组态。

页标题 此项显示指定页的页标题，即对该页内容的说明。

显示块 每页总貌画面包含 8 行 4 列共 32 个显示块。每个显示块包含描述和内容，上行写说明注释，下行填入引用位号，一旁的 ? 按钮提供位号查询服务。

总貌画面组态窗口右边的列表框中显示已组态的总貌画面页码和页标题，可在其中选择一页进行修改等操作，也可使用 Pageup 和 Pagedown 键进行翻页。

b. **趋势画面组态** 系统的趋势曲线画面可以显示登录数据的历史趋势。单击"操作站"菜单的"趋势画面"选项，进入图 1.3.31 所示的系统"趋势画面设置"窗口。

操作小组/页码/页标题 意义同总貌画面所定义。

记录周期 指定当前页中所有趋势曲线共同的记录周期。指定趋势画面中的趋势曲线必须有相同的记录周期，记录周期必须为整数秒，取值范围为 1～3600。

记录点数 此项指定当前页中所有趋势曲线共同的记录点数。指定趋势画面中的趋势曲线必须有相同的记录点数，取值范围 1920～2592000。

趋势曲线组 每页趋势画面至多包含 8 条趋势曲线，每条曲线通过位号来引用，旁边的 <kbd>?</kbd> 按钮提供位号查询的功能。

注意趋势曲线不包括模出量、自定义 4 字节变量和自定义 8 字节变量。

c. 分组画面组态　系统的分组画面可以实时显示登录仪表的当前状态。单击"操作站"菜单的"分组画面"项，进入系统"分组画面设置"窗口，如图 1.3.32 示。

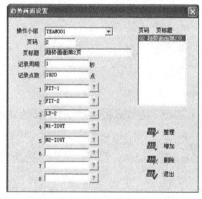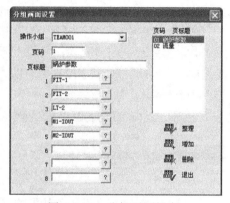

图 1.3.31　趋势画面组态　　　　图 1.3.32　分组画面组态

操作小组/页码 意义同总貌画面所定义。

页标题 此项显示指定页的页标题，即对该页内容的说明。标题可使用汉字，字符数不超过 20 个。

仪表组 每页仪表分组画面至多包含 8 个仪表，每个仪表通过位号来引用。一旁的 <kbd>?</kbd> 按钮提供位号查询的功能。

d. 一览画面组态　系统的一览画面可以实时显示与登录位号对应的值及单位。单击"操作站"菜单中的"一览画面"，即可进入系统"一览画面设置"窗口，如图 1.3.33 所示。

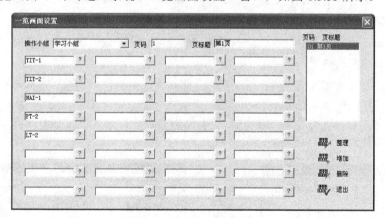

图 1.3.33　一览画面组态

操作小组/页码/页标题 意义同总貌画面所定义。

显示块 每页一览画面包含 8 行 4 列共 32 个显示块。每个显示块中填入引用位号，在实时监控中，通过引用位号引入对应参数的测量值。

e. 流程图登录　流程图登录之前，相关流程图应当已经绘制完成，并保存在指定文件夹内。单击"操作站"菜单"流程图"菜单项，进行系统流程图登录，如图 1.3.34 所示。

操作小组 指定当前页的流程图画面在哪个操作小组中显示。

页码 选定对哪一页流程图进行组态,每一页包含一个流程图文件。

页标题 显示指定页的标题,即对该页内容的说明。标题可使用汉字,字符数不超过 20 个。

文件名 此项选定欲登录的流程图文件。流程图文件必须以".SCG"为扩展名,每个文件包含一幅流程图。流程图文件名可通过后面的 ? 按钮选择。按"编辑"按钮,将启动流程图制作软件,对当前选定的流程图文件进行编辑组态。

注意在图 1.3.34 中选中某个流程图文件,按"删除"按钮并确认,表示在组态文件中取消该流程图文件的登录,但流程图文件本身仍然存在。

f. 报表登录 单击"操作站"的"报表"项,进入报表登录窗口,图 1.3.35 中各项用法与系统流程图登录定义基本一致。报表文件必须以".CEL"为扩展名,按"编辑"按钮可启动报表制作软件,进行报表编辑。

图 1.3.34 流程图登录画面

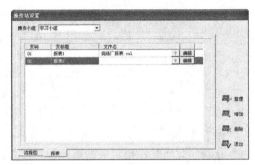
图 1.3.35 系统报表组态画面

g. 系统自定义键组态 自定义键用于设置操作员键盘上的自定义键功能。单击"操作站"的"自定义键"项,进入"自定义键组态"窗口,见图 1.3.36。

操作小组 指定当前自定义键在哪个操作小组中启用。

键号 选定对哪一个键进行组态。SUPCON DCS 系统至多提供 24 个自定义键。

键描述 填写当前自定义键的文字描述,可用汉字,字符数不超过 20 个。

键定义语句 用户在键定义语句框中对当前选择的自定义键进行编辑,按后面的 ? 按钮,提供对已组态位号的查找功能。

错误信息 写好键定义语句后,按"检查"按钮将提供对已组态键代码的语法检查功能,检查结果显示在"错误信息"框中。

h. 系统语音报警组态 单击"操作站"的"语音报警",进入"报警文件设置"窗口,如图 1.3.37 所示。

图 1.3.36 系统自定义键组态画面

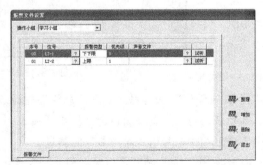
图 1.3.37 "报警文件设置"窗口

位号　先从已组态主控制卡下拉组合框中选择位号所在主控制卡，此时，位号列表框中将列出此主控制卡中所有位号，从中进行位号选择。

报警类型　设置上上限报警、上限报警，下下限报警、下限报警4种。

发音条件　可以在信号达到高限、高高限、低限、低低限时要求产生语音。

声音文件　声音的输入可以在 Windows 的录音机中完成。报警时选择不同的声音文件，将产生不同的声音。声音文件可通过旁边的 <kbd>?</kbd> 按钮进行选择。选择一声音文件后，按下"试听"按钮可试听报警时发出的声音，从而选择合适的声音文件。

操作站组态直接关系到操作人员的操作界面，一个组织有序、分类明确的操作站组态能使控制操作变得更加方便、容易；而一个杂乱的、次序不明的操作站组态不仅不能很好地协助操作人员完成操作，反而会影响操作的顺利进行，甚至导致误操作。因此，对系统的操作组态一定要做到认真、细致、周到。

3．图形编程和 SCX 语言编程示例

（1）图形编程

常规控制回路的输入和输出只允许 AI 和 AO，对一些有特殊要求的控制，必须根据实际需要使用 SCX 语言编程和图形编程两种方式实现控制方案。

单击"控制站"的"自定义控制方案"菜单项，进入"自定义控制算法设置"窗口，如图 1.3.38 所示。一个控制站（即主控制卡）对应一个代码文件。

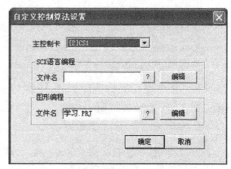

SCX 语言编程　此框中选定与当前控制站相对应的 SCX 语言源代码文件，源代码存放在一个以".SCL"为扩展名的文件中。旁边的 <kbd>?</kbd> 按钮提供文件查询功能。选择一"SCX 语言源代码"文件后，单击"编辑"按钮，将打开此文件进行编辑修改。

图形编程　此框中选定与当前控制站相对应的图形编程文件，图形文件以".PRJ"为扩展名。旁边的 <kbd>?</kbd> 按

图 1.3.38　"自定义控制算法设置"窗口

钮提供文件查询功能。选定一"图形编程"文件后，单击"编辑"按钮，将打开此文件进行编辑修改。

① 图形编程软件 SCControl 主要性能特点　图形编程软件 SCControl 是用于编制系统控制方案的图形编程工具，是 JX 系列 DCS 的控制方案组态工具，为用户提供高效的组态环境，与系统组态软件 SCKey 联合完成对系统的组态，是 AdvanTrol 软件的重要组成部分之一。

a．组态通过图形用户接口进行，只要求用户有基本的 Windows 操作基础。

b．提供灵活的在线调试功能，用户可以观测程序的详细运行情况。

c．集成了 LD 编辑器、FBD 编辑器、SFC 编辑器、数据类型编辑器、变量编辑器、DFB 编辑器。

d．所有编辑器使用通用的标准 File、Windows、Help 等菜单，灵活地自动切换不同编辑器的特殊菜单和工具条。

e．在图形方式下组态十分容易。在各编辑器中，目标（功能块、线圈、触点、步、转换等）之间的连接在连接过程中进行语法检查。不同数据类型间的链路在编辑时就被禁止。SCControl 提供注释、目标对齐等功能，改进图形程序的外观。

f．SCControl 软件的编程包括 LD 语言编程、FBD 语言编程和 SFC 语言编程。编程流程包括

工程的创建、段落的创建、区段的创建、程序段的编辑、工程的编译、链接、下载等几个过程。

　　g. 软件中的 FBD 编辑器、LD 编辑器作为最重要的编辑器，与变量编辑器、数据类型编辑器、DFB 编辑器等共同构成了一个强大的编辑环境。

　　h. 软件模块库中包括了 IEC1131-3 中定义的功能块和一些常用的功能块。

　　算术运算　加、减、乘、除、取模等。

　　触发器　RS、SR 等。

　　比较运算　大于等于、大于、小于等于、小于、等于、不等于。

　　转换运算　各种数据类型之间的相互转换。

　　选择运算　单选、多选。

　　逻辑运算　逻辑与、或、非、异或等。

　　数学运算　绝对值、余弦、正弦、指数、对数等。

　　计数器　加计数、减计数、加减计数等。

　　定时器　延时接通 TON、延时断开 TOFF、脉冲 TP。

　　输入处理　滤波、报警、温压补偿、折线插值。

　　系统模块　跳转、循环。

　　控制模块　单回路 PID、串级控制。

　　通信辅助　发送消息、接收消息。

　　累积函数　累积函数、累积量转换。

　　② 图形编程软件 SCControl 功能简介　图形编程软件的编程语言包括功能块图、梯形图、顺控图和 ST 语言，支持国际标准 IEC1131-3 数据类型子集。图形编程软件提供的编辑器包括 FBD 编辑器、LD 编辑器、SFC 编辑器、ST 语言编辑器、数据类型编辑器和变量编辑器。

　　图形编程软件的每一个工程（Project）对应一个控制站，工程必须指定对应的控制站地址。一个工程可包含多个段落（Section）。段落是通常意义上的一个文档，是组成工程的基本单位。每个段落只能选用一种编辑器。通过工程管理多个段落文件，在工程文件中保存配置信息。

　　新建段落时必须指定段落的编辑类型和程序类型。按编辑类型段落分为 FBD 段落、LD 段落、SFC 段落、ST 段落。选择编辑类型相当于选择何种编辑器进行编辑。按程序类型段落分为程序段落、模块段落。选择程序类型相当于选择是生成一个可执行的程序或是进入 DFB 编辑器生成 DFB 模块。

　　③ 图形编程软件 SCControl 使用示例

　　步骤 1　在系统组态界面工具栏中点击算法按钮，弹出"自定义控制算法设置"对话框，如图 1.3.39 所示。

　　步骤 2　选择算法程序所属的控制站。

　　步骤 3　在图形编程的文件名后输入文件名：1# 汽机控制站（也可通过搜索已编写好的程序文件）。

　　步骤 4　点击图形编程中的"编辑"命令，进入到"图形编程"的工程界面，见图 1.3.40。

　　步骤 5　点击工具栏中的命令按钮，弹出"新建程序段"对话框，见图 1.3.41。

　　步骤 6　选择程序类型为"功能块图"，段类型为"程序"。

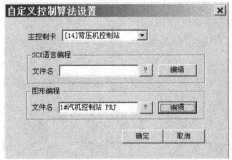

图 1.3.39　"自定义控制算法设置"对话框

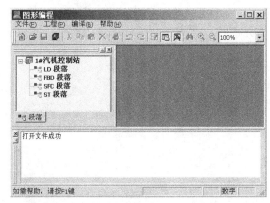
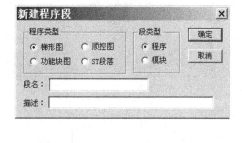

图 1.3.40 "图形编程"工程界面　　　　　　　图 1.3.41 "新建程序段"对话框

步骤 7　输入段名为：回油、轴承温度高判断。输入描述为：回油、轴承温度判断。

步骤 8　点击"确定"进入功能块图程序编辑器界面，如图 1.3.42 所示。

步骤 9　点击"功能块选择"按钮 88，弹出"选择模块"对话框，如图 1.3.43 所示。

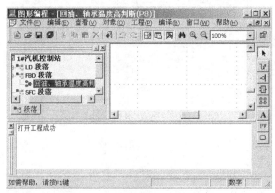

图 1.3.42　功能块图程序编辑器界面　　　　　图 1.3.43 "选择模块"对话框

步骤 10　选择好所用模块后，将鼠标移到编程界面单击，即可将该模块拷贝到编程界面中。

步骤 11　将编程所需的所有模块拷贝到编程界面中。

步骤 12　按照从上到下、从左到右的执行次序，在编程界面中将各程序模块进行正确排列。

步骤 13　点击"连线"按钮 🖉，在需要连接的两个引脚上各点击一下，可将此两个引脚连接起来。将各模块按程序要求连接起来。

步骤 14　双击模块引脚，将模块的输入输出脚与相应的位号（常数）连接起来。

步骤 15　完成后的功能块图源程序如图 1.3.44 所示，编程详细说明参见"在线帮助"。

步骤 16　点击"保存"命令。

步骤 17　在工具栏中点击"编译"按钮，检查程序有无语法、逻辑上的错误。

步骤 18　关闭编程界面，返回到"自定义控制算法设置"对话框。

步骤 19　点击"确定"返回到系统组态界面。

（2）SCX 语言编程

SCX 语言编程软件是 SUPCON WebField 系列控制系统控制站的专用编程语言之一。在工程师站完成 SCX 程序的调试编辑，并通过工程师站将编译后的可执行代码下载到控制站执行。SCX 语言属高级语言，语法风格类似标准 C 语言，除了提供类似 C 语言的基本元素、表达式等外，还在控制功能实现方面做了大量扩充。

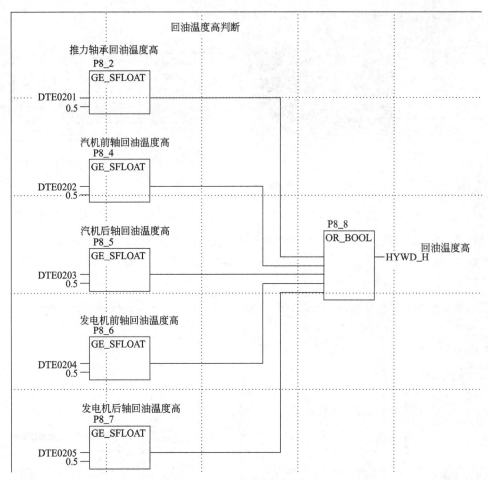

图 1.3.44 功能块图源程序

SCX 语言编程操作步骤如下。

步骤 1 在系统组态界面工具栏中单击按钮 算法，弹出"自定义控制算法设置"对话框。

步骤 2 选择算法程序所属的控制站。

步骤 3 在 SCX 语言编程的文件名后输入文件名：MAIN（也可通过 搜索已编写好的程序文件）。

步骤 4 点击 SCX 语言编程中的"编辑"命令，进入到 SCX 语言编程界面，如图 1.3.45 所示。

步骤 5 按照先写子函数、后写主函数的原则编写控制程序，完成后的程序如图 1.3.46 所示（编程说明参见在线帮助）。

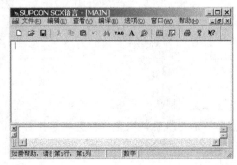

图 1.3.45 SCX 语言编程界面

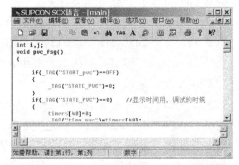

图 1.3.46 SCX 语言部分源程序

步骤 6 点击"保存"命令。

步骤 7 点击"编译"按钮，检查有无语法逻辑上的错误。

步骤 8 关闭编程界面，返回到自定义控制算法设置对话框。

步骤 9 点击"确定"返回到系统组态界面。

【任务实施】组态实战

（1）工程设计

熟悉已有 DCS 设备并进行可行的工程设计，包括测点统计、常规控制方案设计、系统控制方案设计、流程图设计、报表设计等，并分别列于表 1.3.9～表 1.3.11。

表 1.3.9　现场测点传感器统计列表

序号	图位号	型号	规　格	名　称	用　途
1	FE-1	LDG-10S	0～300L/h	电磁流量传感器	测进水流量

表 1.3.10　控制站卡件布置与测点统计列表

卡件	卡件 IP 地址	卡件类型/型号	位号	注释	地址	类型	测点参数
SP316	00	SP316 两路热电阻信号输入卡	TIT-1	锅炉水温	00	模入	0～100℃

表 1.3.11　控制方案列表

序号	被控参数	控制方案	输入信号及位号	输出信号及位号	备　注
1	进水流量	单回路控制	进水流量 FIT-1	进水流量调节阀 M1	

（2）组态实战

按照组态软件应用流程，开始组态练习。

① 单击电脑桌面上的 **SCKey** 组态软件图标，进入组态环境的主画面。若桌面上找不到组态软件的快捷方式，打开资源管理器后，在 C 盘根目录下的 **AdvanTrol** 软件包文件夹中寻找 SCKey 组态软件图标并双击。

② 第一次组态时，会出现"请首先为新的组态文件指定存放位置"的提示窗口，这时单击"确定"按钮为组态软件确定保存位置（确定保存路径、文件名），如图 1.3.47 所示。

图 1.3.47　新组态文件保存窗口

③ 单击"保存"按钮后，会看到在保存位置处会同时出现一个文件夹和一个文件，如图 1.3.48

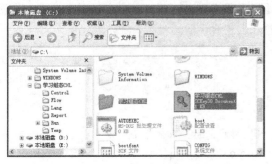

所示。该文件夹中又自动生成 7 个文件夹，用于存放组态信息。它们分别是：Control 文件夹，用于存放图形编程信息；Flow 文件夹，用于存放流程图文件；Lang 文件夹，用于存放语言编程文件；Report 文件夹，用于存放报表文件；Run 文件夹，用于存放运行数据信息；Run 中的 Report 文件夹，用于存放报表运行数据；Temp 文件夹，用于存放临时文件。

图 1.3.48　新组态文件说明

④ 双击新建的组态文件图标后，便启动组态软件进入组态窗口。组态时，注意不要混淆一些文件的后缀，见表 1.3.12 所示。

表 1.3.12　SCKey 组态软件文件扩展名及说明

文件扩展名	文件说明	备注
.SCK	未编译的组态信息文件	——
.SCC	组态编译产生的、控制站使用的组态信息文件	AdvanTrol、SCKey 软件使用
.SCO	组态编译产生的、操作站使用的组态信息文件	
.BAK	SCK 文件的备份文件	
--TMP.TAG	位号文件（临时）	
.IDX	索引文件	AdvanTrol 软件使用
.SDS	语音报警组态文件	

⑤ 控制站组态，包括主机设置、控制站组态、常规控制方案组态、操作站组态等几个步骤。

a. 主机设置　包括主控制卡和操作站登录。在组态软件 SCKey 主画面中，选中"总体信息"菜单的"主机设置"选项后单击，打开主机设置窗口进行组态；选择"主控制卡"选项卡，进行设置；选择"操作站"选项卡，进入操作站主机的组态窗口进行设置。

b. 控制站组态　在组态软件 SCKey 主画面中，单击"控制站"菜单中的"I/O 组态"命令后，依次进行数据转发卡组态、I/O 卡件登录、信号点组态（包括位号、注释、地址、类型、设置）和信号点参数设置组态（包括模拟量输入信号点设置组态、模拟量输出信号点设置组态、开关量输入信号点设置组态、开关量输出信号点设置组态、脉冲量输入信号点设置组态、PAT 信号点组态）。

提示：认真将每个信号点的信息按顺序依次进行填写。另外位号指当前信号点在系统中的位置。每个信号点在系统中的位号应是唯一的，不能重复，位号只能以字母开头，不能使用汉字，且字长不得超过 10 个英文字符。

c. 常规控制方案组态　在组态软件 SCKey 主画面中，单击"控制站"菜单中的"常规控制方案组态"进行设置。也可以尝试使用图形编程或 SCX 语言进行控制方案组态练习。

d. 操作站组态　包括操作小组设置、系统标准画面组态和流程图登录。

在组态软件 SCKey 主画面中，单击"操作站"菜单中"操作小组设置"后，依次填写序号、名称、切换等级（观察、操作员、工程师、特权）、报警级别范围。

在组态软件 SCKey 主画面中，单击"操作站"主菜单中相应画面的命令，依次对总貌画面、趋势画面、分组画面、一览画面进行组态。

在绘制流程图之前，建议先进行流程图登录。在组态软件 SCKey 主画面中，单击"操作站"

主菜单中"流程图"命令，在打开的窗口中，为流程图输入文件名后，单击"编辑"就可以绘制流程图了。若在流程图登录之前已经绘制了流程图，并将其保存在某个文件中，单击 ? 按钮，选择已有的流程图进行登录。流程图动态参数的组态是在流程图绘制完毕之后进行的。

⑥ 全部组态（包括绘制流程图、报表制作等）进行完毕之后，单击"总体信息"菜单的"全体编译"命令，如果组态完全正确，会在窗口的下方提示：编译正确！这时就可以进行组态备份、下载和传送了。

初次组态练习中，可能会发生一些错误，编译后在窗口的下方会详细列出错误信息，对每一条错误提示，都要认真检查纠错，直至编译全部正确。

【学习评价】

1. 组态开始前必须先进行工程设计，工程设计包含哪些工作？
2. 组态软件的应用流程是怎样的？
3. 组态软件 SCkey 的总体信息菜单、控制站菜单、操作站菜单和查看菜单中各包括哪些功能？
4. 编译、组态下载、组态传送各指什么意思？
5. 控制站组态包括哪些工作？控制方案组态有哪些方法？
6. 操作站组态包括哪些工作？为什么要设置操作小组？
7. 操作站的标准画面包括哪些画面？
8. 总结组态软件 SCkey 的组态步骤和使用注意事项。

任务 4   JX-300X 集散控制系统流程图绘制

【任务描述】

流程图是控制系统中最重要的监控操作界面类型之一，用于显示被控设备对象的整体流程和工作状况，并操作相关数据量。流程图制作软件主要用于流程图的绘制和流程图上各类动态参数的组态，这些动态参数在实时监控软件的流程图画面中可以进行实时观察和操作。熟练应用 JX-300X DCS AdvanTrol 软件包中 SCDraw 软件制作流程图,对进行 DCS 的组态和监控非常关键。

【知识链接】

1．流程图制作软件概述

（1）功能特点

AdvanTrol 软件包的流程图制作软件 SCDraw 是全中文界面的绘图工具软件。该软件基于 Windows 2000/NT Workstation4.0（中文版）操作系统设计，具有友好的用户界面。

流程图制作软件主要用于流程图的绘制和流程图上各类动态参数的组态，这些动态参数在实时监控软件的流程图画面中可以进行实时观察和操作。

流程图制作软件具有以下特点。

① 绘图功能齐全，从点、线、圆、矩形的绘制到各种字符输入，均可满足绝大多数场合的需要。

② 编辑功能强大，以矢量方式进行图形绘制，具备块剪切、块拷贝功能，达到事半功倍的效果。

③ 提供标准图形库，能轻松绘制各种复杂的工业设备，可节省大量的时间。

④ 以鼠标操作为主，辅以简单的键盘操作，使用非常灵活方便，无需编写任何语句。

⑤ 在 Windows 2000/NT Workstation4.0 下运行，具有良好的人机界面，提供强大的在线帮助，操作方便，运用灵活，即使是不熟悉计算机者，也可运用自如。

⑥ 支持超过屏幕大小的特大流程图的绘制，最大为宽 2048 像素、高 2048 像素。

⑦ 在画面的基础上可直接进行数据组态。

（2）功能简介

① 程序启动

a．单击 SCKey 组态软件窗口主菜单"操作站"中"流程图"选项，打开流程图登录画面（图

图 1.4.1　流程图登录画面

1.4.1），单击其中的"编辑"按钮，启动流程图制作软件。

b．双击桌面上的流程图绘制软件快捷图标 。

c．单击 Windows 桌面"开始"按钮后，在"程序"项中找到"AdvanTrol-XXX"的"JX-300X流程图"，也可直接启动流程图制作软件。

② 屏幕认识　程序启动后将会显示如图 1.4.2 所示的流程图制作软件窗口。窗口主要由标题栏、菜单栏、菜单图标栏、工具栏、作图区、

信息栏和滚动条（上下、左右）等几部分组成。

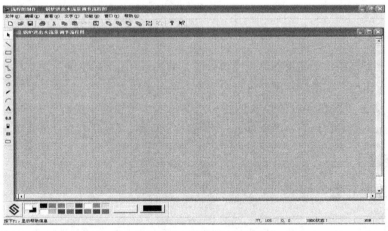

图 1.4.2　流程图制作软件画面

标题栏显示正在操作的文件名称。文件新建尚未保存时，该窗口被命名为"流程图制作——无标题"。

菜单栏和菜单图标栏如图 1.4.3 所示。

菜单栏是流程图制作的主菜单，包括文件、编辑、查看、文字、功能、窗口和帮助 7 项。

菜单图标栏是从菜单命令中筛选出较为常用的命令，将命令下达的方式图像按钮化。17 个图标分别代表 17 种常用功能，从左到右依次为：建立新文档、打开旧文档、保存文档、打印文档、

剪切（选中部分）、拷贝或复制（选中部分）、粘贴（剪切或拷贝的文档内容）、撤销、动态控件、提前显示、置后显示、最上显示、最后显示、组合（选中的分解的图形或文字）、分解（选中的已组合为一体的图形或文字）、了解流程图制作软件的版权及版本号、提供在线帮助。

工具栏包括绘制工具栏和样式工具栏（图 1.4.4 和图 1.4.11）。使用工具栏可完成从点、线、圆、矩形及各种工业装置的绘制，输入各种字符以及常用标准模板的添加，可以对颜色、填充方式、线型、线宽等进行选择，直到绘制出令人满意的流程图。

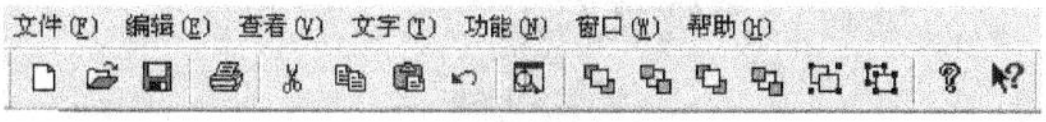

图 1.4.3　菜单栏和菜单图标栏

图 1.4.4　绘制工具栏

信息栏位于流程图制作窗口的最底部，显示相关的操作提示、当前鼠标在作图区的精确位置和所选面积（或所作图形的起始点的横坐标和终止点的纵坐标）的高和宽等信息。

作图区位于屏幕正中的最大区域，所有的操作最终都反映在作图区的变化上，该区域的内容将被保存到相应流程图文件中。

2. 流程图绘制工具

流程图绘制时要用到绘制工具，绘制工具栏如图 1.4.4 所示。它包括静态绘制工具和动态绘制工具。静态绘制工具有直线、弧线、各种矩形、圆、多边形等各种工业装置的基本组成单元和字符输入。动态绘制工具包括动态数据、动态棒状图、动态开关、命令按钮的添加和绘制。下面详细介绍各工具的使用。

（1）工艺流程静态画面的编辑

① 选取工具 ▲　单击 ▲ 按钮或在作图区单击鼠标右键，即选中该功能，这时该功能按钮呈按下状态。鼠标移至作图区时，光标呈左斜上样式。

选取单个图形时，单击欲选取的图形即选中；或者按住鼠标左键拖动，这时出现一虚线方框，框住欲选取的图形即可。选取多个图形时，使用鼠标拖动的方法，使虚线方框框住欲选取的所有图形即可。被选中的图形的顶点会出现选中标志。

② 直线绘制工具 ＼　单击 ＼ 按钮，光标至作图区后呈＋字形状。从直线起点按住鼠标左键拖动至直线终点，然后放开左键，即完成直线的绘制。

单击鼠标右键或选择其他操作将结束直线绘制操作。以下同，将不再赘述。

移动直线时，首先选中该直线，然后用鼠标光标箭头点住直线两端选中标志的中间部分进行拖动即可。

改变直线长度/倾斜度时，先选中该直线，再用鼠标光标箭头点住直线两端的选中标志拖动至需要位置即可。

③ 矩形绘制工具 □、圆角矩形绘制工具 ▢、椭圆绘制工具 ○　单击 □ 按钮，光标至作图区后呈＋字形状。从矩形起始点（矩形左上角）按住鼠标左键拖动至矩形终点（矩形右下角），放开左键即完成矩形的绘制。

移动矩形或改变其形状时，首先选中矩形，用光标箭头点住矩形内的任意部分（除矩形四角的选中标志以外）进行拖动即可移动矩形。若用光标箭头点住矩形的选中标志，拖动鼠标将改变矩形的形状。

圆角矩形绘制工具 ▢、椭圆绘制工具 ○ 的用法与矩形绘制工具基本相同，不同之处是：用光标点住圆角矩形内部左上角的圆角选中标志拖动时，可改变圆角矩形的圆角弧度；使用椭圆绘制工具也可画圆形。在绘制过程中注意信息栏中光标 X、Y 数值相同时即为圆形。

④ 多边形绘制工具 单击 按钮，光标至作图区后呈＋字形状。从多边形起始点用鼠标左键点一下放开，可看到从起始点引出一条直线，移动鼠标至多边形的下一个顶点，点一下继续移动直至倒数第二个顶点，单击鼠标右键，即完成多边形的绘制。

多边形的移动或改变形状同矩形。

⑤ 饼状图绘制工具 、弧形图绘制工具 、弧线绘制工具 用法与矩形基本相同。

⑥ 文字写入工具 **A** 单击 **A** 按钮，光标至作图区后呈 | 字形状。将 | 移至欲写入文字的位置单击，可看到一个文字写入框和一个闪烁的光标，这时就可以用键盘写入文字。按键盘上的 Esc 键结束当前文字的写入。

按 Esc 键直接选择其他功能或单击鼠标右键，退出文字写入功能操作。

修改或移动文字时，在已写入的文字上双击鼠标右键可修改文字；选中文字后，选择"文字"菜单"选择字体"命令，可改变文字的字体和大小；选中文字后，用光标箭头点住文字拖动鼠标即可移动文字。

（2）工艺流程画面动态属性的添加

① 动态数据添加工具 设置动态数据的目的，一方面是在流程图上可以动态显示数据的变化；另一方面是操作人员可以通过单击流程图画面中的动态数据，调出相应数据的弹出式仪表，进行实时监控。

单击 按钮，光标至作图区后呈＋字形状。在需要加入动态数据的位置（与矩形操作一致）加入该动态数据。动态数据的设定步骤如下。

a．双击该动态数据框，弹出"动态数据设定"窗口，如图 1.4.5 所示。

b．在"数据位号"处填入相应的位号。如果不清楚具体位号，可以单击位号查询按钮 进入"数据引用"对话窗口（图 1.4.6），用鼠标左键选定所需位号，再单击"确定"返回。

c．用户在"整数/小数"框中根据需要添入相应数字，该功能用于分别指定实时操作时动态数据显示的整数和小数的有效位数。

d．当该数据比较重要时，选中"报警闪动效果"功能（√表示该功能有效），以使报警时被操作员及时注意。用户可以按下 按钮选取报警颜色，在"颜色"对话框（图 1.4.7）中根据实际情况以及习惯来选择。

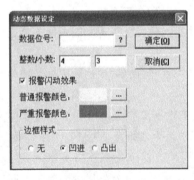

图 1.4.5 "动态数据设定"窗口　　　图 1.4.6 位号引用窗口　　　图 1.4.7 报警颜色选择窗口

e．选取"边框样式"用于改变该动态数据的外观。

f．单击"文字"主菜单的"选择字体"命令，可对动态数据的字体进行设定。

② 动态棒状图添加工具 动态棒状图可以直观地显示实时数据的变化，如液位的动态变化。单击 按钮，将光标移至作图位置，移动＋字光标画出合适的棒状图，即完成棒状图绘制。

动态棒状图的设定步骤如下。

　　a. 双击动态棒状图框，进入"动态液位设定"对话框，如图 1.4.8 所示。

　　b. 依次设定数据位号、报警色、报警闪动效果。

　　c. 根据实际情况及具体要求分别选择相应的显示方式、放置方式、方向以及该动态液位的边框样式。

　　③ 动态开关绘制工具 □　动态开关主要用于动态开关量设定，在流程图上动态显示开关的状态。

　　动态开关绘制工具 □ 的使用方法及步骤参见动态棒状图添加工具，设定窗口如图 1.4.9 所示。

　　④ 命令按钮绘制工具 □　用户使用命令按钮工具，可以在流程图界面制作自定义键按钮。在实时监控软件的流程图画面中，操作人员可以单击该按钮来实现如翻页和赋值等功能，大大简化了操作步骤。

　　命令按钮的绘制方法同矩形的绘制。设定步骤如下：

　　a. 双击命令按钮图框，进入"命令键设置"对话框，如图 1.4.10 所示；

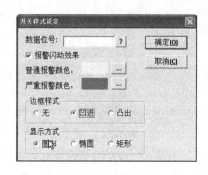

图 1.4.8　"动态液位设定"对话框　　图 1.4.9　动态开关设定窗口　　图 1.4.10　"命令键设置"对话框

　　b. 填写"命令键标签"的名称，选择"靠左"、"居中"或"靠右"改变按钮标签的位置，单击"字体"可对按钮标签进行字体编辑；

　　c. 单击位号查找 ? 按钮，进入位号引用对话窗口，在位号引用对话窗口中用鼠标左键选定所需位号，再单击"确定"返回；

　　d. 在编辑代码区域填写命令按钮的自定义语言，其语法类似自定义键，具体操作可见系统组态软件中自定义键组态语言；

　　e. 命令按钮需要确认指的是在 AdvanTrol 中，单击命令按钮时会提示是否要执行，这样可以有效防止用户的误操作；

　　f. 单击"确定"完成一个命令按钮的设定。

（3）样式工具

　　使用如图 1.4.11 所示的样式工具栏，可完成常用标准模板的添加，以及对颜色、填充方式、线型、线宽等的选择。

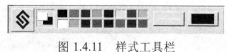

图 1.4.11　样式工具栏

　　① 颜色选择 ■■■■■■■　这里共有 16 种不同颜色的色块。在某一色块上单击鼠标左键，改变当前画线的颜色；在某一色块上单击鼠标右键，改变当前图形填充的颜色；颜色的改变可以从当前颜色示意块上看到，并且仅影响画线颜色和填充颜色改变后的图形效果。

　　② 当前颜色示意块 ■■　用两个矩形表示当前绘图颜色配置状态。前面矩形的颜色表示当前画线的颜色，后面矩形的颜色表示当前填充的颜色。

如果对所提供的 16 种颜色不满意,可用鼠标左键(编辑当前画线颜色)或右键(编辑当前填充颜色)单击当前颜色示意块■,将出现 48 种颜色的颜色对话框供选择。还可以自定义颜色直至满意。

③ 填充模式 ▇▇▇ 该软件提供 8 种不同填充模式的方块,如图 1.4.12 所示。单击某一方块,即选择该填充方式为当前填充模式,最上边的方块表示透明、不填充。

④ 线型、线宽选择 ▇▇▇ 这里有 7 种线型、3 种线宽可供选择,如图 1.4.13 所示。单击某线型或线宽,即选择了当前线型或线宽。图 1.4.13 最上面的线型为透明、无边线。

若线宽不能满足要求,可单击图 1.4.13 中的"自定义"进行自定义线宽,数值取值范围 1~8,如图 1.4.14 所示。

图 1.4.12　填充模式　　　　　图 1.4.13　线型选择　　　　　图 1.4.14　线宽选择

3. 图库的制作与使用

(1)图库的制作

在流程图绘制中,要用到许多标准图形或相同、近似的图形。为了减少工作量,避免不必要的重复操作,利用模板功能可以制作自己的图库。具体操作步骤如下。

① 在作图区绘制好图形后,选择"组合"按钮使之组合成为一个对象。

② 双击该图形进入"对象属性"对话框,如图 1.4.15 所示。选择"命名"按钮,进入如图 1.4.16 所示"对象命名"窗口,输入图形名称后单击"确定",返回"对象属性"对话框,并单击"完成"。

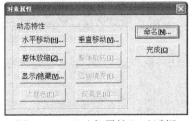

图 1.4.15　"对象属性"对话框　　　　　图 1.4.16　"对象命名"对话框

③ 单击样式工具栏中的 ⬥ 图标,进入如图 1.4.17 所示的"SUPCON 模板"对话窗口。

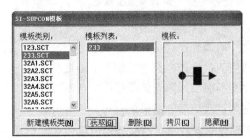

图 1.4.17　"SUPCON 模板"对话框

④ 按下"新建模板类"按钮,将出现"另存为"对话窗口,在空白的文件名中填入一文件名,该文件名用于将所建模板存入该文件内。

⑤ 单击"获取"按钮,即可将作图区中所组合的图形存入模板。模板列表中会列出新建立的模板,在模板栏可以看到其示意图。单击"删除"按钮,可将该图形模板删除。

⑥ 单击"隐藏"即可关闭"SUPCON 模板"对

话窗口。

（2）图库的使用

在绘制流程图时，经常需要直接调用图库中现成的模板，具体步骤如下。

① 进入流程图绘制环境，单击 $ 模板图标，进入"SUPCON 模板"对话窗口，如图 1.4.17 所示。

② 在"SUPCON 模板"对话窗口的模板列表中选择所需要图形，单击"拷贝"，即可将图形模板拷入绘图区。用户可以根据需要改变大小并移动位置。

③ 单击"隐藏"即可关闭"SUPCON 模板"对话窗口。

（3）流程图制作流程

一般在制作流程图时，应按照以下流程进行：

① 在组态软件中进行流程图文件登录；

② 启动流程图制作软件；

③ 设置流程图文件版面格式（大小、格线、背景等）；

④ 根据工艺流程要求，用静态绘图工具绘制工艺装置的流程图；

⑤ 根据监控要求，用动态绘图工具绘制流程图中的动态监控对象；

⑥ 绘制完毕后，用样式工具完善流程图；

⑦ 保存流程图文件至硬盘上，以登录时所用文件名保存；

⑧ 在组态软件中进行组态信息的总体编译，生成实时监控软件中运行的代码文件。

【任务实施】流程图绘制

根据工艺和监控要求，运用流程图制作软件 SCDraw 绘制锅炉进出水流量单回路调节流程图。控制对象实物见图 1.4.18。实施步骤具体如下。

① 首先应熟悉被控对象的工艺管线、现场安装的各种变送器、执行器等设备，其次应确定控制方案及被控参数。

② 流程图制作时，可以先进行"流程图登录"，再进行绘制、保存等操作。当然，也可以先绘制、保存，然后再进行登录。

③ 在系统组态界面中，单击"操作站"菜单"流程图"菜单项，进入"操作站设置"画面，如图 1.4.19 所示。操作小组设为指定小组，单击"增加"命令，在页标题栏中输入标题名为"锅炉进出水流量单回路调节流程图"，单击"编辑"命令，进入流程图制作界面，按工艺要求绘制流程图，如图 1.4.20 所示。

图 1.4.18　控制对象实物

④ 绘制完毕后，单击"保存"命令，弹出保存路径选择对话框，选择保存路径为组态文件夹下的 Flow 文件夹（如 D:\常规\Flow），输入文件名为"锅炉进出水流量调节流程图"，如图 1.4.21 所示。

⑤ 单击"保存"命令，关闭流程图制作界面，返回到操作站流程图设置界面，如图 1.4.19 所示。

⑥ 在文件名一栏中单击查询按钮 ? ，弹出流程图文件选择对话框，如图 1.4.22 所示。

⑦ 选中"锅炉进出水流量调节流程图"，单击"选择"按钮，进行流程图登录。关闭窗口后重新回到操作站流程图设置界面。

⑧ 再次单击"增加"命令，重复上述步骤制作其他流程图。

图 1.4.19　操作站设置

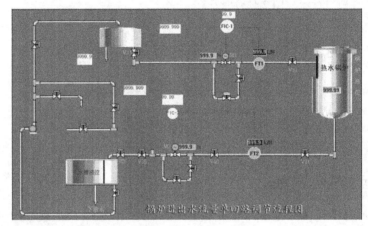

图 1.4.20　绘制好的流程图

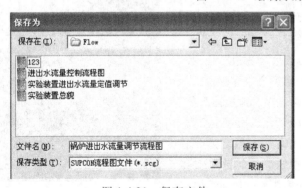

图 1.4.21　保存文件

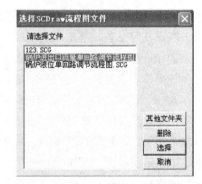

图 1.4.22　选择流程图文件

⑨ 单击"退出"返回到系统组态界面。

【学习评价】

1. 流程图制作的流程是什么？

2. 在流程图制作软件中绘制工具包括哪两部分？具体是什么？

3. 流程图绘制中为什么要设置动态参数？如何设置动态参数？

4. 流程图软件启动方式有哪几种？

5. 在流程图制作软件中图库怎么制作？

任务 5　JX-300X 集散控制系统报表制作

【任务描述】

报表是一种十分重要且常用的数据记录工具，一般用来记录重要的系统数据和现场数据，以供工程技术人员进行系统状态检查或工艺分析。报表制作软件从功能上分为制表和报表数据组态两部分，报表组态完成后，报表可由计算机自动生成。熟练掌握报表的制作和组态，对于进行数据分析以及系统状态检查和工艺分析是十分重要的。

【知识链接】

1. 报表制作软件概述

在工业控制系统中，报表是一种十分重要且常用的数据记录手段，它一般用来记录重要的系统数据和现场数据，以供工程技术人员进行系统状态检查或工艺分析。在传统的控制系统中，报表记录是由操作员手工完成的。而在以计算机为核心的自动控制系统中，报表可由计算机自动实现。

JX-300X 集散控制系统提供的自动报表功能强大、编辑方便，为用户实现自动报表提供了一条快捷、灵活的途径。SCForm 报表制作软件是针对 JX-300X 集散控制系统所开发的全中文界面的制表工具软件，是 JX-300X 集散控制系统软件包的重要组成部分之一，具有全中文化、视窗化的图形用户操作界面。SCForm 报表制作软件主要用于现代化学工业生产中，可广泛用于化工、电力、冶金、石油、制药等行业领域。

（1）软件的功能特点

自动报表系统分为组态（即报表制作）和实时运行两部分。其中，报表制作部分在 SCForm 报表制作软件中实现，实时运行部分与 AdvanTrol 监控软件集成在一起。

SCForm 是一个全中文界面的报表制作软件，是 JX-300X 系统软件包的组成部分之一。该软件提供了比较完备的报表制作功能，能够完成实时报表的生成、打印、存储以及历史报表的打印等工程中的实际要求，而且具有良好的用户操作界面。

SCForm 软件从功能上分为制表和报表数据组态两部分。报表制作功能的设计采用了与商用电子表格软件 Excel 类似的组织形式和功能分割。该软件具有与 Excel 类似的表格界面，并提供了诸如单元格添加、删除、合并、拆分以及单元格编辑、自动填充等较为齐全的表格编辑操作功能（功能定义均与 Excel 类似），使用户能够方便、快捷地制作出各种类型格式的表格。

在报表数据组态功能的设计中，最主要的是引入了事件的概念。所谓事件，实际就是一个进行条件判断的表达式。用户可根据需要，将事件表达式定义成报表数据记录和报表输出的相关条件，依次来实现报表的条件记录与条件输出。这样的形式极大增强了 SCForm 软件的灵活性和易用性，可很好地满足用户对工业报表的各种要求，实现现代化工业生产中的各类工业实时报表。

SCForm 软件采用窗口式交互界面，所见即所得的数据显示方式。同时，它还提供了全中文的详细在线帮助，使用户在遇到疑难问题时，只要按下 F1 键就能够迅速获取相关的帮助信息，进而有效地解决问题。

SCForm 报表制作软件支持与当今通用的商用报表 Excel 报表数据的相互引用。也就是说用 Excel 软件编辑过的报表文件，可以通过剪切、复制、粘贴等方式在 SCForm 报表制作软件的编辑环境中进行再次编辑；而用 SCForm 报表制作软件编辑过的报表文件，也可以通过剪切、复制、粘贴的方式，将报表内容在 Excel 软件的编辑环境中进行再次编辑。当然，在这两种情况下，粘贴后的文件必须要做一些修改，才能得到原先编辑环境下的实际效果。

（2）功能简介

① 程序启动

a. 单击 SCKey 组态软件窗口主菜单"操作站"中"报表"选项，打开报表登录画面（图 1.5.1），单击其中的"编辑"按钮，启动报表制作软件。

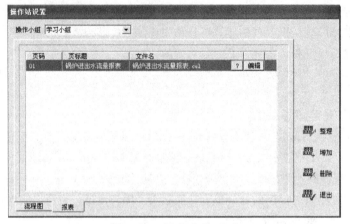

图 1.5.1 报表登录画面

b. 双击桌面上的报表制作软件快捷图标。

c. 单击 Windows 桌面"开始"按钮后，在"程序"项中找到"AdvanTrol-XXX"的"JX-300X 报表"，也可直接启动报表制作软件。

② 界面介绍 程序启动后将会显示如图 1.5.2 所示的报表制作软件窗口。窗口主要由标题栏、菜单栏、工具栏、制表区、信息栏和滚动条（上下、左右）等几部分组成。

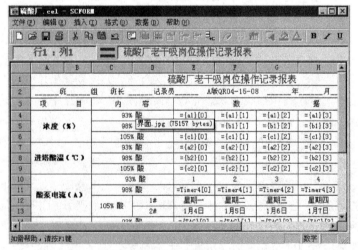

图 1.5.2 报表制作软件画面

标题栏显示正在操作的文件名称。文件尚未命名或保存时，该窗口被命名为"无标题——SCFORM"。已经命名或者已经进行过保存操作后，窗口将被命名为"******.cel——SCFORM"。其中******.cel 表示正在进行编辑操作的报表文件名。见图 1.5.3。

图 1.5.3 标题栏

菜单栏上显示经过归纳分类后的菜单项，是报表制作的主菜单，包括文件、编辑、插入、格式、数据和帮助 6 项。鼠标左键单击某一项将自动打开其下拉菜单，如图 1.5.4 所示。

工具栏包括常规的撤销、复制、粘贴等工具，见图 1.5.5。这 8 个功能操作能使用户方便地完成创建、打开、保存、打印一个报表，进行剪切、复制、粘贴及撤销等操作。另外，还包括报表编辑的一些具体操作工具（图 1.5.6），这些工具的功能都已被菜单项的操作功能所包容，工具项能更形象化，使用户的操作更简便。图标分别代表 24 种常用功能，从左到右

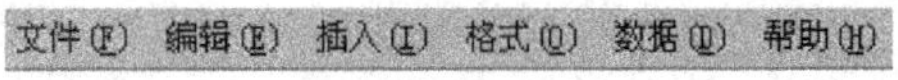

文件(F)　编辑(E)　插入(I)　格式(O)　数据(D)　帮助(H)

图 1.5.4　菜单栏

图 1.5.5　工具栏

图 1.5.6　具体操作工具栏

依次为：介绍当前报表的统计信息，合并选定的单元格，拆分选定的组合单元格，设置选定单元格格式，插入行列、右移、下移，删除行列、左移、上移，添加任意数目的行或列，删除选定单元格的内容，删除选定单元格的格式，删除选定单元格的内容及格式，设置选定单元格的字体，设置选定单元格的背景色，设置选定单元格的前景色，使选定文字为粗体，使选定文字为斜体，给选定文字添加下画线，给选定文字添加删除线，使选定单元格内文字靠左显示，使选定单元格内文字水平居中显示，使选定单元格内文字靠右显示，使选定单元格内文字居上显示，使选定单元格内文字垂直居中显示，使选定单元格内文字居下显示，显示报表软件的版权、版本信息。

信息栏位于报表制作窗口的最底部，显示相关的操作提示。

制表区位于屏幕正中的最大区域，所有的操作最终都反映在制表区的变化上，该区域的内容将被保存到相应报表文件中。

2. 报表制作

（1）表头的创建

用户可根据实际需要或美观效果，将报表的第一整行或第一行的大多数单元格或前几行合并为一个单元格，在单元格内写入表头文字（包括报表的标题、制表时间、班组等）以及用户需要的一些信息，即完成了表头的创建，如图 1.5.7 所示。

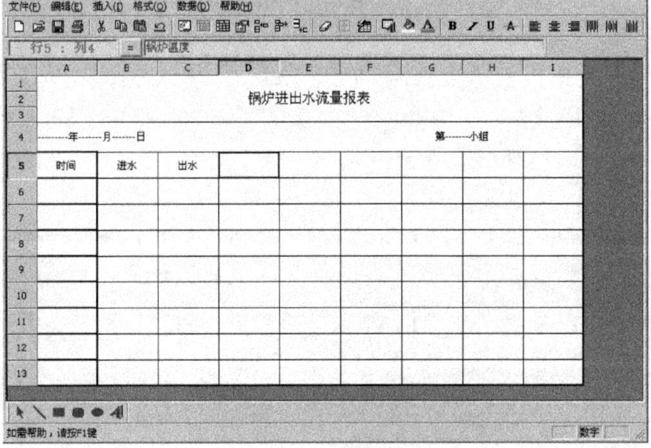

图 1.5.7　报表表头

（2）报表事件组态

报表的事件组态是创建一份报表过程中最为重要的一步。

报表的事件组态与 AdvanTrol 组态软件相联系，所引用的报表位号都是已在组态软件中组好的实际位号。

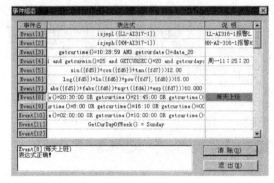

图 1.5.8　事件定义组态

报表的事件组态包括事件定义、时间引用、位号引用、报表输出 4 个方面相互联系的组态。

① 事件定义　事件的定义用于设置报表产生、打印的条件，系统一旦发现组态信息被满足，即触发产生并且打印报表。事件定义一共可对 64 个事件进行组态，事件号从 1 开始到 64（图 1.5.8）。

事件定义的表达式可由操作符、函数、数据等标识符任意组合而成，表达式所表达的事件结果必须为布尔值。

a．事件定义中的操作符可以是以下之一："（"、"）"、","、"＋（正号）"、"－（负号）"、"*"、"/"、">"、"="、"<"、">="、"<>"、"<="、"Mod"、"Not"、"And"、"Or"、"Xor"。

b．事件定义中的函数可以为表 1.5.1 中之一，函数名不区分大小写。

表 1.5.1　事件函数表

函　数　名	函　数　说　明	函　数　名	函　数　说　明
SQRT	输入为 FLOAT 型，输出为 FLOAT 型	POW	两个输入皆为 FLOAT 型，输出为 FLOAT 型
ABS	输入为 INTEGER 型，输出为 INTEGER 型	GETCURTIME	无输入，输出为 TIME__TIME 型
FABS	输入为 FLOAT 型，输出为 FLOAT 型	GETCURHOUR	无输入，输出为 INTEGER 型
EXP	输入为 FLOAT 型，输出为 FLOAT 型	GETCURMIN	无输入，输出为 INTEGER 型
SIN	输入为 FLOAT 型，输出为 FLOAT 型	GETCURSEC	无输入，输出为 INTEGER 型
COS	输入为 FLOAT 型，输出为 FLOAT 型	GETCURDATE	无输入，输出为 TIME__DATE 型
TAN	输入为 FLOAT 型，输出为 FLOAT 型	CETCURDAYOFWEEK	无输入，输出为 TIME__WEEK 型
LOG	输入为 FLOAT 型，输出为 FLOAT 型	ISJMPH	输入为 BOOL 型，一般为位号，输出为 BOOL 型
LN	输入为 FLOAT 型，输出为 FLOAT 型	ISJMPL	输入为 BOOL 型，一般为位号，输出为 BOOL 型

c．事件定义的数据如下。

（a）字符串　以 " " 限定，在 " " 之间可以为任何字母、数字、符号等。例如："asfDFFG dS9790#%^u&($$$&#!?>90WE)"。

（b）位号　以{ }限定，例如：{adv-9-0}。

（c）数字　例如 12.3，1234.5，678。

（d）时间　例如 8:00:00 ，23:36。时间值不能为 24h（或大于 24h）、60min（或大于 60min）、60s（或大于 60s）及它们的组合。

（e）日期　例如 DATE_1—DATE_31。不区分字母大小写。日期值必须以 DATE_为前缀，且不能为大于 31 的数值。

（f）星期　例如　MONDAY～SUNDAY 等。不区分字母大小写。

② 时间引用　完成了事件定义后，用户可将时间量与事件联系起来。时间量组态，定义了在

某引用事件发生的时刻，进行各种相关位号状态、数值的记录的操作。用户可对最多 64 个时间量进行组态，如图 1.5.9 所示。

SCFORM 报表制作软件为用户提供了多种时间格式，有****年**月**日**:**:**、****年**月**日、**月**日**:**:**、**日**:**:**、周* **:**:**、周*、**:**:**、**:**（时:分）、**:**（分:秒）。用户可以根据需要选择其中一种时间格式作为报表输出格式。

在"说明"栏中，用户可添加相关提示性文字说明。

每次组态完成后，应以回车键予以确认。

③ 位号引用 在"位号量组态"中，用户可以对与在"事件组态"中组好的事件有关的位号进行组态，以便在报表输出时可以输出在事件发生时各个位号的状态和数值。

如图 1.5.10 所示，用户可在"位号量组态"对话框中将相应的位号与引用事件相关联。

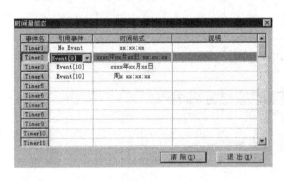

图 1.5.9 时间量组态

图 1.5.10 位号量组态

当然，该引用事件应该与相应事件的引用事件一致。用户最多可对 64 个位号进行相应组态。每次输入的内容应以回车键予以确认。

④ 报表输出 用于定义报表输出的周期、精度以及记录方式和输出条件，如图 1.5.11 所示。

（3）报表编辑

完成了报表的事件组态，用户需要将已组好的时间量、位号量等编辑在报表的相应位置上，如图 1.5.12 所示。

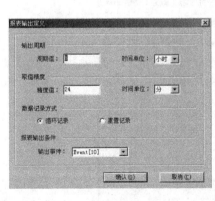

图 1.5.11 报表输出

图 1.5.12 时间量、位号量编辑

例如，用户应将组好的时间量安排在"时间"条目下，而将表示进水、出水的位号量安排在"进水"、"出水"条目下。如此，对所有的事件与位号量进行编辑，使之一一对应，清楚明了。然后，对报表做进一步的修改，达到用户所需要的效果。

最后，用户需要进行输出报表的"页面设置"。至此，一份报表就创建好了。接下去，用户在整个 AdvanTrol 组态完成、编译后，系统投入现场运行，待满足报表输出条件时，用户就将得到一份记录了用户需要的所有数据的详尽报表。

3．报表编辑示例

（1）报表制作流程

报表制作流程可以归纳为：进入操作站报表设置界面；选择报表归属（操作小组）；进入报表制作界面；设计报表格式；定义与报表相关的事件；时间引用组态；位号引用组态；报表内容填充；报表输出设置；保存报表；执行报表与系统组态的联编。

（2）具体示例

① 在系统组态界面工具栏中单击图标 报表 ，进入操作站报表设置界面，如图 1.5.13 所示。

② 将操作小组设为学习小组。

③ 在操作站报表设置界面中单击"增加"命令，在页标题栏中输入"锅炉进出水流量报表"，如图 1.5.13 所示。

图 1.5.13　操作站设置

④ 单击编辑进入报表制作界面，如图 1.5.14 所示。

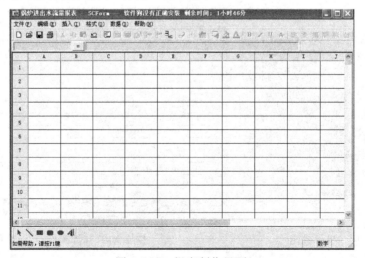

图 1.5.14　报表制作界面

⑤ 设计报表格式如图 1.5.15 所示。

图 1.5.15　报表表头

⑥ 单击菜单命令［数据/事件定义］，打开事件组态窗口，双击窗口中 Event［1］行后"表达式"下的单元格，输入表达式：getcurtime()=8:00，按回车键确认，如图 1.5.16 所示。

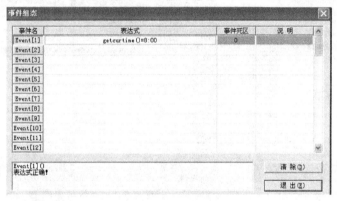

图 1.5.16　事件组态

⑦ 单击"退出"按钮，返回到报表组态界面。

⑧ 单击菜单命令［数据/时间引用］，打开"时间量组态"窗口，双击图中 Timer1 行"时间格式"下方的单元格，从下拉列表中选择"xx:xx:xx"，按回车键确认，如图 1.5.17 所示。

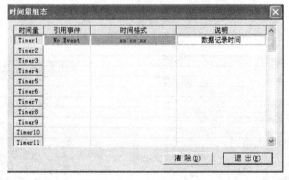

图 1.5.17　时间量组态

⑨ 单击"退出"按钮，返回到报表组态界面。

⑩ 单击菜单命令［数据/位号引用］，弹出"位号量组态"窗口，如图 1.5.18 所示。

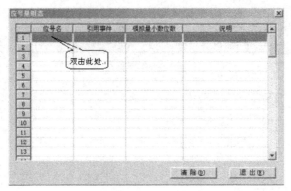

图 1.5.18　位号量组态

⑪ 双击"位号名"下方的单元格，将会在右侧出现一个按钮 **…**，单击此按钮可以打开"位号查询"窗口，如图 1.5.19 所示。

⑫ 在其中选择需要报表记录的位号放入到"位号量组态"表中，如图 1.5.20 所示（注意在位号量组态表中每次选择好位号后都要按回车键确认）。

图 1.5.19　位号查询窗口

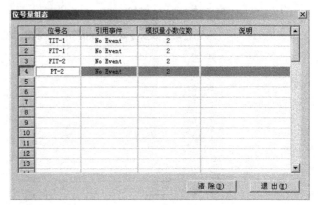

图 1.5.20　"位号量组态"对话框

⑬ 单击"退出"按钮，返回到报表组态界面。

⑭ 单击菜单命令［数据/报表输出］，弹出"报表输出定义"对话框，完成报表输出设置，如图 1.5.21 所示（报表输出与 Event［1］挂钩后，报表将在每天的 8 点整输出）。

⑮ 单击"确认"后返回报表组态界面。

⑯ 选定报表第一列的第 4 行到第 19 行，单击菜单命令［编辑/填充］，弹出"填充序列"对话框，如图 1.5.22 所示。

图 1.5.21　"报表输出定义"对话框

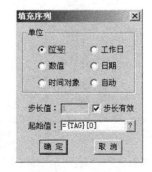

图 1.5.22　填充序列（1）

⑰ 在填充序列中选择"时间对象"，默认起始值为 Timer1［0］，单击"确定"，如图 1.5.23 所示。

⑱ 选定第二列的第 4 行到第 19 行，单击菜单命令［编辑/填充］，弹出"填充序列"对话框。

⑲ 在填充单位中选中"位号"复选框，再单击起始值后面带有问号的按钮 ，选择位号 FIT-1，单击"确定"，回到"填充序列"窗口，如图 1.5.24 所示。

图 1.5.23　报表界面（1）　　　　　　　　　图 1.5.24　填充序列（2）

⑳ 单击"确定"，结果如图 1.5.25 所示。

图 1.5.25　报表界面（2）

㉑ 使用相同方法加入其他位号，如图 1.5.26 所示。

㉒ 单击"保存"命令，弹出保存路径选择对话框，选择保存路径为组态文件夹下的 REPORT 子文件夹（D:\常规\REPORT），输入文件名为"锅炉进出水流量报表"。

㉓ 在保存对话框中单击"保存"命令。

㉔ 关闭报表制作界面，返回到操作站报表设置界面。

㉕ 在文件名一栏中单击查询按钮 ，在弹出的报表文件选择对话框中选择文件名为"锅炉

进出水流量"的报表文件。单击"选择"进行报表登录,返回到操作站报表设置界面。

图 1.5.26 报表界面(3)

㉖ 再次单击"增加"命令,重复上述步骤,制作其他报表。

㉗ 在操作站报表设置界面中单击"退出"命令,返回到系统组态界面。

【任务实施】报表制作

实施步骤如下。

① 启动报表制作软件。建议先进行"报表登录"的操作,然后单击"编辑"按钮,在打开的报表绘制窗口中,熟悉相关菜单和工具的使用,熟练掌握报表的制作和使用。

② 结合实际需要,制作相应的报表。

③ 分别对事件、时间、位号、报表输出进行组态。

④ 在制作报表之前,先进行报表登录。报表制作完毕后,单击"保存"按钮保存,这时报表将保存在 REPORT 文件夹中。

【学习评价】

1. JX-300X 系统中 SCForm 软件从功能上分为哪几部分?

2. 报表的组态由哪几部分组成?

3. 在对事件定义和时间量组态时应注意什么?

4. 总结报表制作的流程。

任务 6　JX-300X 集散控制系统的监控、调试、评价与选择

【任务描述】

实时监控软件为控制人员提供了一个远程监视、操作、维护、修改控制系统的平台,是集中显示、集中操作的重要工具。本任务以实训装置集散控制系统的实时监控需要为背景,分别给出

监控操作任务，通过实际任务的具体实施，达到熟悉系统实时监控软件操作，并利用它对系统进行调试与维护的目的。

【知识链接】

1. 集散控制系统的实时监控

实时监控软件（文件名为 AdvanTrol）是基于 Windows 2000/NT4.0 中文版开发的 SUPCON 系列控制系统的上位机监控软件。用户界面友好，方便简捷，所有的命令都化为形象直观的功能图标，只需用鼠标单击即可轻而易举地完成生产过程的实时监控操作。

（1）系统上电步骤

① 上电前的检查工作

a. 由现场进入现场控制站机柜的各类信号线、信号屏蔽地线、保护地线及电源线是否连接好。

b. 现场控制站机柜内各电源单元、主控单元及过程 I/O 模块是否安装牢固。

c. 现场控制站机柜内各单元间的连接电缆是否连接完好。

d. 现场控制站与服务器的通信电缆是否连接完好。

e. 服务器与操作员站主机是否连接完好。

f. 操作员站专用键盘与主机是否连接完好。

g. 操作员站鼠标或轨迹球与主机是否连接完好。

h. 操作员站主机、监视器是否连接完好。

i. 现场控制柜内的所有开关是否断开。

j. 现场控制柜、服务器、操作员站、工程师站、通信站主机、打印机、显示器及集线器的电源是否断开。

k. 检查各操作站主机、CRT 及打印机等外设的电源开关是否处于"关"位置。

l. 检查控制站内的各电源开关是否处于"关"位置。

② 上电步骤

a. 打开总电源开关。

b. 打开不间断电源（UPS）开关。

c. 打开各个支路电源开关。

d. 打开操作站显示器、工控机电源开关。

e. 逐个打开控制站电源开关。

否则，由于不正确的上电顺序，会对系统的部件产生较大的冲击。

（2）组态下载和传送

组态下载用于将上位机中的组态内容编译后下载到控制站。用鼠标单击下载组态图标，将显示下传组态画面；选择下传组态的控制站地址、下传内容（一般采用全部组态内容下传，如有特殊需要，并对系统组态信息熟悉，才可挑选下传内容）；如有多个控制站，则需对每个控制站都下传。组态传送用于将编译后的 .SCO 操作信息文件、.IDX 编译索引文件、.SCC 控制信息文件等通过网络传送给操作站。组态传送前必须在操作站安装 FTP Sever（文件传输协议服务器），设置一传送路径，这些会在安装时自动完成。选择［总体信息］/＜组态传送＞，将打开"组态传送"对话框，根据需要选择相应内容进行传送。

（3）权限设置及登录

双击桌面上实时监控软件的快捷图标，启动软件。首先出现实时监控软件登录画面，如图

1.6.1 所示。

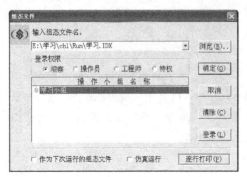

图 1.6.1　实时监控软件登录画面

窗口中的操作包括：

① 输入组态文件名　需要输入组态文件编译后的文件名（扩展名为 .IDX，输入的文件名也可不带扩展名），可直接通过键盘输入绝对路径下的组态文件名，也可以通过"浏览"选取所需的组态文件；

② 作为下次运行的组态文件　复选框若被选中，下次系统启动后，将以当前的文件名作为组态文件启动实时监控软件；

③ 登录权限　在系统操作组态时，可以分别对多个操作小组进行组态，操作小组的权限有观察、操作员、工程师、特权 4 个级别。

例如，当用户设定以"工程师"方式登录，于是在 AdvanTrol 的登录窗口中"特权"选项被禁止，用户只可以选择"观察"、"操作员"、"工程师"登录权限的任意操作小组登录。

当系统已启动了一个 AdvanTrol 文件时，不管是在开始菜单中启动，还是在资源管理器中双击 AdvanTrol 图标，系统都不再有响应，即在一个时刻，系统只能有一个 AdvanTrol 监控软件运行。

单击"确定"后，将进入实时监控初始画面，如图 1.6.2 所示。

图 1.6.2　实时监控软件窗口

（4）系统实时监控的操作

① 屏幕认识　实时监控画面由标题栏、操作工具栏、报警信息栏、综合信息栏和主画面区 5 部分组成。

a. 标题栏　显示实时监控软件的标题信息。如 SUPCON JX-300X DCS 实时监控软件—XXX，其中 XXX 为当前实时监控主画面名称。

b. 操作工具栏　标题栏下边是由若干个形象直观的操作工具按钮组成的操作工具栏。自左向右分别代表系统简介、报警一览、系统总貌、控制分组、趋势图、流程图、数据一览、故障诊断、口令、前页、后页、翻页、系统、报警确认、消音、查找位号、打印画面、退出系统、载入组态文件、操作记录一览等。有些功能按钮只有在组态软件中对相应的卡件或画面进行组态后，才会出现在操作工具栏内。

c. 报警信息栏　报警信息栏位于操作工具栏下方，滚动显示最近产生的 32 条正在报警的信息。报警信息根据产生的时间而依次排列，第一条永远是最新产生的。报警信息包括位号、描述、当前值和报警描述。

d. 综合信息栏　显示系统时间、剩余资源、操作人员与权限、画面名称与页码，如图 1.6.3 所示。

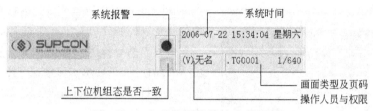

图 1.6.3　实时监控软件综合信息栏

e. 主画面区　主画面区根据具体的操作画面显示相应的内容。例如工艺流程图、回路调整画面等。

② 实时监控操作画面　单击画面操作按钮，进入相应的操作画面。实时监控操作画面包括系统总貌、控制分组、调整画面、趋势图、流程图、报警一览、数据一览，见表 1.6.1 操作画面一览表。

表 1.6.1　操作画面一览表

画面名称	页数	显示	功　　能	操　　作
系统总貌	160	32 块	显示内部仪表、检测点等的数据和状态或标准操作画面	画面展开
控制分组	320	8 点	显示内部仪表、检测点、SC 语言数据和状态	参数和状态修改
调整画面	不定	1 点	显示一个内部仪表的所有参数和调整趋势图	参数和状态修改、显示方式变更
趋势图	640	8 点	显示 8 点信号的趋势图和数据	显示方式变更、历史数据查询
流程图	640		流程图画面和动态数据、棒状图、开关信号、动态液位、趋势图等动态信息	画面浏览、仪表操作
报警一览	1	1000 点	按发生顺序显示 1000 个报警信息	报警确认
数据一览	160	32 点	显示 32 个数据、文字、颜色等	

在进行系统实时监控过程中，要反复使用操作工具栏中的按钮，如图 1.6.4 所示。各按钮的操作意义简要介绍如下。

图 1.6.4　实时监控软件操作工具栏

系统　单击该按钮，用户将在"系统"对话框中获取实时监控软件版本、版权所有者、拥有本版本软件合法使用权的装置、相应的用户名称、组态文件信息等。

口令　实时监控软件启动并处于观察状态时，不能修改任何控制参数。只有通过单击"口令"按钮登录到一定权限的操作人员才能操作。

实时监控软件提供 32 个其他人员（操作权限可任设）进行操作，操作权限分为观察、操作员、工程师和特权 4 级。

报警确认 该按钮只在报警一览画面中有效，用于对监控过程中出现的报警情况进行确认，表明操作者对系统运行状况的知晓和认定。出现报警的时间、位号、描述、类型、优先级、确认时间、消除时间等有关报警的信息，会自动记录在报警一览画面中。

消音 当操作者对监控过程出现的报警情况了解后，可以用"消音"按钮关闭当前的报警声音。AdvanTrol 具有时钟同步和报警确认功能。

快速切换 鼠标左键单击该按钮，可在当前画面中的任意一页之间相互切换。鼠标右键单击，画面可在控制分组、系统总貌、趋势图、流程图、数据一览表中任意一页之间互相切换。

查找位号 单击该按钮可列出所有符合指定属性的位号并可选择其一，或用键盘直接输入位号后可显示该位号的实时信息。对于模入、回路和 SC 语言模拟量位号，以调整画面显示，其他位号则以控制分组显示，如图 1.6.5 所示。

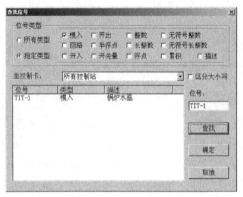

图 1.6.5　位号查找

载入组态文件 如需调用新的组态，无需退出 AdvanTrol，只要单击该按钮，弹出"载入组态文件"对话框，选择正确的组态文件和操作小组，单击"确定"按钮，新的组态文件即被重新载入。

操作记录 记录任何对控制站数据做了改变的操作。例如手/自动切换、给定阀位的变化、下载组态、系统配置更改等。

退出系统 在工程师以上权限（包括工程师）时可退出实时监控软件。注意：退出实时监控软件，则意味着本操作站将停止采集控制站的实时控制信息，并且不能对控制站进行监控，但对过程控制和其他操作站无影响。在退出实时监控软件时，要求输入当前操作人员的指定密码（即登录时的口令），输入正确密码后即退出实时监控软件。

报警一览画面 报警一览画面是主要监控画面之一，根据组态信息和工艺运行情况动态查找新产生的报警信息，并显示符合显示条件的信息，如图 1.6.6 所示。

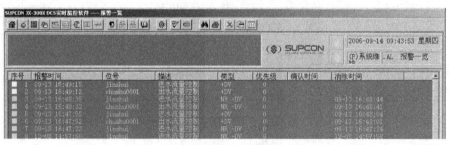

图 1.6.6　报警一览画面

滚动显示最近产生的 1000 条报警信息，每条报警信息可显示报警时间、位号、描述、动态数据、类型、优先级、确认时间、消除时间。可以根据需要组合报警信息的显示内容，包括报警时间、描述、动态数据、报警类型、优先级、确认时间、消除时间。在报警信息主画面区内单击鼠标右键，可进一步选择所需或不需选项。

报警信息的颜色也表明报警状态。对于模入、回路的报警信息，用鼠标右键双击报警信息，可显示该位号的调整画面。

系统总貌画面 系统总貌画面是各个实时监控操作画面的总目录，也是主要监控画面之一，由用户在组态软件中生成，主要用于显示重要的过程信息，或作为索引画面用，可作为相应画面的操作入口，也可以根据需要设计成特殊菜单页，如图 1.6.7 所示。

每页画面最多显示 32 块信息，操作组态时可将相关操作的信息放在同一显示画面上。每块信息可以为过程信号点（位号）、标准画面（系统总貌、控制分组、趋势图、流程图、数据一览等）或描述。过程信息点（位号）显示相应的信息、实时数据和状态。如控制回路位号显示描述、位号、反馈值、手/自动状态、报警状态与颜色等。

当信息块显示的信息为模入量位号、自定义半浮点位号、回路及标准画面时，单击信息块可进入相应的画面。

在操作站画面中，许多位号的信息以模仿常规仪表的界面方式显示，这些仪表称为内部仪表。例如，图 1.6.8 所示内部仪表显示的是某单回路控制系统中控制器的控制面板。

在操作人员拥有操作某项数据的权限及该数据可被修改时，才能修改数据。此时数值项为白底，输入数值按回车确认修改；通过操作员键盘的增减键也可以修改数值项；使用鼠标左键可切换按钮，如回路仪表的手动/自动/串级状态、回路仪表的给定（SV）和输出（MV）及仪表的描述状态以滑动杆方式控制，按下鼠标左键（不释放）拖动滑块至修改的位置（数值），释放鼠标左键，按回车确认。单击内部仪表的"jinshui"处，可切换到相应的调整画面。

图 1.6.7　系统总貌画面　　　　　　　　　　图 1.6.8　内部仪表显示图

控制分组画面 控制分组画面可根据组态信息和工艺运行情况，动态更新每个仪表的参数和状态，如图 1.6.9 所示。

每页最多可显示 8 个位号的内部仪表；可修改内部仪表的数据或状态（键盘或鼠标）；用鼠标左键单击模入量位号、自定义半浮点位号、回路按钮的位号部分，则进入该位号的调整画面；通过键盘光标键移动选定的内部仪表，或功能键 F1～F8 选择相应的仪表，然后按调整画面键也可显示该位号的调整画面。

趋势图画面 趋势图画面是主要的监控画面之一，由用户在组态画面中产生。趋势图画面根据组态信息和工艺运行情

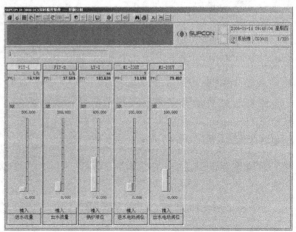

图 1.6.9　控制分组画面

况，以一定的时间间隔（组态软件中设定）记录一个数据点，动态更新历史趋势图，并显示时间轴所在时刻的数据（时间轴不会自动随着曲线的移动而移动）。

每页最多显示 8 个位号的趋势曲线，在组态软件中进行操作组态时确定曲线的分组。

数据一览画面 数据一览画面根据组态信息和工艺运行情况，动态更新每个位号的实时数据值。

每页画面最多显示 32 个位号，操作组态时确定数据的显示分组。每个位号显示位号、描述、数据值、单位、报警状态等。双击模入量、自定义半浮点位号、回路数据点，可调出相应位号的调整画面。

调整画面 调整画面是由实时监控软件根据相关组态信息自动产生的监控画面，以数值、趋势图和内部仪表图显示位号信息，如图 1.6.10 所示。

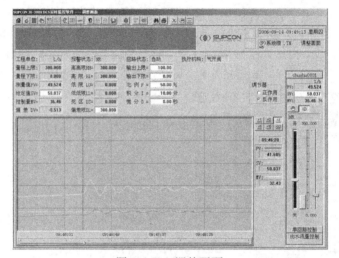

图 1.6.10　调整画面

数值方式显示位号的所有信息均可修改。显示位号的类型包括模入、自定义半浮点量、手操器、自定义回路、单回路、串级回路、前馈控制回路、串级前馈控制回路、比值控制回路、串级变比值控制回路、采样控制回路。

显示最近 32min 的趋势，显示时间范围 1、2、4、8、16、32（min）可改变。鼠标拖动时间轴可显示某一时刻的曲线数值。

流程图画面 流程图画面是工艺过程在实时监控画面上的仿真，是主要的监控画面之一。流程图画面根据组态信息和工艺运行情况，在实时监控过程中动态更新各个动态对象（如数据点、图形、趋势图等），因此大部分的过程监视和控制操作都可以在流程图画面上完成。图 1.6.11 显示了某工艺流程的监控画面。

流程图可显示静态图形和动态参数（动态数据、开关、趋势图、动态液位）。单击动态参数和开关图形，可在流程图画面上弹出该信号点相应的内部仪表。在动态数据上单击鼠标右键，可进行多仪表操作，一张流程图上可同时观察最多 5 个内部仪表的状态。

故障诊断画面 故障诊断画面可对控制站的硬件和软件运行情况进行远程诊断，及时、准确地掌握控制站运行状况。

2．集散控制系统调试与维护

（1）系统调试

① I/O 通道测试　通过 I/O 通道测试，确认系统在现场能否离线正常运行，确认系统组态配

置正确与否，确认 I/O 通道输入输出正常与否。下传组态结束后就可以进行 I/O 检查。如果有互相冗余的卡件，应注意两块卡都要进行测试，工作卡测量完毕后，再换到冗余卡后，按照测试程序重新测试。

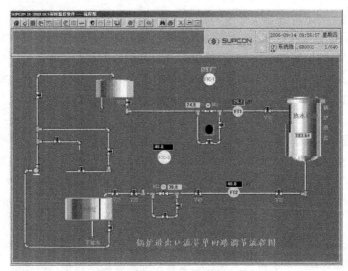

图 1.6.11　流程图监控画面

a. 模拟输入信号测试　根据组态信息，针对不同的信号类型、量程，利用各种信号源（如电阻箱、电子电位差计等）对 I/O 通道逐一进行测试，并在必要时记录测试数据。

b. 开入信号测试　根据组态信息对信号进行逐一测试，用一短路线将对应信号端子短接与断开，同时观察操作站实时监控画面中对应开关量显示是否正常，并记录测试数据。

c. 模拟输出信号测试　根据组态信息选择对应的内部控制仪表，手动改变 MV（阀位）值，MV 值一般顺序地选用 10%FS、50%FS、90%FS，同时用万用表（4 位半）测量对应卡件信号端子输出电流（Ⅱ或Ⅲ型）是否与手动输入的 MV 值正确对应，并做记录。

d. 开出信号测试　根据组态信息选择相应的内部控制仪表，改变开关量输出的状态，同时用万用表在信号端子侧测量其电阻值（对 SP332：闭合时小于 1Ω，断开时大于 10MΩ）或电压值（对 SP331：闭合时小于 1V，断开时大于 3.5V），并记录开关闭合和断开时端子间的测试值。

② 系统模拟联调　当现场仪表安装完毕，信号电缆已经按照接线端子图连接完毕，并已通过上电检查等各步骤后，可以进行系统模拟联调。进入实时监控画面，在监控画面上逐一核对现场信号与显示数据是否一一对应。

联调应解决的问题是信号错误（包括接线、组态）问题、DCS 与现场仪表匹配问题、现场仪表是否完好。

在系统模拟联调结束后，操作人员已可通过操作站画面和内部仪表的手操，对工业过程进行监视和操作，然后由工作人员配合用户的自控、工艺人员逐一对自动控制回路进行投运。

（2）系统维护

① 日常维护　DCS 系统运行过程中，应做好日常维护。

a. 中央控制室管理　密封所有可能引入灰尘、潮气和鼠害或其他有害昆虫的走线孔（坑）等；保证空调设备稳定运行，保证室温变化小于±5℃/h，避免由于温度、湿度急剧变化导致在系统设备上的凝露；避免在控制室内使用无线电或移动通信设备，避免系统受电磁场和无线电频率干扰。

b. 操作站硬、软件管理　实时监控软件运行是否正常，包括数据刷新、各功能画面的（鼠标和键盘）操作是否正常；查看故障诊断画面，是否有故障提示；文明操作，爱护设备；严禁擅自改装、拆装机器；键盘与鼠标操作须用力恰当，轻拿轻放，避免尖锐物刮伤表面；尽量避免电磁场对显示器的干扰，避免移动运行中的工控机、显示器等，避免拉动或碰伤设备连接电缆和通信电缆等。

显示器使用时应注意远离热源，保证显示器通风口不被物体挡住。在进行连接或拆除前，确认计算机电源开关处于"关"状态，此操作疏忽可能引起严重的人员伤害和计算机设备的损坏。显示器不能用酒精和氨水清洗，如确有需要，可用湿海绵清洗，并在清洗前关断电源。

工控机使用时应注意严禁在上电情况下进行连接、拆除或移动，此操作疏忽可能引起严重的人员伤害和计算机设备发生损坏。工控机应通过金属机壳外的接地螺钉与系统的地相连，减少干扰。工控机的滤网要经常清洗，一般周期为 4～5 天。研华工控机主板后的小口不能直接插键盘或鼠标，需通过专业接头转接，否则容易引起死机；机箱背面的 230V/110V 开关切勿拨动，否则会烧主板。

严禁使用非正版 Windows 2000/NT 软件（非正版 Windows 2000/NT 软件指随机赠送的 OEM 版和其他盗版）。

操作人员严禁退出实时监控；严禁任意修改计算机系统的配置设置，严禁任意增加、删除或移动硬盘上的文件和目录；系统维护人员应谨慎使用外来软盘或光盘，防止病毒侵入；严禁在实时监控操作平台进行不必要的多任务操作；系统维护人员应做好控制子目录文件（组态、流程图、SC 语言等）的备份，各自控回路的 PID 参数和调节器正反作用等系统数据记录工作；系统维护人员对系统参数做出必要的修改后，应及时做好记录工作。

c．控制站管理　应随时注意卡件是否工作正常，有无故障显示（FAIL 灯亮），电源箱是否正常工作。严禁擅自改装、拆装系统部件；不得拉动机笼接线和接地线；避免拉动或碰伤供电线路；锁好柜门。

d．通信网络管理　不得拉动或碰伤通信电缆；系统上电后，通信接头不能与机柜等导电体相碰，互为冗余的通信线、通信接头不能碰在一起，以免烧坏通信网卡；做好现场设备巡检。

② 预防维护　每年应利用设备大修进行一次预防性的维护，以掌握系统运行状态，消除故障隐患。大修期间对 DCS 系统应进行彻底的维护，内容如下。

a．操作站、控制站停电检修，包括工控机内部、控制站机笼、电源箱等部件的灰尘清理。

b．系统供电线路检修。

c．接地系统检修，包括端子检查、对地电阻测试。

d．现场设备检修。

③ 故障维护　发现故障现象后，系统维护人员首先要找出故障原因，进行正确的处理。

a．操作站故障　实时监控中，过快地翻页或开辟其他窗口，可能引发 Windows 系统保护性关闭运行程序，而退出实时监控。这时维护人员首先关闭其他应用程序，然后双击实时监控图标，重新进入实时监控。由于静电积聚，键盘可能亮红灯，这种现象不会影响正常操作，可以小心拔出键盘接头，大约 3min 后再小心插回。

b．卡件故障　确认卡件出现故障后要及时换上备用卡，并及时与厂方取得联系。

在进行系统维护后，如果接触到系统组成部件上的集成元器件、焊点，极有可能产生静电损害。静电损害包括卡件损坏、性能变差和使用寿命缩短等。为了避免操作过程中由于静电引入而造成损害，应遵守以下规定。

（a）所有拔下的或备用的 I/O 卡件应包装在防静电袋中，严禁随意堆放。

（b）插拔卡件之前，须做好防静电措施，如戴上接地良好的防静电手腕，或进行适当的人体放电。

（c）避免碰到卡件上的元器件或焊点等。

（d）卡件经维修或更换后，必须检查并确认其属性设置，如卡件的配电、冗余等跳线设置。

c．通信网络故障　通信接头接触不良会引起通信故障。确认通信接头接触不良后，可以利用专用工具重做接头。由于通信单元有地址拨号，通信维护时，网卡、主控卡、数据转发卡的安装位置不能变动。通信线破损应予以更换。避免由于通信线缆重量垂挂引起接触不良。

d．信号线故障　维护信号线时避免拉动或碰伤系统线缆，尤其是线缆的连接处。

e．现场设备故障　检修现场控制设备之前必须征得中控室操作人员的允许，方可以检修。检修结束后，要及时通知操作人员并进行检验。操作人员应将自控回路切为手动，阀门维修时，应启用旁路阀。

3．集散控制系统评价与选择

评价一个集散控制系统的准则有：①系统运行不受故障影响；②系统不易发生故障；③能够迅速排除故障；④系统的性能价格比较高。

集散控制系统的评价涉及诸多因素，是一项极其复杂的事情，所以，可归纳为对系统的技术性能、使用性能、可靠性和经济性等方面的评价，评价的目的是为了使用户能正确选择所需要的集散控制系统。

（1）技术性能评价

① 现场控制站的评价　现场控制站的评价涉及到系统的结构分散性、现场适应性、I/O 结构、信号处理功能和控制功能等方面的评价。

a．结构分散性　指考察集散控制系统的现场控制站是多种控制功能（如连续控制、顺序控制、批量控制）集于一体，还是分散配置监测站和控制站；考察每个现场控制站能监测多少个点或控制几个回路。目前流行的趋势是在分散的前提下，按生产过程的布局和工艺要求，使控制回路和监测点相对集中。

b．现场适应性　指评价集散型控制系统配置的灵活性以及适应各种使用环境的能力。例如是否具有防爆、掉电保护等功能。

c．I/O 结构　包括 I/O 功能、输入/输出量的扫描速度、种类及容量等。

d．信号处理功能　信号处理功能包括信号处理精度、抗干扰指标、采样周期以及输出信号的实时性。

（a）系统信号处理精度。评价 DCS 的信号处理精度时，只考虑系统本身的精度，而不包括一次仪表的误差。例如，某 DCS 的输入信号误差小于 0.2%，是指系统输入端信号的值与输入转换处理后的值之间的误差。一般信号处理精度包括输入信号的处理精度和输出信号的处理精度。信号处理精度一般与前置放大部分性能、A/D 和 D/A 转换的位数及性能、CPU 处理器的数据处理字节数以及运算数据的类型等因素有关。在选择 DCS 的信号处理精度时一定要从实际出发，既要满足生产的要求，又要防止不必要地追求高性能，因为高性能需要高成本的硬件来实现。对于一般的工业控制过程（炼油、化工、造纸、发电等），模拟量处理精度控制在 0.1%～0.2% 范围内。若不考虑实际情况，提出 0.01% 的精度要求，则显得脱离实际，因为热电偶等传感器的精度远远低于这个水平。

（b）信号的隔离。某些工业现场如冶金、发电等生产过程，对信号有较高的隔离要求，因为这些生产现场的地电平变化较大，隔离不好会造成生产事故，毁坏设备，因此，对 DCS 系统需要隔离的信号，其隔离要求应仔细推敲，不得疏忽。另外，亦应避免过高的要求，因为隔离要求越高，将使成本大幅度上升。

（c）抗干扰指标。系统的抗干扰指标常用共模抑制比和串模抑制比来表示，它们的单位均为"分贝"（dB）。共模抑制比应大于 100dB，串模抑制比应大于 60dB。

（d）信号采集周期。信号处理中另一个指标是信号采样周期。不同的生产过程的各信号对系统的采样周期要求不一样。例如事故处理信号应是毫秒级（ms）的，而温度信号一般可以是几秒至几十秒级的，在选型时应考虑实际生产需要。

（e）输出信号的实时性能。有的生产过程需要提高控制的快速性，这时就不能按采样周期方式进行了，而应考虑系统输出的实时性。

e．控制功能　对 DCS 的控制功能的评价包括连续控制功能、顺序控制功能和批量控制功能。

（a）连续控制功能。即反馈控制功能，包括系统的最大回路数、控制算法的类型和数量、高级主控算法、自整定算法、组态操作方法、组态语言、回路响应时间、控制回路报警方式、掉电保护能力、数据库结构、连续控制与顺序控制以及逻辑控制组合方式等内容。

（b）顺序控制功能。顺序控制功能主要是指对信号输入/输出的容量、扫描速度、顺序的规模以及顺序控制方式和编程语言等进行评价。

（c）批量控制功能。批量控制功能的评价主要包括批量处理功能和批量控制功能组态的方法等。

f．冗余与自诊断　主要评价过程控制单元的可靠性措施，如控制装置是 1:1 还是 $N:1$ 的冗余；是热备还是冷备；切换方式如何；自诊断范围、方式和级别等可靠性措施。

② 人机接口的评价　DCS 的人机接口的评价是指对操作员站和工程师站进行评价。

a．操作员站

（a）操作员站的自主性。即指系统中的操作员站是独立实现人机接口的功能，还是受中央计算机管理。

（b）操作员站的硬件配置。包括操作员站的 CRT 尺寸、分辨率；有无触摸屏、鼠标、跟踪球操作器或光笔；专用键盘的功能与可靠性；控制台的人机工程设计是否合理；有无多媒体等。

（c）操作站的性能。主要评价它的操作方便性和组态过程的简易性。例如是否有智能显示技术和多重窗口功能；是否能实现基于屏幕的"CRT 化操作"；操作是否方便；画面的种类，数量与调出速度如何；报警方式与记录能力；报警画面与更新方式；是否有计算能力；流程图、报表等生成能力以及组态是否方便易学等。

b．工程师站　工程师站除应具有操作站的所有功能外，还应评价它是否能进行离线/在线组态；是否有专家系统、优化控制等高级控制功能；系统能否在 PC 机上进行系统组态等。

③ 通信系统评价　评价集散控制系统的通信系统一般应考虑以下几个方面：

a．线路成本与通信介质和通信距离的关系；

b．通信系统的网络结构（如星形、环形、总线型）；

c．网络的控制方法（有无主站，是否采用令牌）；

d．节点之间允许的最大长度；

e．通信系统的容量；

f．数据校验方式（是 CRC，还是奇偶校验），对通信规约有无明确要求（如广播式、点对点式）；

g．通信网络的传输速率；

h．实时性、冗余性和可靠性；

i．全系统的网络布局；

j．信息传递协议等。

④ 系统软件评价　评价集散控制系统的软件包括多任务操作系统、组态及控制软件、作图软件、数据库管理软件、报表生成软件和系统维护软件等，对这些软件应从成熟程度、更新情况、软件升级的方便程度、软件使用中出现的问题及如何解决等方面加以评价。

a．多任务实时操作系统　应从该系统的使用情况及与其他系统的兼容性进行考虑。

b．组态及控制软件　评价其配置组态的难易程度；用户界面是否友好，能否进行在线组态；离线组态后与过程站如何通信；组态的难易程度，控制算法的种类及先进程度，是否有自整定功能；是否连续控制、顺序控制和批量控制；能否提供高级算法语言等。

c．作图软件　评价其软件作图难易程度，图素、颜色是否丰富，图形生成速度如何，提高画面的种类以及调出图形速度的快慢。

d．数据库管理软件　评价其是否为分布式数据库，历史数据存储及调用是否方便。

e．报表生成软件　评价报表生成的种类，功能和报表生成的难易程度。

f．系统维护软件　评价系统的自诊断和容错能力以及系统生成与维护的方便性。

（2）使用性能评价

集散控制系统的优劣还与系统本身的使用有关。使用性能的评价应主要考虑以下几个方面。

① 系统技术的成熟性　一般而言，使用多年的系统是经过生产实践考验的，在技术上是成熟的，但不一定是先进的。这就存在一个使用成熟技术与使用先进技术的矛盾。在实际生产应用中，对先进技术应采用慎重态度，不能盲目追求新技术。

② 系统的技术支持　DCS 的技术支持包括维护能力、备件供应能力、售后服务能力以及技术培训等诸多因素。

a．维护能力　系统供应的维护功能达到什么级别；是否拥有全面的检修软件和远方技术援助中心。

b．备件供应能力　集散控制系统的各种插件备件的供应能力是选择中十分重要的问题。工厂提供备件的范围及年限是需要认真考虑的。

c．售后服务能力　售后服务是关系到集散控制系统使用寿命长短的重要方面。在这里应充分考虑制造厂家提供产品保修期的长短；保修期后的维修服务怎样提供；在系统中是否有将来难以得到更换的仪器仪表；厂家对维修费用提供何种承诺；产品的淘汰期还有多长，是否近期就可能停产等一系列问题。

d．技术培训能力　技术培训是一个十分重要的问题，将涉及到整个系统今后的操作、维护水平及系统产品质量。一些著名公司都在国内外设立多个培训中心，以解决使用人员技术培训问题。

e．可维护性能　主要评价生产厂家提供的系统进行一般维护的难易程度；维护所需的仪器设备及对维护人员素质的要求；故障消除的速度等。

③ 系统的兼容性　考虑该集散控制系统与其他系统的兼容能力，兼容能力越强，则系统的可扩张性和适应能力越强，使用中不仅方便，而且可以省去许多复杂的接口配备，既经济又可靠。

（3）可靠性与经济性评价

① 可靠性评价　可靠性是集散控制系统最根本的技术指标，是头等重要的，如果一个系统失去了可靠性，其他一切优越性都将是空中楼阁，特别是对于连续运行的生产过程更为重要，因为

一旦出现故障，所造成的损失甚至会超过一个集散控制系统本身的价值。

集散控制系统的可靠性评价一般按可靠性指标进行，包括以下四个方面：

a．系统的平均无故障间隔时间 MTBF 越大，DCS 的可靠性越高；

b．系统的平均故障修复时间 MTTR；

c．冗余、容错能力；

d．安全性，其内容包括系统是否设定了操作控制级别，安全措施是否严密等。

② 经济性评价　评价一个集散控制系统的经济性有两种类型：一种是在购置和使用系统之前，这种评价的主要作用是为选型提供参考；另一种是在集散控制系统投入运行一段时期（如一年）后，对整个系统进行经济性评价，以考察它的经济效益，从而为今后选择集散控制系统积累经验。

第一种经济评价着重考虑系统的性能价格比，在系统满足各项生产要求且具有良好的可扩张性的前提下，应选报价最低的系统。但是在评价中除了考虑一次性投资外，还要注意有没有二次、三次性投资。

第二种经济性评价则侧重考虑系统运行费用和经济效益，包括以下几个方面。

a．初始费用 C，它包括以下几个部分：

（a）前期费用，指可行性分析、系统设计、必要的科学试验和研究以及人员培训等费用；

（b）设备总费用，包括集散控制系统的硬件及外围设备的费用；

（c）旧系统改造费用，指旧工艺、设备和软件等进行改造时所需要的费用；

（d）设备与机房建设的费用；

（e）旧设备报废的费用；

（f）旧设备回收利用的费用。

b．运行费用 Y，指运行一年后的花费，包括以下几部分：

（a）设备折旧费用；

（b）维修费；

（c）人工费；

（d）房租、水电费；

（e）杂项费用。

c．年总经济效益 S，它包括以下几方面内容：

（a）降低原材料和能耗带来的效益，它是资源单价、能耗下降值和年产量三者的乘积；

（b）人工费降低的数值，它包括人员减少所节约的工资和由于产量提高使生产率提高得到的效益，前一部分等于减少人员乘以年平均工资，后一部分等于增长所节省下来的人工费减去因超额支出的附加工资，可用公式表示为

生产率提高得到的效益=（劳务费/吨－附加工资/吨）×增产吨数

（c）增产引起的折旧效益，由于产量增加使每吨产品折旧费下降，所以由减少折旧得到的效益=减少折旧费×增产后的产量，其中

每吨产品减少的折旧费=设备折旧费/原产量－设备折旧费/新产量

（d）车间费用下降带来的效益，它的计算同上类似，即每吨产品的车间费用下降值乘以新的产量；

（e）产品质量改善带来的效益，它包括废品减少带来的效益和产品价格档次提高带来的效益；

d. 净经济收益 Z，根据初始费用、运行和总经济收益，可以估算出集散控制系统带来的净经济收益 Z，即

$$Z=S-Y-PC$$

式中，P 为投资回收率，取值范围为 0.1～0.35，一般取 0.15。

e. 投资回收年限 T，可用下式表示

$$T=C/(S-Y)$$

T 越小，系统投资回收率越高。

（4）DCS 的选择原则

集散控制系统的选择是系统设计的一个重要方面，它包含了两方面的内容：第一是确定集散控制系统的型号；第二是确定该型号中的子系统及单元。只有这两方面的选择都符合控制要求且经济，系统才有最高的性价比。

① 技术原则　技术方面本着以下三个原则：a. 按功能要求，选择符合生产过程控制要求的 DCS 产品，并预留一定的扩展余量；b. 在本行业有成功运行案例，并有两个或两个以上的应用实例；c. 供货公司新设计的 DCS 产品。

② 经济原则　同其他控制系统一样，选择 DCS 时，首先要考虑项目的投资规模、性能价格比以及投资回收率等一些经济原则。

建设项目的规模决定了选择 DCS 的大、中、小型系统的规模。例如建设固体废物发电厂、钢铁联合企业或化工联合企业或大型发电厂等大项目（一套或几套装置 I/O 点在 1000 乃至数千点以上），宜选择大型的 DCS；反之，对于原有生产线的部分工艺流程进行技术改造或建设一个小型工厂，则应选用中、小型的 DCS。

总之，就是在满足生产要求的前提下，选用性能价格比高的 DCS。

③ 售后服务原则　选择 DCS 时，还要优先考虑那些信誉好的公司的 DCS 产品，只有市场占有率大、技术力量雄厚并有发展潜力的公司才能满足用户的实际要求。同时，在合同中应对供货公司提出下列要求：

a. 交货及时完整；

b. 备件供应要及时；

c. 系统维护要及时；

d. 技术培训方法、时间和联系方式；

e. 系统售后，供货公司服务的年限；

f. 供货公司对 DCS 今后的扩展提供服务。

【任务实施】系统监控操作与调试

对已组态的实训装置集散控制系统按步骤安全通电，并登录到实时监控平台，操作工具栏上的相关按钮，熟悉其功能，进入回路控制的调整画面，小范围调整 PID 控制器的 P、TI、TD 参数，观察过程曲线的变化情况，打开其他画面，观察实训装置各工艺参数，如有异常，尝试进行初步调试。

（1）任务实施步骤

① 系统按步骤安全通电后，双击桌面上实时监控软件的快捷图标，启动实时监控软件。输入或选择登录的文件名，并对登录权限和操作小组进行设置后，单击"确定"，进入实时监控软件的初始画面。

② 在打开的实时监控画面中，找到标题栏、操作工具栏、报警信息栏、综合信息栏及主画面区。单击操作工具栏上的相关按钮，熟悉按钮的功能及主画面区的变化和结构。

③ 打开总貌画面，浏览总貌画面中显示的信息块，选择其中的模入量位号和控制回路，单击信息块进入相应调整画面进行观察。

④ 对回路控制的调整画面，可小范围调整 PID 控制器的 P、TI、TD 参数，观察过程曲线的变化情况，以加深控制器参数的变化对对象动态过程影响的认识和理解。

⑤ 对控制回路进行手动/自动切换，观察执行器的动作情况是否正常，如出现异常，分析原因并进行软硬件调试。

⑥ 打开流程图画面，观察整个工艺的运行情况和其中的动态参数的变化，体会在进行操作组态时，设置动态参数的必要性与重要性。单击某动态参数，观察所弹出的内部仪表的组成和所显示的信息是否与工艺要求一致，如不一致，则要进行调试，直至符合要求。

⑦ 打开故障诊断画面，观察目前集散系统的控制站及通信状态是否正常。

⑧ 退出实时监控。

（2）注意事项

① 保证系统按步骤安全上电后，方可进行实时监控。

② 不要进行频繁的画面翻页操作（连续翻页时间隔应超过 10s）。

③ 在没有必要的情况下，不要同时运行其他软件（特别是大型软件），以免其他软件占用太多的内存资源。

④ 监控软件运行之前，若系统剩余内存资源不足 50%时，要重新启动计算机后再运行实时监控软件。

【学习评价】

1. 填空题

① JX-300X 系统实时监控软件是_____。

② 评价一个集散控制系统的准则有_____、系统不易发生故障、_____、系统的性能价格比较高。

③ 集散控制系统现场控制站的评价涉及 DCS 的结构分散性、_____、I/O 结构、信号处理功能和_____等方面的评价。

④ 集散控制系统的可靠性评价一般应包括系统的平均无故障时间 MTBF、_____、冗余容错能力、_____。

2. 简述题

① 简述集散控制系统的上电步骤。

② 集散控制系统维护包括哪几个方面？

③ 评价集散控制系统的准则是什么？

④ 在集散控制系统选型时，主要应考虑哪些性能指标？

3. 实践操作题

① JX-300X 系统实时监控画面中找不到生产工艺流程图，什么原因造成的？

② JX-300X 系统实时监控画面中有一工艺参数始终显示为"0"，与实际不符，故障原因可能是什么？怎样排除？

③ JX-300X 系统运行时，操作人员的控制指令发不出去，可能的原因是什么？如何排除？

【任务描述】

根据高炉炼铁热风炉工艺要求,预先给出热风炉各工艺参数监视控制任务,要求采用 JX-300X 进行集散控制系统的测点统计、控制系统的硬件选择、软件组态以及下载　调试。

【知识链接】

1. JX-300X 集散控制系统在高炉 TRT 装置中的应用

（1）工艺简介

高炉煤气余压发电原理是利用透平膨胀机将原损耗在减压阀组上高炉煤气的压力能和一部分潜热能转换为机械能,再通过发电机将机械能变为电能输送给电网。高炉煤气余压发电不仅回收了高炉煤气一部分能量,减少了噪声,同时改善了高炉顶压的调节品质,更利于高炉生产。高炉煤气余压透平发电(TRT)是冶金行业中公认的节能手段,回收能量约占高炉风机所需能量的 30%。高炉 TRT 工艺流程如图 1.7.1 所示。高炉煤气经除尘装置后,经入口电动蝶阀、入口插板阀、快速切断阀后进入透平机,然后经出口插板阀、出口电动蝶阀到煤气管网,在入口插板阀前、透平出口后并联有旁通快开阀组,旁通阀组在正常和紧急停机时,进行高炉顶压控制。

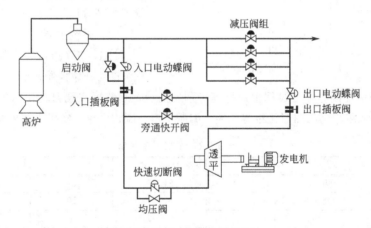

图 1.7.1　高炉 TRT 工艺流程

（2）系统配置

高炉主要技术参数见表 1.7.1。采用干法除尘,煤气压力和温度相对较高,这些都是应用 TRT 的有利条件。

表 1.7.1　高炉主要技术参数

项　目	单　位	参　数　值	备　注
炉容	m^3	427	
年产炼钢生铁	$\times 10^4 t$	48.5	
利用系数	$t/m^3 d$	3.25	
综合焦比	kg/tFe	515	

续表

项　　目	单　位	参　数　值	备　　注
综合冶炼强度	t/m³d	1.674	
热风温度	℃	1100	
炉顶压力	kPa	80～180	
富氧率	%	3	
平均煤气发生量	×10⁴m³/h	11	最大 13
出重力除尘器温度	℃	120～300	
鼓风机流量	m³/min	1490.7	年平均
鼓风机进气温度	℃	25	年平均
鼓风机进气压力	bar（A）	0.9956	
鼓风机出口压力	bar（A）	4	
鼓风机轴功率	kW	5560	年平均

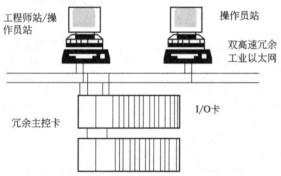

图 1.7.2　高炉 TRT 控制系统拓扑结构示意图

为保证 TRT 机组长期安全、稳定运行，控制系统采用浙大中控 JX-300X DCS 系统，由一个工程师站、一个操作员站、一个控制站组成，系统拓扑结构见图 1.7.2，其中通信网络和主控制卡、数据转发卡及重要的模拟量输入、输出通道采用冗余配置，保证系统安全高效运行。系统配置清单见表 1.7.2。

（3）系统主要功能

TRT 装置的自动控制主要包括启动联锁、自动升速控制、正常调顶压、正常停机控制、紧急停机控制等，各过程中保持高炉顶压的稳定是装置实现自动化的关键。本项目利用 JX-300X DCS 系统提供的图形化组态功能，编制用户控制软件包，实现上述要求。

表 1.7.2　系统配置清单

序　号	卡　件	型　号	数　量	单　位
1	电流信号输入卡	SP313	22	块
2	热电阻信号输入卡	SP316	20	块
3	模拟信号输出卡	SP322	4	块
4	开关量输出卡	SP362	10	块
5	开关量输入卡	SP363	17	块

①　启动联锁　TRT 机组的启动需满足特定条件，并按一定步骤顺序进行，当条件不满足时，则"启动联锁"程序将投入运行，实现启动阀和入口电动蝶阀闭锁。TRT 机组正常启动条件主要有高炉同意 TRT 启动、电气允许 TRT 启动、润滑油压力大于设定值、动力油压力大于设定值、透平静叶全关等。如上述任一个条件不满足，TRT 机组将（在"启动联锁"程序的保护下）无法正常启动。

②　全自动启动　启动过程主要分为升转速、并网、升功率。为保证机组安全，TRT 启动需按一定顺序步骤进行，如图 1.7.3 所示。

升转速过程主要依靠 DCS 控制启动阀、入口电动蝶阀、透平静叶间协同动作，使转速按一定升速曲线自动升至并稳定在目标值，保证发电机并网顺利进行。升速曲线由4段不同斜率的直线组成，开始时，启动阀控制回路的设定值按一定速率自动增加，依靠PID调节来控制启动阀逐步打开，转速升到某一定值后，全开入口电动蝶阀，关闭启动阀，静叶控制转速回路自动投入，按照升速曲线继续升速，使得透平转速升到目标值，并保持稳定，等待并网。只要参数整定合适，转速就可很好地跟踪转速曲线。

并网成功后，TRT进入升功率过程，此过程中TRT和高炉的减压阀组共同控制高炉顶压，DCS负责调节静叶开度，要保证高炉顶压和升功率过程顺利进行。来自高炉的顶压测量值、设定值与升速参数共同用于TRT控制系统对静叶的控制，随着静叶开度的增大，使得煤气负荷逐渐转移到TRT，高炉的减压阀组同时也逐渐关小，以完成升功率过程。在升功率过程中，如高炉顶压出现波动，DCS通过调节静叶开度来调节升功率的速度，以保证高炉顶压及时恢复正常。高炉顶压控制趋势如图1.7.4所示。

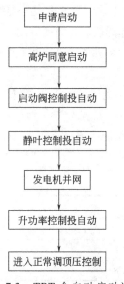

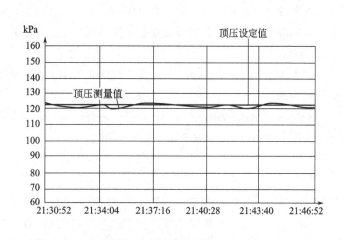

图1.7.3　TRT全自动启动过程　　　　　图1.7.4　高炉顶压控制趋势图

③　正常停机　TRT正常停机时，须经过降功率过程，煤气逐步由TRT转移至旁通阀组，旁通阀组和静叶同时调节高炉顶压，它们也是由综合回路来控制的，旁通阀一个作为调节阀，另一个作为量程阀，量程阀按调节阀开度和高炉顶压的变化动作，工程师可任选一个作为调节阀。待降到零功率后，发电机解列（发电机与电网脱离），快速切断阀慢关，静叶以一定速度关闭，配合高炉逐步将煤气由旁通阀组转移至高炉减压阀组。

④　紧急停机　只要任一紧急停机条件满足时，TRT即进入紧急停机状态。TRT紧急停机时，快速切断阀在1s内快关，旁通快开阀快速打开到某一开度，使煤气改从旁通快开阀流过，避免高炉炉顶压力急剧波动。此时，旁通快开阀开度根据紧急停机时的静叶开度和煤气流量运算后得出。随后DCS通过旁通阀调节高炉顶压，配合高炉将煤气逐步转移到减压阀组，直至完全由减压阀组控制高炉顶压。

2．JX-300XP集散控制系统在化工生产中的应用

（1）工艺简介

重油催化裂化装置一般包括反应-再生部分、分馏部分、吸收稳定部分、产汽部分、公用工程部分、主风机、气压机、烟机、余热锅炉等，工艺流程如图1.7.5所示。

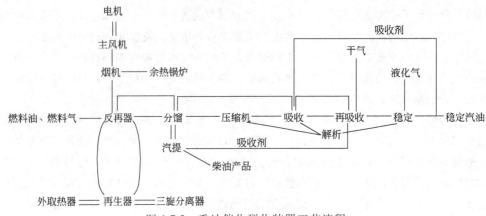

图 1.7.5　重油催化裂化装置工艺流程

催化裂化生产过程具有高度的连续性，生产系统庞杂，易燃易爆，工艺流程长且过程复杂。

催化裂化生产装置主要采用常规单回路控制、串级控制，另有部分选择控制、切换控制、分程控制、联锁等复杂控制，在同类装置中是较为典型的。装置中压缩机采用单独的防喘振控制系统。

（2）系统配置

系统共配置有 3 个控制站、5 个操作员站和 1 个工程师兼操作员站。系统共配置 11 个操作台（含 2 台打印机台）。

系统共配置 4 个控制柜，21 个机笼，所有控制回路冗余配置。系统测控点分布见表 1.7.3。具体卡件配置见表 1.7.4。DCS 系统配置如图 1.7.6 所示。

表 1.7.3　系统测控点分布

信 号 类 型		点　　数
AI	4～20mA	365
	TC	150
	RTD	78
AO		116
DI		144
DO		13
总计		866

表 1.7.4　卡件配置

序　号	卡件名称			型　　号	单　位	数　量
1	控制站	工作卡件	主控卡	SP243	块	6
2			通信接口卡	SP244	块	1
3			数据转发卡	SP233	块	38
4			电流信号输入卡	SP313	块	132
5			电压信号输入卡	SP314	块	40
6			热阻信号输入卡	SP316	块	26
7			模拟量输出卡	SP372	块	58
8			开关量输出卡	SP362	块	24
9			开关量输入卡	SP363	块	18
10			时间顺序记录卡	SP334	块	4

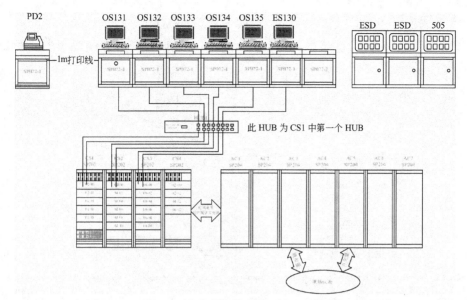

图 1.7.6　50 万吨/年重油催化裂化项目 DCS 系统配置图

（3）主要控制方案

从控制方案来看，分馏和吸收稳定部分多为单回路、串级等常规控制，机组的防喘振控制一般由 ESD 来控制，控制的重点是反应部分。反应部分一般有以下几个重要控制方案。

① 反应器温度控制　反应温度是影响催化裂化装置产品产率和产品分布的关键参数，可以通过调节再生催化剂的循环量来控制。具体来讲，通过调节再生滑阀开度来改变再生催化剂循环量达到控制温度，引入再生滑阀差压来组成温度与差压的低值选择控制，以实现再生滑阀低压差软限保护，防止催化剂倒流。

② 反应压力控制　反应压力通过在不同阶段控制三个不同的阀来实现。

两器烘炉及流化阶段，利用安装在沉降器顶出口油气管线上的放空调节阀来控制；在反应进油前，建立汽封至两器流化升温阶段，由测压点设在催化分馏塔顶的压力调节器调节塔顶出口油气蝶阀的开度来控制两器压力；反应进油至启动富气压缩机前，通过调节气压机入口富气放火炬小阀的开度来控制，并遥控与放火炬大阀并联的大口径阀以保证进油阶段反应压力稳定；正常生产阶段，富气压缩机投入运行后，反应压力由催化分馏塔顶压力调节器控制汽轮机调速器，通过控制汽轮机转速来保证反应压力的稳定。同时反喘振投自动，富气压缩机入口压力调节器控制入口富气放火炬大阀投自动。

③ 再生器与沉降器压力平衡及烟机转速控制　大型催化装置一般有烟机，再生器与沉降器之间的压力平衡以及烟机转速控制显得尤为重要，也是整个控制方案的难点。

为了维持主风机组的平稳操作，再生器与沉降器差压调节和再生器压力调节组成自动选择分程调节系统，当再生器与沉降器差压在给定范围内时，再生器压力调节器控制烟机入口高温蝶阀和烟气双动滑阀，当反应压力降低时，再生器与沉降器的差压超过安全给定值范围时，自选调节系统的压力调节器会无扰动地被再生器与沉降器差压调节器自动取代。此时烟机入口高温蝶阀和烟气双动滑阀改为受两器差压调节器控制，随之再生器压力自动调低以维持再生器与沉降器差压在给定值范围内，当反应压力恢复后，系统又会无扰动地自动转入再生器压力控制烟机入口高温蝶阀和烟气双动滑阀。

当反应压力异常升高使再生器与沉降器的差压反向超过安全给定值时，自动选择调节系统是无能为力的，当再生器与沉降器的差压继续降低，可通过 ESD 实行装置停车。

再生器压力调节器同时与烟机转速调节器组成超驰（低选）控制回路，实现烟机超转速软限保护。其控制方案如图 1.7.7 所示。

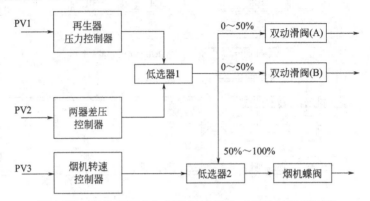

图 1.7.7　再生器压力与烟机转速超驰（低选）控制回路

开车过程中，烟机是在整个装置稳定以后再投入使用的。烟机投用前，烟机蝶阀全关，由两器差压控制器和再生器压力控制器组成的低选控制系统调节双动滑阀以保证两器压力平衡；要投烟机时，遥控烟机蝶阀，待烟机冲转稳定后，再投入自动。这个过程操作的难度较大，实际开车过程中，结合百万吨装置的经验，对上述方案进行了简化。由于装置正常运行时，烟机转速比较平稳，烟机转速控制直接遥控烟机蝶阀实现，烟机超速保护由 ESD 联锁实现，再生器压力控制器和两器差压控制器组成低选控制系统调节双动滑阀以保证两器压力平衡。

④ 反应沉降器藏量控制　反应沉降器藏量直接控制待生塞阀。由于待生立管有较大的储压能力和操作弹性，故待生塞阀一般不设置软限保护，但设有差压记录和低差压报警。总之，催化裂化装置的实施还是有一定难度的，控制方案的设计方面，在尊重原设计的基础上，要结合操作人员的经验，尽量简化，易于操作，以保证方案的简单可靠，投用效果好。另外，设计过程中，操作人员的经验也是很重要的。

3．JX-300X 集散控制系统在焦炉中的应用

（1）工艺简介

焦炉是焦化厂生产焦炭和煤气的重要设备，为了使焦炉达到稳产、高产、优质、长寿的目的，要求严格执行加热制度，焦炉加热调节中一些全炉性的指标，如温度、煤气流量、煤气支管压力、烟道吸力、标准蓄热室顶部吸力等参数，直接影响到焦炭的质量和煤气的回收质量。随着生产工艺技术的进步，要求参数调节手段也在不断提高。目前，焦炉加热过程计算机控制有了很大发展，出现了各种适用的控制系统，集散控制系统就是其中一种，它是过程控制技术、自动化技术和计算机网络技术三大领域相互结合的产物，比常规模拟仪表具有更强的通信、显示、控制等功能，并且过程控制具有高度的分散性。本例中焦炉自动控制系统采用浙大中控自动化有限公司开发的 SUPCON JX-300X DCS 系统。

（2）系统配置

根据焦炉生产工艺要求（同时控制三座焦炉），本系统配置控制站 1 个，工程师站 1 个（兼操作站），操作员站 2 个。为确保整个系统可靠运行，其中控制站电源、主控卡、通信网络、数据转发卡及控制回路的 AI（AO）均按冗余配置。另外，系统配置了齐纳安全栅和控制手操器，这部分设备安装在扩展机柜里。其系统测控点分布如表 1.7.5 所示。

表 1.7.5　系统测控点分布

信 号 类 型		点　数
AI	4～20mA	180
	TC	21
	RTD	16
AO		50
DI		60
DO		20
总计		347

（3）主要控制方案

一般的控制回路，如机/焦侧煤气压力调节、机/焦侧烟道吸力调节，采用系统提供的 PID 控制方案基本都能满足要求。对于特殊要求的控制回路，如焦炉煤气主管压力调节和高炉煤气主管压力调节，要求在煤气换向瞬间能自动将调节阀开度置为 50%，煤气加热正常时，则按煤气压力的大小进行线性调节。对于这样的控制理念，常规控制方案是无法满足的，需要采用自定义控制方案，通过 SCX 语言编程和图形编程两种方式实现。具体实施如下：交换时记录当前回路设定值，并将回路切到手动，在交换结束后将之前记录的设定值重新写入回路，参与自动控制。通过这种方法可以避免回路在煤气交换后的波动。

【任务实施】高炉炼铁热风炉集散控制系统的设计与组态

按照高炉热风炉的工艺监控要求，统计其监测点、控制点，采用 JX-300X 软硬件设计并组态热风炉集散控制系统。

（1）高炉热风炉工艺简介

热风炉是现代大型高炉主体的一个重要组成部分，其作用是把从鼓风机来的冷风加热到工艺要求的温度，形成热风，然后从高炉风口鼓入，帮助焦炭燃烧。热风炉是按"蓄热"原理工作的热交换器，在燃烧室里燃烧煤气，高温废气通过格子砖并使之蓄热，当格子砖充分加热后，热风炉就可以改为送风，此时有关燃烧各阀关闭，送风各阀打开，冷风经格子砖而被加热并送出。高炉一般装有 3～4 座热风炉，在单炉送风时，两座或三座在加热，一座在送风，轮流更换，在并联送风时，两座在加热，两座在送风。这里以一座热风炉设计组态为例，其他热风炉与其类似。热风炉的工艺流程如图 1.7.8 所示。

（2）热风炉监测点、控制点统计

① 模拟量输入点（4～20mA）　空气流量；焦炉煤气流量；高炉煤气流量；废气含氧量。

② 阀位反馈　混风调节阀反馈；拱顶温度调节阀反馈；废气温度调节阀反馈；空气流量调节阀反馈。

③ 热电阻输入　冷风温度。

④ 热电偶输入　热风温度；拱顶温度；废气温度。

⑤ 模拟量输出点（4～20mA）　热风温度调节输出；拱顶温度调节输出；废气温度调节输出；空气调节输出。

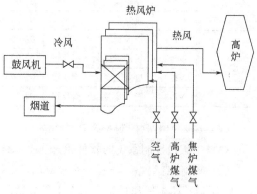

图 1.7.8　热风炉工艺流程图

（3）热风炉集散控制系统硬件构成

根据热风炉监测和控制要求，可设计一个控制站、一个工程师站、两个操作员站，以及多个类型的输入输出卡件，分别由过程控制网络 SCnetⅡ 和控制站内部网络 SBUS 连接通信。其系统组成如图 1.7.9 所示。

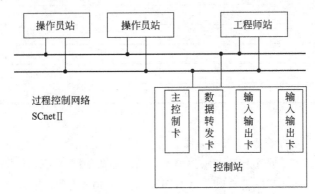

图 1.7.9　热风炉集散控制系统构成

该集散控制系统的控制站选取板卡：1 对主控卡（SP243X），1 对数据转发卡（SP233），5 块 I/O 卡。

I/O 卡：1 块 SP316；2 块 SP313；1 块 SP314；1 块 SP322。

具体测点分配如表 1.7.6 所示。

表 1.7.6　热风炉集散控制系统测点分配

卡件型号	点名	注释	地址	卡件型号	点名	注释	地址
SP316	TIT-1	冷风温度	02-00-00-00				
SP314	TIT-3	热风温度	02-00-01-00		M1-IS	热风温度调节输出	02-00-06-00
	TIT-4	拱顶温度	02-00-01-01	SP322	M2-IS	拱顶温度调节输出	02-00-06-01
	TIT-5	废气温度	02-00-01-02		M3-IS	废气温度调节输出	02-00-06-02
					M4-IS	空气调节输出	02-00-06-03
SP313	FT-1	空气流量	02-00-03-00				
	FT-2	焦炉煤气流量	02-00-03-01				
	FT-3	高炉煤气流量	02-00-03-02				
	OXY	废气含氧量	02-00-03-03				
SP313	VP-1	混风调节阀反馈	02-00-04-00				
	VP-2	拱顶温度调节阀反馈	02-00-04-01				
	VP-3	废气温度调节阀反馈	02-00-04-02				
	VP-4	空气流量调节阀反馈	02-00-04-03				

（4）热风炉集散控制系统软件组态

热风炉集散控制系统的软件组态包括总体信息组态、控制站组态、操作站组态。

① 总体信息组态　设置一个控制站，主控制卡选择 SP243X，冗余配置，其地址为 02，如图 1.7.10 所示；两个操作员站、一个工程师站，地址分别为 129、130、131，如图 1.7.11 所示。

② 控制站组态　主要包括系统 I/O 组态和控制方案组态。

a. 系统 I/O 组态。按表 1.7.6 控制站 I/O 测点分配进行组态。数据转发卡选择 SP233，冗余配

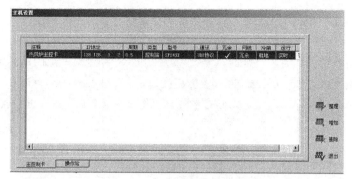

图 1.7.10　主控制卡设置窗口

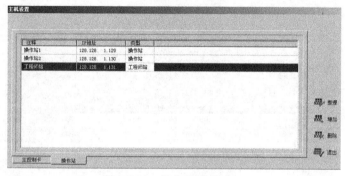

图 1.7.11　操作站设置窗口

置，其地址为 00，如图 1.7.12 所示。I/O 卡件组态如图 1.7.13 所示。

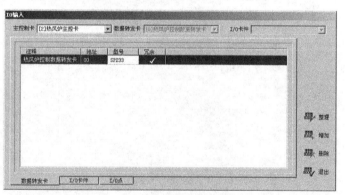

图 1.7.12　数据转发卡设置窗口

图 1.7.13　I/O 卡件组态窗口

b. 控制方案组态。根据工艺要求，该集散控制系统包含热风温度控制系统和热风炉燃烧控制系统。

热风温度控制系统 从鼓风机来的风温约 150～200℃，经过热风炉的风温可高于 1300℃，而高炉所需的热风温度约为 1000～1250℃，且需温度稳定。每座热风炉送风时，应控制混风调节阀开度改变混入冷风量以保持风温稳定。其控制原理框图如图 1.7.14 所示。热风温度的控制回路组态如图 1.7.15 和图 1.7.16 所示。

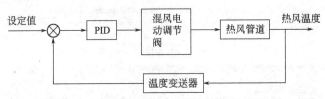

图 1.7.14　热风温度控制原理框图

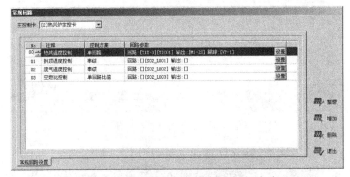

图 1.7.15　热风温度常规控制方案组态窗口

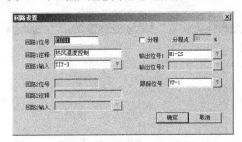

图 1.7.16　热风温度"回路设置"对话框

热风炉燃烧控制系统 热风炉燃烧控制系统主要包括拱顶温度控制、废气温度控制、空燃比控制等。配三孔燃烧器外燃式热风炉燃烧自动控制系统，其燃烧控制以废气温度为目标值，控制高炉煤气流量，采用串级控制，温度调节器的输出作为副调节器即流量调节器的设定值；以拱顶温度为目标值控制焦炉煤气流量，也采用串级控制；空气流量采用比值控制。其控制框图如图 1.7.17～图 1.7.19 所示。

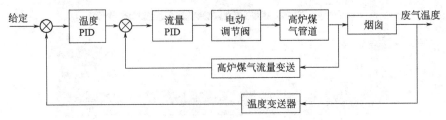

图 1.7.17　废气温度控制框图

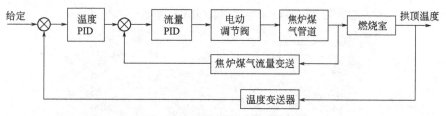

图 1.7.18　拱顶温度控制框图

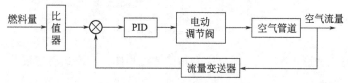

图 1.7.19　空燃比控制框图

拱顶温度控制回路组态如图 1.7.20 和图 1.7.21 所示。

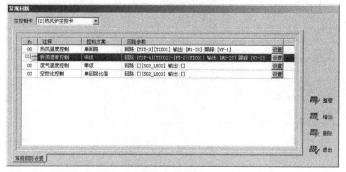

图 1.7.20　拱顶温度串级控制方案组态框图

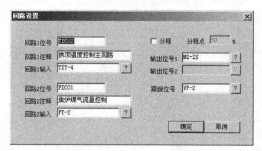

图 1.7.21　拱顶温度"回路设置"对话框

空燃比控制回路组态如图 1.7.22 和图 1.7.23 所示。

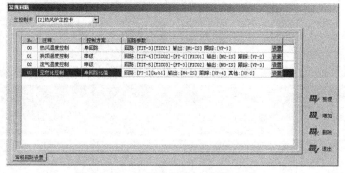

图 1.7.22　空燃比控制方案组态窗口

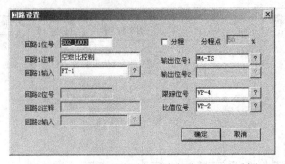

图 1.7.23　空燃比控制"回路设置"对话框

c. 操作站组态。按图 1.7.8 所示画出操作站工艺流程图，并添加动态数据。

【学习评价】

试分析热连轧加热炉工艺流程，并根据其监视和控制要求，采用 JX-300X 软硬件设计组态加热炉集散控制系统，要求：

① 分析确定加热炉各监测点和控制点；

② 确定加热炉集散控制系统的硬件配置，并画出硬件构成图；

③ 选择 I/O 卡件，并列出测点分配表；

④ 确定主要参数控制方案；

⑤ 对系统进行软件组态，并画出工艺流程图。

学习情境 2

霍尼韦尔集散控制系统 TPS/PKS 及其应用

学习目标

能力目标：

① 初步具备 TPS/PKS 系统各种卡件的选择能力；

② 会分析 TPS/PKS 系统在工业过程控制中各部分的应用。

知识目标：

① 掌握 TDC-3000 系统的构成、功能及特点；

② 掌握 TPS/PKS 系统构成、特点及最新技术；

③ 了解 TPS/PKS 在工业过程控制中的应用。

【任务描述】

TPS/PKS 是 Honeywell 公司新一代集散控制系统。在熟悉工艺的前提下，根据合成氨和联碱工艺监视和控制要求，能够分析运用 Honeywell 的 PKS 系统构建的合成氨和联碱集散控制系统。通过分析，提高学生对霍尼韦尔集散控制系统的应用能力。

【知识链接】

1. TDC-3000 系统概述

1975 年美国 Honeywell 公司推出了世界上第一套集散控制系统 TDC-2000。经过多年不断的技术开发，系统有了较大的更新。1983 年 10 月推出了 TDC-3000（LCN），系统采用局部控制网络，增加了过程控制管理层，原来的 TDC-2000 改为 TDC-3000 BASIC。1988 年推出 TDC-3000（UCN），如图 2.1 所示，系统增加了万能控制网络（UCN）、万能工作站（UWS）、过程管理器（PM）、智能变送器 ST3000 等新产品，在控制功能、开放式通信网络、综合信息管理等方面进一步得到加强。

（1）TDC-3000 系统构成

TDC-3000 系统由 LCN 网络及其模件、UCN 网络及其管理站和 DHW 通信通道及其设备等组成，如图 2.1 所示。

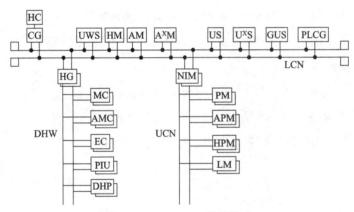

图 2.1　TDC-3000 系统构成

HC—上位计算机；CG—计算机接口；HG—高速通道接口；DHW—数据高速通道；MC—多功能控制器；
AMC—先进多功能控制器；EC—增强控制器；PIU—过程接口单元；DHP—数据高速通道端口；UWS—万能工作站；
HM—历史模件；AM—应用模件；A^XM—带 X- Windows 应用模件；NIM—网络接口模件；UCN—万能控制网络；
PM—过程管理站；APM—先进过程管理站；HPM—高性能过程管理站；LM—逻辑管理站；US—万能操作站；
U^XS—带 X- Windows 万能操作站；GUS—全局用户操作站；LCN—局部控制网络；PLCG—PLC 接口

① 局部控制网络及其模件　局部控制网络（Local Control Network，LCN）及其所连接的模件由 LCN 和万能操作站 US、万能工作站 UWS、历史模件 HM、应用模件 AM、网络接口模件 NIM、高速通道接口 HG、计算机接口 CG、可编程逻辑控制器接口 PLCG 等组成，主要完成用户需要的各种功能，如系统的监视、操作、工程管理和维护；用于先进控制和综合信息处理；提供与过程控制网络之间的连接；实现 LCN 网络上模件之间的通信，信息处理与存储。

a. 万能操作站（Universal Station，US）　US 是 TDC-3000 系统的主要人机接口，能满足操

作人员、管理人员、系统工程师及维护人员的各种要求。操作、管理人员通过 US 能够对连续和非连续生产过程进行监视和控制，完成信号报警和报警打印、趋势显示和打印、日志和报表打印、流程图画面显示和系统状态显示。工程师能够完成网络组态、过程数据库和流程图画面的建立、自由报表和控制程序的编制。维护人员通过 US 能进行系统故障诊断，实现系统硬件状态显示，打印故障信息。

b. 万能工作站（Universal Work Station，UWS）　UWS 是 TDC-3000 系统的又一个人机接口，具有 US 的全部功能，是为工厂办公室管理而设计的。

c. 历史模件（History Module，HM）　HM 是 TDC-3000 系统的存储单元，它可以存储过程报警、操作员状态改变、操作员信息、系统状态信息、系统维护提示信息、连续过程历史数据等，还存储系统文件、确认点（CHENKPOINT）文件及在线维护信息等。

d. 应用模件（Application Module，AM）　AM 用来完成复杂运算，实现高级、多变量控制功能，以提高过程控制及管理水平。

e. 网络接口模件（Network Interface Module，NIM）、高速通道接口（High Gateway，HG）和计算机接口（Computer Gateway，CG）　NIM、HG 和 CG 是 LCN 与 UCN、数据高速通道 DHW 以及上位计算机（如 DEC VAX 等）进行数据通信的接口。

LCN 网络可以连接 64 个模件，通信速度为 5Mbps，长度为 300m，最远距离可达 4.9km。

② 万能控制网络及其管理器　万能控制网络 UCN 用于与其连接的过程管理器 PM、逻辑管理器 LM 等通信，是实现数据采集与控制功能的过程网络。通过网络接口模件（NIM）与局部控制网络（LCN）相连，实现用户需要的监视、操作、信息管理和系统维护等功能。

a. 万能控制网络（Universal Control Network，UCN）　UCN 是一个开放式通信网络，它采用 IEEE802.4 标准通信协议，与 ISO 标准相兼容，通信速率为 5Mbps，点对点（Peer-to-Peer）对等通信方式，令牌总线传送。用冗余同轴电缆，最多支持 32 个冗余装置，使网络上 PM、LM 之间可以共享网络数据。UCN 网络上可连接 63 个模件（32 个冗余设备），网络通常距离为 300m。

b. 过程管理器（Process Manager，PM）　PM 集多功能控制器和过程接口单元两者功能于一体，并在速度、容量和功能方面有更大改进和提高，为数据监测和控制提供了高度灵活的输入输出功能、强有力的控制功能，包括专用调节控制软件包、全集中联锁逻辑功能以及面向过程的高级控制语言（CL/PM），可方便地实现连续控制、逻辑控制、顺序控制和批量控制。PM 的扫描周期为 0.75s。一个 PM 可以处理 5000 条 CL/PM 语句程序。

c. 先进过程管理器（Advanced Process Manager，APM）　APM 是 PM 的改进型产品，它比 PM 增加了数字输入事件顺序（DICOE）处理、设备（DEVICE）管理点、CL 程序等数据点和非 TDC-3000 设备串行接口能力。另一大改进是 CL/APM 功能的增强，如设备管理点的增加，使离散设备的管理具有更大的灵活性，在同一位号下把复合数字点显示与逻辑控制功能结合在一起，使操作员可直接看到引起联锁的原因。非 TDC-3000 设备串行接口能力，使具有串行通信能力的 UPC 6000 过程控制器可直接与 APM 相连，作为 APM 的一个辅助系统进行操作。

d. 逻辑管理器（Logic Manager，LM）　LM 是用于逻辑控制的现场管理站，能够提供逻辑处理、梯形逻辑编程、执行逻辑程序、与 UCN 和 LCN 网络中的模件进行通信等功能。

③ 数据高速通道及其设备　DHW 是 TDC-3000 BASIC 的数据高速通道，用来相连基本控制器（BC）、增强控制器（EC）、多功能控制器（MC）、先进多功能控制器（AMC）、过程接口单元（PIU）、数据高速通道接口（DHP）、基本操作站（BOS）等单元通信，实现生产过程的控制和数据采集。通过高速通道接口（HG）与局部控制网络（LCN）相连，实现用户需要的监视、操作、

信息管理和系统维护等功能。

DHW 可连接 63 个模件（32 个冗余设备），传送控制方式为优先方式和询问方式，通信距离为 1500m，通信速率为 250Kbps。DHW 已经被 UCN 取而代之。

（2）TDC-3000 系统的特点

TDC-3000（UCN）是 Honeywell 公司 1988 年推出的集散控制系统。系统引入先进的局部网络技术，采用标准化开放式通信协议，使多个计算机互连，便于多机信息资源共享、分散控制和信道复用，实现全系统的管理，具有许多技术特点。

① 开放式系统　TDC-3000 系统采用 IEEE 8012.4 和 ISO 8802/4 国际标准，以 ISO/OSI 开放系统互连参考模型 7 层协议为基础，可以实现与非 Honeywell 公司设备的互连。

② 递增的分级控制　TDC-3000 系统可提供三个等级的分散控制：一是以现场过程控制装置（如 PM、LM 等）为基础，对过程终端设备进行控制的过程控制级；二是先进控制级，包括比过程控制级更为复杂的控制策略和控制计算，通常称为工厂级；三是最高控制级，提供了用于高级计算的技术和手段，例如适用于复杂控制的计算模拟、过程最优化控制及线性规划等，称为联合级。工程师可以利用这些控制等级，实现最经济、最有效的控制，还可通过组态实现不同级别的控制。另外，如果在较高等级上发生故障，可以把控制组态降到下一个等级进行控制操作。

③ 范围广泛的数据采集与控制功能　TDC-3000 系统数据采集与控制功能的范围非常广泛，它可以从分散过程控制装置（如 PM、LM 等）采集数据，也可以从非 Honeywell 公司的过程控制设备获取数据。系统的控制策略包括连续控制、逻辑控制和顺控控制，控制规模可以从简单的常规 PID 控制到先进复杂的高级优化控制，其控制的生产方式从连续生产到间歇生产（批量与混合操作）。操作者可以在任何控制等级上做出操作决定，对生产过程进行控制，同时可以实现整个系统信息的实时交换。

④ 面向过程的单一窗口　TDC-3000 系统采用了万能操作站 US，它是真正的面向过程的单一窗口，具有通用数据存取、协调灵活和各取所需的操作以及多种形式画面显示等特点。

⑤ 工厂综合管理、控制一体化　TDC-3000 系统不仅具有丰富的数据采集和控制功能，同时还具有与上位计算机乃至计算机网络相连接的功能。它可以通过计算机接口与 DEC VAX 系统计算机相连，构成综合管理系统，也可通过个人计算机接口 PCIM 或者计算机网络接口 PCNM 与个人 PC 机相连，构成范围广泛的计算机综合网络系统，从而将工厂所有的计算机系统和控制子系统（包括非 Honeywell 计算机系统）联系起来成为一体，实现优化控制和优化管理。

⑥ 系统规模配置灵活、扩展方便　一个基本的 TDC-3000 系统可由一条 LCN、一个万能操作站 US、一个历史模件 HM、一个冗余网络接口模件 NIM 和一条万能控制网络 UCN 以及数台过程控制装置构成。这样的基本系统可以完成过程数据采集、连续的和间歇的操作控制、历史及其他数据存取过程显示和管理等任务。

系统还可根据生产的发展，通过增加适当的过程控制装置或 LCN 模件，灵活地扩展其控制规模。还可以根据综合管理的需要，适当地增加相应接口设备，构成信息综合管理系统。

⑦ 系统安全可靠，便于维修　TDC-3000 系统在整体设计上采用容错技术，硬件和软件中容许错误存在，且具有错误检测与纠正组件。当模件发生错误时，通常只影响其所在的模件，对系统的运行影响很小或不降低其性能。如果某个装置发生故障，其某些能力或者功能可能会丧失，但系统仍能继续运行。

TDC-3000 系统广泛采用冗余技术。数据通信电缆是标准冗余的，网络接口模件 NIM、数据通道接口 HG、应用模件 AM、历史模件磁盘 HM、过程管理模件 PMM、PM 的高电平模拟输入处理器和输出处理器等也选用冗余结构。

在 TDC-3000 系统中，为数据库提供了几个存取等级的联锁保护，防止了越权变更数据库等错误的发生。同时，广泛采用自诊断、自纠正程序，广泛采用标准硬件和软件，许多硬件具有通用性，而各卡件都是最佳可替代单元，可以在线维修。

⑧ 真正的分散　TDC-3000 是真正的分散控制系统。一是功能分散，各模件功能是独立的；二是危险分散，系统中各模件或装置的故障只影响其自身的某些功能，而不会影响整个系统的工作。

⑨ 新老系统兼容　TDC-3000 系统是在 TDC-2000 系统的基础上发展起来的，对 TDC-2000 系统完全兼容。无论是 TDC-2000 系统，还是 TDC-3000 系统，它们都可共存于一个系统中，各自成为整个系统的一部分，极大地方便了使用，降低了投资费用。

2．TPS/PKS 系统概述

TPS（Total Plant Solution）是 Honeywell 公司在 TDC-3000 的基础上研制的一种集散控制系统。它是将整个企业的商业信息系统与生产过程控制系统集成在一个平台上的全厂一体化式的解决方案。过程知识系统（Process Knowledge Solution，PKS）集成了 Honeywell 公司的资产和异常状态管理、操作员效率解决方案、设备健康管理和回路管理等过程知识解决方案，帮助操作员提高操作水平，提前发现设备隐患，避免异常状态的发生，确保生产安全。设备健康管理可以将设备问题区分为征兆和故障两级，为系统提供决策支持。回路管理技术可综合回路的组态信息、报警事件、闭环回路控制时间等操作数据，指出那些对生产影响最大且性能最差的回路，及时提出解决问题的建议。

（1）TPS 系统构成

TPS 系统以 Windows NT 为开放式平台，增加了工厂信息网络（PIN）、全局用户操作站（GUS）、高性能过程管理站（HPM）、过程历史数据库（PHD）、应用处理平台（APP）等新品种，是以管控一体化形式出现的新一代集散控制系统的典型代表，如图 2.2 所示。TPS 系统与 Honeywell 公司之前的 TDC-2000、TDC-3000 能够完全兼容。

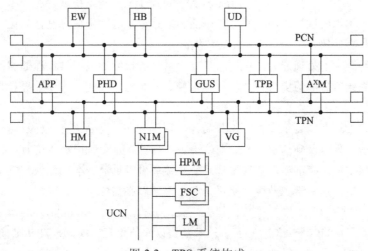

图 2.2　TPS 系统构成

HM—历史模件；NIM—网络接口模件；UCN—万能控制网络；HPM—高性能过程管理站；FSC—故障安全控制器；
LM—逻辑管理站；VG—多种网关；APP—应用处理平台；PHD—过程历史数据库；GUS—全局用户操作站；
TPB—全厂一体化批量控制器；A^{X}M—带 X- Windows 应用模件；TPN—TPS 过程控制网络；EW—工程师工作站；
HB—国际/国内网络浏览器；UD—性能集成平台；PCN—工厂控制网络

① 工厂信息网络　　工厂信息网络（Plant Information Network，PIN）通过 GUS、PHD、APP 等节点与 TPS 过程控制网络（TPN）直接相连，实现信息管理系统与过程控制系统的集成。利用工厂网络模件（PLNM）和 CM50 软件包，TPN 可以与 DEC VAX 计算机和 AXP 计算机进行通信，实现优化控制等。而基于 UNIX 的信息管理应用，则可通过 A^XM 或 U^XS 与 LCN 进行通信。

操作级 TPN 有限度地开放以保证系统的安全，而控制级 UCN 网络仅对与控制有关的模件开放，极大限度地满足了工厂对于安全控制的要求。

② TPS 过程控制网络及其模件　　TPS 过程控制网络（TPS Process Network，TPN）是一条冗余的、通信速率很高的通信总线，连接控制室内的所有控制设备。TPN 电缆的通信速率为 5Mbps，采用国际标准 IEEE802.4 令牌总线协议，带有传输数据错误检查功能。TPN 连接的每一个控制设备（如 GUS、HM 等）可以实现平等通信。系统软件和应用软件保证了每一个控制设备都能很好地完成各自的特殊任务。

TPN 连接的节点最多可达 64 个。在系统正常工作时，可以很方便地挂上或卸掉它们，而不影响系统其他节点的正常工作。TPN 为两条冗余的同轴电缆，分别为主电缆和备份电缆；当主电缆损坏或出现通信错误时，备份电缆自动接替工作。通过节点上的传输电路板实现电缆和节点间的连接，这样设计的最大优点是当某一节点损坏时，TPN 网上的其他节点的通信不受影响。此外，TPN 还为所有的节点提供同步时钟信号。

TPN 主要用于模件之间的通信。通过人机接口实现先进控制策略和综合信息处理的功能。TPN 是有条件完全开放系统。TPN 网络通信距离一般为 300m，最远距离可达 4.9km。

a. 全局用户操作站（GUS）　　全局用户操作站（Global User Station，GUS）是 TPN 上的一个节点、以 Windows 2000 为操作系统、具有两个处理器的高性能操作站。它向下与 TPN 相连，向上可直接与 PIN 及 Internet 相连，从根本上改变了传统的操作方式，为企业提供了集成的管理环境。

GUS 是 TPS 系统的主要人机接口，是整个系统的窗口，每个 GUS 具有独立的电子单元，并且可以互为备用。

b. 历史模件（HM）　　历史模件（History Module，HM）是系统软件、应用软件和历史数据的存储单元。HM 可以将过程的历史数据、画面、运行记录等大量信息进行记忆、保存，可以配软盘和大容量的外存储器，是 AM 和 US 的数据源。

历史模件具有强大的处理能力，可用来建立大量易于检索的数据供工程师和操作员使用。历史模件还可存储系统所有的历史事件，如过程报警、系统状态改变、操作过程和系统变化以及错误信息。

此外，历史模件还存储显示文件、加载文件、顺序文件、控制语言、梯形逻辑程序和组态程序的源文件等系统文件以及确认点文件、在线维护信息等。断点保护功能使 HM 自动定时或手动存储整个系统网络上的所有信息，在停电或系统故障后可以迅速、准确地恢复整个系统，对生产过程不造成任何影响，这对于工业生产来讲是非常重要和必需的。

c. 网络接口模件（NIM）　　网络接口模件（Network Interface Module，NIM）是 TPN 和 UCN 之间的接口，它提供了 TPN 与 UCN 的通信技术及协议间的相互转换，使 TPN 上模件能访问 UCN 设备的数据，并将 TPN 上程序与数据库加载到 HPM 等 UCN 设备，也可将 NIM 设备的报警信息传送到 TPN 上。

TPN 与 UCN 的时间由 NIM 进行同步处理，由 NIM 将 TPN 的时间向 UCN 广播。NIM 可冗余，当主 NIM 发生故障时，备用 NIM 可继续工作。每个 TPN 最多可接 10 个冗余的 NIM。每个冗余的 UCN 接有冗余的 NIM，每个 NIM 允许组态 8000 个数据点。

③ 万能控制网络及其模件　万能控制网络（Universal Control Network，UCN）由冗余的同轴电缆组成，是一个过程控制级网络。通过网络接口模块（NIM）与 TPS 过程控制网络（TPN）相连，其节点设备包括高性能过程管理器（HPM）、先进过程管理器（APM）、过程管理器（PM）、逻辑管理器（LM）、故障安全控制器（FSC）等。通过这些控制设备可以灵活地组成大小规模不同、复杂程度各异的、性能价格比极高的控制系统，以满足各种生产工艺的需要。UCN 采用双重冗余，整个网络具有点对点（Peer to Peer）的通信功能，使得网上 HPM、APM、PM、LM、FSC 之间可以共享网络数据。UCN 上可挂接 32 个冗余的 UCN 设备，通信速率是 5Mbps，载波令牌总线网络通信，通信距离为 300m。

a．高性能过程管理器 HPM（High-performance Process Manager）　采用多处理器并行处理结构，其性能比 APM 更提高了一步。它采用两个 32 位 M68040 处理器作为通信处理器和控制处理器，用 80C51 作为 I/O 接口链路处理器，可连接的输入输出处理器（Input output Processor，IOP）也有所增加。HPM 的控制功能也比 APM 更强。HPM 的常规控制点增加了乘法器/除法器、带位置比例的 PID、常规控制求和器等三种算法。

HPM 可以与 UCN 上其他设备进行对等通信。通过串行接口与 Modbus 兼容子系统进行双向通信，通过 TPN 与 GUS 和 US 之间实现通信，操作方法和显示画面与 TDC3000 类似。支持 TPN 的 AM 和上位机实现更高层次的优化控制策略，许多高性能的软件包也可以优化控制性能。

b．逻辑管理器 LM（Logic Manager）　是用于逻辑控制的现场控制站。它提供逻辑处理、梯形逻辑编程、执行逻辑程序，具有 PLC 控制的特点。可与 UCN 上的各种设备通信，并通过 TPN 使过程数据能集中显示、操作和管理，所以它比独立的 PLC 具有更多的优越性。

c．故障安全控制器 FSC（Fail Safe Control Safety Manager）　是一种高级的生产过程保护系统。它的容错安全停车系统用于确保生产装置和操作人员的安全，一旦发现系统超出安全运行界限，会立即将过程强制进入到安全状态。它的高级自诊断功能能对生产过程进行连续、动态的测试，减少了不必要的停车。FSC 系统允许在线维护，因此对现场仪表的维护变得更加方便。

（2）TPS 系统特点

因为 TPS 系统是从原来的 TDC3000 系统发展而来的，因此表现出许多技术优势。在过程级，万能控制网络与过程管理站相连；TPS 过程控制网络（TPN），即局域控制网络（LCN）与万能控制网（UCN）通过网络接口模件（NIM）相连；过程管理设备（如 HPM 等）可通过安装和插拔方式接入到系统中。系统完善的分散功能，使系统具有极高的可靠性，允许系统出现一定程度的故障，而不会影响系统的稳定性和安全性。

TPS 系统结构可以看成是一个分散模件的组合系统，各个模件通过灵活的通信系统连接在一起，在完整的软件系统控制下进行操作。由于采用最新的数字网络处理技术和通信协议，现代化的软件设计技术使得 TPS 系统应用变得简单方便。

TPS 是一个多层通信网络结构系统，可以根据需要合理地进行扩展，以便有效地进行数据处理和控制。其特点体现在以下几个方面。

① 真正实现了系统的开放　TPS 系统的 PIN 采用的是以太网，全局用户操作站（GUS）提供标准的以太网接口，从而实现了全厂管控一体化。

TPS 系统的 TPN、UCN 等通信网络均采用了 ISO（国际标准化组织）制定的 ISO 802.4 和 IEEE（美国电气及电子工程师学会）制定的 IEEE 802.4 开放系统互连标准，以 ISO/OSI 7 层模型为基础，遵循 MAP（制造自动化协议）网络标准，采用载波令牌总线，网络上各模件之间对等通信。TPN、

UCN通信与国际开放结构和工业规格标准的发展方向一致。TPS系统实现了网络中的硬件、软件、数据库等资源共享，DCS与计算机、可编程序控制器、在线质量分析仪、现场智能仪表都可以进行数据通信。

② 人机接口功能更加完善　全局用户操作站（GUS）是面向过程的单一窗口，采用了高分辨率彩色图像显示器（CRT）技术、窗口技术（Windows）及智能显示技术等。每个GUS操作站都能存取TPS系统范围的数据，如来自过程的数据、系统的数据及计算机的数据等。无论系统规模大小、复杂程度如何、是连续生产还是间歇生产、是否与计算机系统连接，其操作方式完全相同，简单方便。每个操作站都能显示各种信息，具有三种属性功能：操作员属性功能用于操作人员监视生产过程和TPS系统本身工作状况；工程师属性功能用于工程师进行系统组态及软件更新；系统维护属性功能用于维护人员跟踪系统运行并诊断系统故障。

③ 数据采集和控制的范围广泛　TPS系统既可以在万能控制网络（UCN）上的HPM、LM上进行，还可以从其他公司的设备上获取数据。系统的控制策略包括连续、逻辑、顺控、批量控制等。控制规模从简单的常规PID控制到先进复杂的高级控制，应用范围从连续生产到间歇生产的各个领域，如石化、化工、电站、石油、造纸等。

④ 系统总体实现数字化　Honeywell是通过现场通信网络将多变量现场智能传感器与集散控制系统连为一体的。HPM与Honeywell的智能变送器数字一体化，提高了测量精度，使操作员通过操作站就可了解智能变送器全部工作范围内的变量值和工作状态以及对变送器的诊断。

⑤ 工厂综合管理控制一体化　TPS系统是一个规模庞大的系统，可以根据用户工厂综合管理的需要与工厂信息网相连，构成范围广泛的计算机综合网络系统，实现先进复杂的优化控制，实现对生产计划、产品开发、销售、生产过程及有关物质流和信息流进行综合管理，构成网络化、自动化的工厂企业，即构成用计算机实现管控一体化的系统。

⑥ 系统安全可靠、维护方便　TPS系统在整体设计上采用了先进的冗余、容错技术。在硬件及软件中有错误检测和纠正组件，当发生错误或故障时，对系统运行影响很小或不降低其性能，系统仍能继续运行。TPS系统的通信网络、接口模件都是标准冗余的。

应用模件（AM）、历史模件（HM）、过程管理器（APM、HPM）、逻辑管理器（LM）、输入与输出处理器（IOP）和电源等都可以选用冗余的。

TPS系统是积木式结构，实现了功能分散和危险分散。系统的数据库采用了几个等级的联锁保护方式，防止越权变更数据库。系统中广泛采用自诊断、自校正程序，硬件和软件标准化，通用性强，可在线维护。

⑦ 系统的兼容性好　TPS系统是在TDC-3000系统基础上发展起来的。在TPS系统中，新旧系统的模件共存，各自成为系统的一部分。US和U^{x}S的画面还可以通过显示转换器传送到GUS上，新旧系统是兼容的，极大地维护了用户的利益。

（3）PKS系统构成

PKS系统完全与现有的Honeywell系统（包括TPS、TDC-3000、TDC-2000等）兼容，还提供与FF、Profibus、DeviceNet、ControlNet、HART的接口，通过OPC互连选项和丰富的第三方接口使PKS具备现有的最高性能、跨工厂范围的体系结构。

① PKS系统的基本构成　PKS系统的基本结构如图2.3所示。它由控制网络（ControlNet）和工厂信息网（PIN）组成。控制网络上挂有C200控制器、FCS故障安全控制器、ESW工程师工作站、OPS操作员工作站、ACE高级应用控制环境和eServer过程服务器，工厂管理网（PIN）连接工厂管理、商业运作的计算机等。

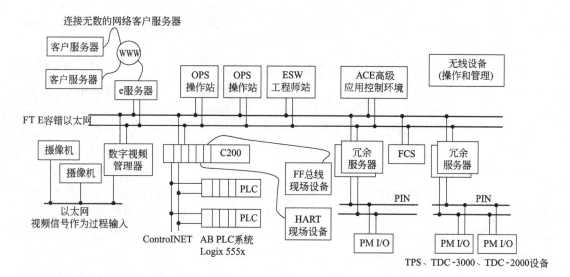

图 2.3 PKS 系统基本结构

分散过程控制装置包括连续控制和逻辑控制一体化的混合控制器 C200、基金会现场总线 FF、Profibus、DviceNet、ControlNet 等现场总线设备的集成，数字视频管理站（DVM）、故障安全控制器（FSC）以及集成的 TPS、TDC-2000、TDC-3000 等分散控制装置。

集中操作管理装置有基于 Web 技术的操作站、工程师站、高级应用控制环境 ACE、eServer 过程服务器、手持无线移动设备等。

过程控制网络有 ControlNet，主要与混合控制器相连，容错以太网 FTE（Fault Tolerant Ethernet）实现了 PKS 系统服务器、操作员站以及 TPS 系统间的可靠连接。

PKS 软件主要包括监控软件 Workcenter PKS 、控制组态软件 Control Builder、流程图组态软件 Display Builder、电子网络浏览器和 Carbon Copy 远程故障检查软件。

② PKS 系统工作站的功能

a. 容错以太网 FTE FTE 的容错软件是 Honeywell 公司的专利，其特点如下。

（a）在 FTE 节点间有 4 个通信路径，允许有一个通信路径发生故障。

（b）快速（1s）的检测和恢复时间，可以在线增加和减少节点。

（c）对应用 PC 完全透明，允许正常的以太网节点接入。

（d）完全分布式的结构，没有主节点，通信速率 100Mbps，传输介质为同轴电缆或者光缆。

b. 操作员站（OPS） 操作员站 HMI 硬件采用标准的工业 PC 工作站，操作员键盘提供 12 个可编程序功能键。操作员站下载 Honeywell 专利最新开发的人机接口技术，称为 HMIWeb，采用 Web 技术和 HTML 语言，可以观察标准 Web 浏览器或用户站的窗口。HMIWeb 提供大于 300 页的标准系统显示画面，包括菜单显示、报警摘要、事件摘要、趋势、操作组、点细目、总貌、系统状态、组态、回路整定、诊断和维护、摘要显示等。

数字视频管理系统（DVM）技术集成，利用视频信息对工厂事件进行捕捉和记录，帮助诊断和检测故障。

c. 工程师站（EWS） 工程师站在系统中的作用是服务器，通常进行冗余配置。配备 PKS 服务器软件、Microsoft Windows 2000 服务器软件和控制组态生成、显示生成、快速生成组态软件，从暂存器组态整个系统。

d. eServer 过程服务器 基于分布式体系结构和 HMIWeb 技术，eServer 过程服务器获取企业的实时信息，不需要复制数据库或重新制作流程图画面，用户就能够通过浏览器窗口方便地调用过程流程图。

eServer 过程服务器是一个强力 OPC 服务器，配备 PKS eServer 服务器软件，可使网络远方的操作员站上看到所有的应用和实时数据、所有的趋势/组/系统显示/操作显示、报警和事件显示历史数据、邮件及分组报表和显示等信息。

e. ACE 高级应用控制环境　ACE 是一个强力 OPC 服务器。通常硬件采用 DELL 公司的服务器，配备 Honeywell 不同的软件，可以构成不同的应用工作站，如先进控制、资产和异常状态管理、虚拟工厂仿真等。

f. 现场控制站　现场控制站采用 PlantScape C200 控制器。该控制器集成了 30 年的开发经验和技术，具有如下特点。

（a）有为集成连续和离散过程控制的稳态和动态功能块。

（b）强力和高速离散输入和逻辑。

（c）具有自动启动/停车的顺序控制模件（SMC）。

（d）相关点趋势、报警、面板和控制图画面。

（e）冗余和非冗余组态选择。

（f）50ms 和 5ms 控制执行环境。

（g）危险场所需要的本安 I/O 系列。

（h）集成 FF、HART 和 Profibus 现场总线设备。

C200 控制器冗余配置需要两个控制器底板，安装相同的部件，如图 2.4 所示。与 C200 控制器配套的过程输入/输出组件

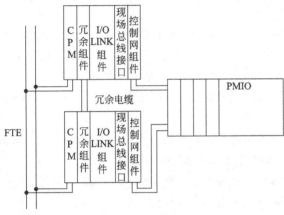

图 2.4　C200 控制器和 PMIO

PMIO 采用了 TPS 系统的 IOP 和 FAT 组件。

g. 故障安全控制器（FSC）　FCS 与 PKS 集成统一，可直接连到 FTE 控制网上。

（4）PKS 最新技术和基本系统组件

基于开放功能的 Microsoft 公司的 Windows 2000、高性能的控制器、先进的工程组态工具、开放的控制网络等，构成了 PKS 系统先进的体系结构。

① PKS 最新技术

a. 基于 Windows 2000 操作系统的服务器，利用高速动态缓存区采集实时数据，具有报警、显示、操作、历史数据采集和报表报告等服务功能。

b. 基于开放的工业标准的 HTML 文件格式和 Web 浏览器的访问界面的 HMIWeb 技术，为用户提供一个安全的先进的人机界面。

c. 紧凑型的混合控制器提供了真正的一体化的控制。

d. 面向对象的组态工具，可快速简便地生成可重用的控制策略。

e. ControlNet 是开放的、采用最先进的产生器/使用器（Producer/Consumer）技术的控制网络。

f. 利用 Foundation Fieldbus 基金会现场总线技术集成测量和控制设备。

g. 安全的 Internet 浏览器访问界面的在线技术文本和技术支持。

由于 PKS 系统显示功能完善，组态、投运极其方便，控制点和硬件组态一完成即可投运，工

程所需要的时间特别短。内置的系统显示画面库和工具包括所有显示画面中的"当前/紧急报警区域"显示、所有显示画面中的"标准状态行"显示、报警汇总显示、事件汇总显示、操作组显示、趋势显示、回路调整显示、诊断显示、流程图列表、控制方案图显示（控制模块、顺控模块控制方案图在线监控显示）、标准报告、预定义的组合点、组合点细目显示、点处理算法、可用于所有关键功能的预组态的按钮/工具条、基于屏幕的和下拉式的菜单等。

PKS 系统提供许多极其灵活的标准工具，需要时用户可以修改或扩展标准功能。例如，所有系统标准显示画面均可由用户修改。

PKS 系统是一体化的混合控制系统，提供了最好的系统可用性（availability）技术，本质上与 PLC 加 PC 软件组成的系统截然不同。通过提供图形化的面向对象的组态工具和全套的过程控制算法库，PKS 使用户的控制工程生产力显著提高。PKS 结合了适用于世界范围的控制规则和 Honeywell 的控制应用实践经验，并且为中国用户提供了中文界面。

② PKS 的基本系统组件

a. 常规连续控制和逻辑控制一体化的混合控制器　混合控制器是一个功能强大的控制 处理器模件，可以选择为冗余配置或非冗余配置，具有 50ms 和 5ms 两种基本控制执行环境，具备灵活多样的输入/输出系列单元，如紧凑型机架式输入/输出系列、Honeywell PM 系列输入/输出子系统、能满足危险区域要求的电流隔离、本安型输入/输出系列、低成本的标准导轨安装型输入/输出系列等，可以实现与 AB 公司 PLC5 和 Logix 5550PLC 的集成，与基金会现场总线 FF、HART 协议及 Profibus 等现场总线的集成等。

b. 高级应用控制环境　系统工作在基于 Windows 2000 Server 操作系统的应用控制环境、500ms 基本控制执行环境，具有与混合过程控制器相同的控制算法库，可以实现集成的 OPC 标准的数据访问。

c. 高性能服务器　可以选择冗余配置或非冗余配置，可以采用 OPC 接口及多种第三方控制器的通信接口，具有适用于全厂范围或地理区域分布较广的诸系统的分布式服务器结构。

d. 操作员站人机界面（HMI）　操作员站人机界面是基于 Honeywell 的 HMIWeb 技术的高分辨率图形界面，固定式或临时式操作员站定义具有极大的灵活性和成本有效性，可视方案图用于控制策略设计图的实时监视显示。

e. PKS 软件　监控软件具有高速缓存区的实时动态数据存取、报警/事件管理、报表、报告生成等功能，控制组态软件 Control Builder 为生成控制策略提供全套控制算法库，流程图组态软件 Display Builder 用于创建基于 HTML 格式的操作员图形界面，知识库软件 Knowledge Builder 提供基于 HTML 格式的在线帮助文档、系统组态和诊断实用程序。

f. 过程控制网络　ControlNet 支持冗余配置以提高系统的可靠性，Ethernet 具有基于开放技术的灵活性。

g. 过程仿真系统　基于 PC 的仿真控制环境的过程仿真系统，无需控制器硬件就能为 PKS 系统提供全方位的仿真，并支持 Honeywell 先进的"影子工厂"（Shadow Plant）仿真培训系统。

3. 霍尼韦尔集散控制系统 TPS 在化工生产中的应用

（1）工艺简介

线性低密度聚乙烯装置（LLDPE）采用低压气相法流化床聚合工艺，以聚合级乙烯为原料，丁烯-1 为共聚单体，氢气为分子量调节剂，使用改进的 Z-N 催化剂，通过液相预聚合和气相流化床聚合，生产出颗粒状（或粉料）的聚乙烯产品。

线性低密度聚乙烯装置包括原料精制、催化剂制备、预聚合、聚合、溶剂回收、造粒及风送、包装码垛等工序，其工艺流程如图 2.5 所示。

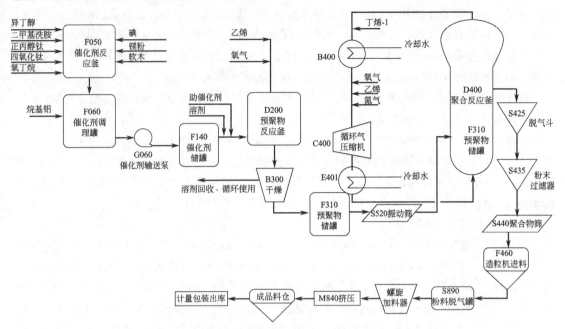

图 2.5　线性低密度聚乙烯装置工艺流程简图

原料精制工序的作用是将界区外来的乙烯、丁烯-1、氢气和氮气等原料进行精制处理，脱除原料里的杂质和水分。催化剂的制备是在催化剂制备反应釜内正己烷溶剂中，按照时间顺序依次加入镁等 8 种化学品，制成粗催化剂，再经过淘析、浓度调理，达到生产 HDPE 和 LLDPE 催化剂的要求，储存在中间罐内，由催化剂注入程序控制，加入到预聚合反应器内。

预聚合工序的主要任务是为聚合反应提供合格的预聚物，反应原理为

$$nC_2H_4 \xrightarrow{M_{10}(M_{11})} (C_2H_4)_n$$

利用封闭回路中的热氮气，将预聚物悬浮液中的溶剂蒸发、干燥，使其化为干粉，而蒸发出去的己烷冷凝回收。

聚合工序的主要任务是将经过精制处理的原料（乙烯、丁烯-1、氢气等）引进流化床反应器，在预聚物和催化剂的作用下，在一定的温度和压力条件下进行气相聚合，一部分转化为一定熔流指数和密度的聚合物；未反应的气体经过分离、冷却，由循环气压缩机送回流化床反应器循环使用，并在循环回路中补充聚合反应所消耗的反应物；生成的聚乙烯粉料由侧线或者底部抽出后，经过二次脱气、调理送至挤压、造粒工序。

溶剂精馏与回收工序的主要任务是将界区来的装置使用过的正己烷送入己烷精馏塔精馏，脱除水分和重组分（氯丁烷、细粒催化剂等），供催化剂制备、预聚合反应、预聚合干燥系统使用。

挤压、造粒和均化工序将聚合工序送来的聚乙烯粉料，经过连续式混炼机、齿轮泵、水下切粒机组进行挤压造粒，通过均化合格后聚乙烯进入成品料仓。

包装码垛工序将聚乙烯粒料经电子秤称重、缝包、自动液筒式流水作业后，码垛成品入库。

（2）系统配置

线性低密度聚乙烯装置的控制系统主要由集散控制系统（DCS）和成套设备机组的 PLC 控制系统（如乙烯压缩机、循环气压缩机以及挤压机等）两部分组成。其中 DCS 系统负责采集全装置的工艺数据的模拟量信号和数字量信号，完成对工艺变量的 PID 常规控制、测量指示和装置的信

号报警及联锁。

① 系统构成　LLDPE 装置的 DCS 采用美国 Honeywell 公司的 TPS/HPM 系统，配置 5 台冗余的 HPM，5 台 GUS 站，1 台工程师站，1 台 HM 站以及配套的打印机、辅助操作台等。系统结构如图 2.6 所示。

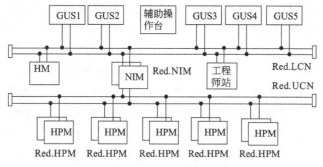

图 2.6　DCS 硬件配置

② 卡件规模　LLDPE 的 I/O 总数约 1700 多点，应用程序有 15 个，功能顺序表 128 个（LCP FST），卡件数量大，其规模见表 2.1。

表 2.1　HPM 卡件规模

序　　号	点 的 类 型	1 号站	2 号站	3 号站	4 号站	5 号站	合　　计
1	AI	69	64	93	35	160	421
2	AO	28	28	23	20	15	114
3	DI	238	204	133	227		802
4	DO	122	97	50	126		395
5	PI	3	2	2	3		10

（3）主要控制方案

① 反应器温度控制　LLDPE 装置的反应器 D400 的温度是控制熔体流动速率的一个辅助被控变量。当反应温度超过安全操作温度时，可能会使树脂在反应器内结块。当反应温度过低时，容易使共聚单体丁烯-1 熔于树脂中，堵塞反应器内的分布板。所以必须将反应温度控制在安全操作范围内。反应器温度控制方案如图 2.7 所示。

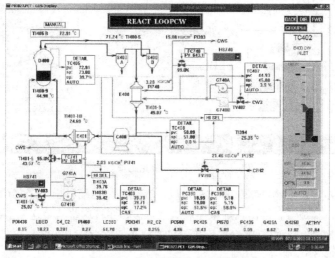

图 2.7　反应器温度控制方案

反应器温度控制方案采用两个串级控制系统。第一个为反应温度（TI405）与循环气压缩机入口载热体循环气温度（TI402）串级控制系统。第二个为反应温度（TI405）与循环气压缩机出口的载热体循环气温度（TI403）串级控制系统。

在第一个串级控制系统中，反应器温度控制器（TC-405）的输出与压缩机入口温度控制器（TC-408）的输出，通过高选择器（HI SEL）将输出送至副控制器（TC-402）作为 TC-402 的外设定值，TC-402 的输出操纵冷却水控制阀（TV-402）。在第二个串级控制系统中，反应器温度控制器（TC-405）的输出作为压缩机出口温度控制器（TC-403）的外设定值，压缩机出口温度测量信号 TE403A 和 TE403B 通过高选择器，其输出信号送至副控制器（TC-403），作为（TC-403）的测量值，控制器（TC-403）的输出操纵冷却水控制阀（TV-403）。由于循环气直接带出反应器内的反应热，因此，本控制方案对控制反应器内温度变化是比较及时的，而两个串级控制回路对调

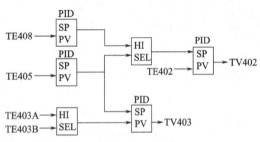

图 2.8　反应器温度控制方案组态

如图 2.9 所示。

温水流量进行控制，能及时克服调温水流量的变化对反应温度的影响。反应器温度控制方案是通过 DCS 系统的各种算法模块的组态来实现的，如图 2.8 所示。

② 氢气与乙烯浓度比值控制　熔体流动速率是 LLDPE 产品质量控制的重要变量之一，工艺要求严格控制。生产上熔体流动速率主要依据反应物中氢气和乙烯浓度的比值来控制，

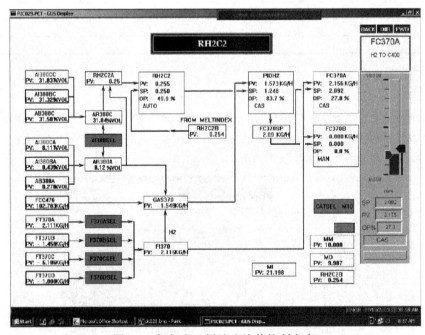

图 2.9　氢气和乙烯浓度比值控制方案

为了得到反应器中反应物的氢气和乙烯浓度，在循环气压缩机出口采集循环气样品，经过气相色谱仪分析各种气体成分，得出乙烯浓度和氢气浓度，并将这些信号送到 DCS 系统，利用除法运算模块得出氢气和乙烯浓度的比值，然后乘以乙烯流量（FC370）信号，其积作为氢气流量控制器的设定值，如图 2.10 所示。

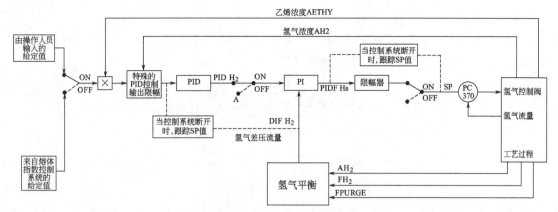

图 2.10　氢气浓度控制系统

所要求的氢气/乙烯浓度比是由操作人员输入的，或者熔体指数控制系统设定。氢气的浓度（AH_2）由色谱仪连续测定，控制的目的是使 AH_2 的测量值等于氢气浓度的设定值。$SPH_2=$ $SPRH_2C_2 \times AETHY$，其中 $AETHY$ 是乙烯的浓度。通过氢气注入阀 $FV370$ 控制 H_2 量，以提高氢气的浓度。

氢气浓度控制系统由两个回路组成。第一回路控制器产生与之串级的第二回路控制器的设定值，来控制氢气的流量，以满足氢气流量控制要求。两个回路可同时接通和断开。

第一回路与色谱仪同步工作。当控制系统断开时，氢气与乙烯浓度比的设定值 $SPRH_2C_2$ 就跟踪 $AH_2/AETHY$ 比的测量值和计算值，同时第二回路的设定值也跟踪氢气流量的测量值和计算值。第一回路的控制算法是：

$$\Delta PIDH_2 = G\left(-\Delta MV + \frac{E\Delta t}{t_i} - t_d\Delta D\right)t_i$$

式中　$\Delta PIDH_2$——氢气 PID 的增益；

　　　ΔMV——氢气 PID 输出的变化量；

　　　ΔD——偏差的导数。

该算法对因设定值突然变化而引起的 $PIDH_2$ 的变化率，以及因设定值较大的变化而引起的氢浓度的变化率，也有限制作用，使氢浓度的变化率限定在 1%/h 左右。

第二回路的算法：

$$DIFH_2=FH_2-PURGEH_2$$
$$PURGH_2 = FPURGE \times AH_2/100$$

式中　FH_2——氢气的注入量；

　　$DIFH_2$——差压法测量的氢气流量。

当该回路断开时，氢气的流量可由操作人员控制。FC370 的流量设定值等于 $PIDFH_2$，但限定在 0 和 100%之间。第二回路的输出跟踪氢气的流量，以避免在控制系统接通（投用）时产生剧烈的波动。

【任务实施】基于 PKS 的合成氨和联碱生产装置集散控制系统的构建

根据合成氨和联碱工艺监控要求，使用 Honeywell 的 PKS 系统构建合成氨和联碱生产装置集散控制系统，确定系统配置及主要控制方案。

（1）任务分析

合成氨和联碱工艺利用天然气为原料生产合成氨，再利用合成氨生产出最终产品纯碱，故整个装置分为两个部分：合成氨装置和联碱装置。

合成氨装置中共 6 道工序，分别为空分装置、脱硫造气工序、中低变甲烷化工序、脱碳工序、压缩工序、合成工序。图 2.11 为合成氨装置的工艺流程图。

图 2.11　合成氨装置的工艺流程图

纯碱的生产采用联合制碱法。其工艺流程如图 2.12 所示。此法分为制碱和制氨两个过程，两个过程构成一个循环系统。向系统中连续加入原料（氨、氯化钠、二氧化碳和水），就能不断地生产出纯碱和氯化铵。

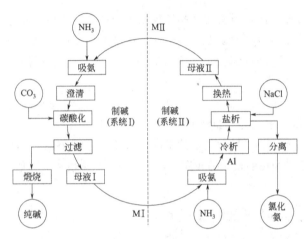

图 2.12　联碱装置的工艺流程图

通过对合成氨和联碱生产工艺的特点和要求分析，可知在合成氨的生产区域属于 1 类易爆炸性气体危险场所，所以对 DCS 系统的可靠性和安全性要求较高，故选用 Honeywell 的 PKS 系统。

（2）任务实施步骤

① 系统配置　图 2.13 为联碱厂基于 PKS 系统的 DCS 系统配置图。其中在该系统中为合成氨装置配置了与现场本质安全（简称本安）型防爆仪表配合使用的一种关联设备——安全栅，它连接在本安电路与非本安电路之间限制电流和电压，不使危险能量窜入到本安电路中去，以确保本质安全电路的安全性能。

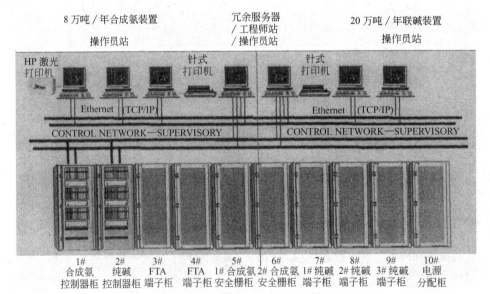

图 2.13　联碱厂基于 PKS 系统的 DCS 系统配置图

系统采用两层网络结构：上层为冗余的工业以太网，采用 TCP/IP 协议，连接所有人机接口；下层网采用的是实时的、确定性的过程控制网络 ControlNet，冗余配置，用以提供确定的数据通信，是人机接口与过程控制站通信的监视控制网，采用遵循 IEEE802.4 工业标准协议的冗余实时控制网，通信速率为 5Mbps。

系统人机接口采用客户机/服务器结构，配置 2 台服务器（同时兼作工程师站和操作站），其中 1 台服务器兼作工程师站，另 1 台服务器兼作操作站，可作为合成氨及联碱装置的备用操作站。两个服务器互为冗余。服务器提供在线热备用式全局数据库，服务器硬件采用 Intel PIV 2.0GHz 处理器，系统软件基于 Windows 2000 Server 操作系统，可同时完成工程师站功能和操作员站功能。工程师站用于修改控制策略，完成系统功能组态等。工程师站设置级别保护，以防系统控制策略、应用程序和系统数据库等被随意修改。

另配置 5 台操作站，可对整个工艺流程进行监视、操作，也可组态定义虚拟工作区，实施分区操作。其中合成氨装置配置 3 台操作站，联碱装置配置 2 台操作站。其基本功能包括系统总貌显示、分组显示、回路显示、报警显示、系统状态显示、用户定义的生产流程动态显示、相关参数显示等，同时还可进行操作信息、系统状态信息、生产记录信息和统计报表等的打印。

系统过程控制站采用具有高性能价格比的混合控制器 C200，CPU 设计采用 Power PC603e 100MHz 处理器，每个控制器可带 64 块 I/O 模件，可同时完成 500 个以上 PID 回路控制和达到 50ms 快速逻辑处理功能。同时配置了 2 对冗余的过程控制站来完成对合成氨及纯碱装置的数据采集、模拟量控制、顺序/逻辑控制等。

输入输出处理器 IOP 和现场端子 FTA 可对现场信号进行扫描和处理。每个 IOP 都有 CPU，可以独立工作，而与控制功能的处理完全分开。可分别对每一回路设定不同的扫描时间，这样就保证了较高的采样速率，并满足了各个回路不同扫描时间的要求，同时发挥控制器最大控制能力。PKS 系统具有由系统向 I/O 卡件及现场供电的能力。系统可对每个通道进行智能自诊断、输入短路、开路、超量程等测试。

系统其他硬件均采用先进可靠的、并使用以微机处理器为基础的分散型硬件。各个模块均可在不影响其他模块正常运行的情况下带电插拔。其中，控制器、服务器、网络通信、电源及控制 I/O 卡等全部采用了冗余配置，系统中任一单点的故障都不会导致控制的中断，保证了系统的可靠性。

② 控制方案设计及实现

a. 联锁保护控制系统　设计联锁的目的就是识别事故、危险的情况，并在危及人员或者损坏设备之前及时消除、阻止这种危险，或者采取措施防止事故的进一步扩大。在现代化的大规模工业生产中，联锁保护系统的设置是相当重要的。为此，在石油化工生产中必须设置自动联锁保护系统，以确保人身、生产和设备的安全，以减少、避免经济上的损失。

在本系统的联锁系统设计中，实现了如下主要功能。

（a）保证正常运行，事故联锁。即正常情况下装置不联锁，只有当工艺过程发生异常情况时，联锁系统才按规定的程序，实现紧急操作、自动切换和自动投入备用系统或安全停车、紧急停车。

（b）分级联锁。大型生产过程的联锁系统应当进行分级设计，一般分为全厂性联锁、装置级联锁、单机联锁，并且有相应的切换装置进行级别设定和组合。

（c）联锁系统的投入与切换。为方便地将联锁系统投入和切换，可在联锁系统中设置"投入-切换"装置，并以一定颜色的信号灯表示系统的投入和切换状态。

（d）手动紧急停车。重要的联锁系统必要时可设置手动紧急停车按钮，按下该按钮之后能够按原系统的规定程序实现紧急停车或切断。

（e）联锁复位。重要的联锁系统设置手动复位开关。当生产过程出现故障，联锁系统产生动作之后，采取相应措施排除故障。尽管相应参数已经恢复正常后，系统也不能自动复位，只有按下复位开关之后，联锁系统才能恢复到正常运行状态。

b．锅炉给水三冲量液位控制系统　锅炉汽包水位是确保安全生产和提供优质蒸汽的　重要变量。尤其是对于大型锅炉，其蒸发量显著提高，汽包容积相对减小，水位变化速度很快，稍不注意就容易造成汽包满水，或者烧成干锅。在大型锅炉操作中，即使是缺水事故，也是非常危险的，这是因为水位过低，就会影响自然循环的正常进行，严重时会使个别上升管形成自由水面，产生流动停滞，致使金属管壁局部过热而爆管。因此，必须严格控制水位在规定范围之内。

汽包液位控制系统设计常采用三种方法。

（a）单冲量液位控制，它是汽包液位自动控制中最简单、最基本的一种形式，是典型的单回路调节系统。

（b）双冲量液位控制，它在单冲量液位控制的基础上，引进蒸汽流量作为前馈信号，这样可以消除"虚假液位"对调节的不良影响，当蒸汽量变化时，就有一个使给水量与蒸汽量同方向变化的信号，可以减少或抵消由于"虚假水位"而使给水量往蒸汽量相反方向变化的动作，使调节阀一开始就向正确的方向移动，因而大大减少了给水量和液位的波动，缩短了过渡过程的时间。另一方面引入蒸汽流量前馈信号，能够改善调节系统的静特性，提高调节质量。

（c）三冲量液位控制，它在双冲量液位调节基础上引入给水流量信号，这样其调节能及时反映给水侧的扰动，系统抗干扰能力强，调节品质好。

c．泵的启、停控制系统　现场的所有启、停泵均带有一个脉冲保持器，接收的信号类型为脉冲信号，这样 DCS 系统应给现场一个脉冲信号。同时现场泵的启、停信号在 DCS 系统内，应设计成互锁形式，这样能防止误操作。

【学习评价】

1. 简述 TDC-3000 系统的构成及各主要部分的作用。
2. 简述 TPS/PKS 系统与 TDC-3000 系统的关系。
3. 简述 TPS 系统的构成及各主要部分的作用及特点。
4. 简述 PKS 系统的构成及各主要部分的作用及特点。

学习情境 3

横河集散控制系统 CENTUM-CS 及其应用 ③

学习目标

能力目标：

① 能够根据系统需要选择系统组件；

② 能够根据工艺测点信号要求选择 I/O 卡件；

③ 能够熟练使用 CENTUM-CS 组态软件对系统进行组态；

④ 能够对系统进行实时监控和操作。

知识目标：

① 了解 CENTUM-CS 系统体系结构和主要特点；

② 掌握 CENTUM-CS DCS 基本硬件组成和各部分作用；

③ 掌握 CENTUM-CS 组态软件的基本用法；

④ 了解系统的维护和调试方法；

⑤ 结合实例熟悉 CENTUM-CS DCS 在工业生产中的应用。

【任务描述】

CENTUM-CS3000 系统是日本横河公司推出的先进的大型 DCS 系统之一，在我国有广泛的工业应用背景。根据工业加热炉工艺要求和给出的加热炉出口温度，通过利用 CS3000 系统软件对所选择的串级控制方案进行组态，进一步熟悉 CENTUM-CS 3000 系统硬件选用与组态软件的使用方法，并提高实践操作能力。

【知识链接】

1. 横河集散控制系统 CENTUM-CS 概述

CENTUM-CS3000 系统是日本横河公司推出的基于 Windows NT 的大型 DCS 系统。该机型继承了以往横河系统可靠、稳定、开放的优点，并增强了网络及信息处理功能。操作站采用通用 PC 机，控制站采用全冗余热备份结构，使其性能价格比最优，是目前世界上最先进的大型 DCS 系统之一。

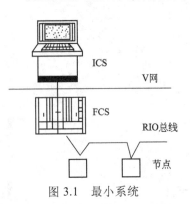

图 3.1 最小系统

（1）系统结构和设备

根据工厂的规模，CENTUM-CS3000 系统可灵活组态，从小系统到包含各种设备的大系统。

① 最小系统 CENTUM-CS3000 最小系统由 1 个操作站 ICS、1 个现场控制站 FCS 和控制 V 网组成，如图 3.1 所示。

② 最大系统 CENTUM-CS3000 最大系统是指在一个控制域内的系统构成，其配置规格如表 3.1 所示。

表 3.1 CENTUM-CS3000 系统规格

项 目	规 格
监测位号数	100 000 个位号
网络	V 网（实时控制网络） 以太网（信息 LAN）
各种站最大数量	64 个站点，为 ICS、FCS、ACG 和 ABC 站总数，其中 ICS 站最多为 16 个

③ 扩展系统 CENTUM-CS3000 系统借助总线转换器 ABC 扩展，增建新的 V 网络可连接更多的站，构成多域系统，最多可容纳 16 个控制域、256 个站，其系统体系结构如图 3.2 所示。

④ 系统主要设备

a. 信息和操作站（ICS） ICS 站是一个人机界面单元，即通常所说的 HIS 站，操作者主要使用它对工厂进行监视和操作。ICS 同时具有工程功能，包括生成、维修和监控计算机通信的功能。主要的特点如下：

● 支持 200 000 个工位号；

● 支持 2560 个趋势点；

● 支持 2500 个流程窗口（包括流程图画面、控制组画面和总貌画面）。

b. 工作站（WS） 工作站仅用于工程作业，工程作业可用 HP9000/70 系列工作站完成。

c. 应用站（APS） 应用站为一台小型计算机，用来执行各种应用软件包。

d. 现场控制站（FCS） FCS 具有仪表、电气控制和计算机（用户编程）功能。

远程输入/输出单元可安装在工厂附近。有两种安装方法，即安装在特定的机柜内和安装在通用的 19in 槽架上。

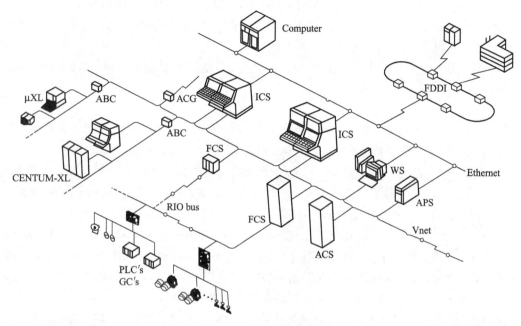

图 3.2　系统体系结构

APS—应用站；WS—工作站；ICS—信息和操作站；
FCS—现场控制站；ACG—通信接口单元；ACS—高级控制站；
PLC—可编程逻辑控制器；RIO bus—远程输入/输出总线；GC—气相色谱仪；
FDDI—光纤分布式数据接口；ABC—总线转换器

有 4 种型号可选用：标准型 FCS、标准双重化冗余型 FCS、扩展型 FCS、扩展双重化冗余型
FCS。

e. 高级控制站（ACS）　ACS 是对多台 FCS 进行监督用的工作站，用于组态全范围控制系统。ACS 还可完成高级控制。

f. 电气控制站（ECS）　ECS 用于控制大型电动机或配电装置。

g. 离散控制站（TCS）　TCS 通过监控数台顺控器，控制离散式生产过程。

h. 通信接口单元（ACG）　ACG 是一个与上位监控计算机系统通信的单元，用于上位机对 FCS 站数据的采集与设定。

i. 总线转换器（ABC）　ABC 是一个 CENTUM-CS 系统与另一 CENTUM-CS 系统或现存的 CENTUM XL、μXL 系统间的连接单元。

⑤ 网络　CENTUM-CS 采用三级分层网络结构：以太网 Ethernet、控制网 Vnet、现场总线。

a. 以太网 Ethernet　CENTUM-CS 采用以太网作为局域网络（LAN），完成 ICS 站与 WS 站或 ICS 站与监控机的通信，在 ICS 与监控机之间传送大批量配方管理数据文件，也可将趋势文件传给监控机。下列以太网的通信协议适用于 ICS 站：

● TCP/IP（传输控制/网际协议）

● FTP（文件传输协议）

b. 控制网 Vnet　V 网是将 FCS 与其他站如 ICS、ABC 和 ACG 站连接起来的实时控制网络。

V网可完成双重化冗余通信，通信速度可达 10Mbps。

c. 现场总线　根据现场控制站硬件的不同类型，现场总线类型是不同的。

FIO 型现场控制站使用 ESB 或 ER 总线，用以完成中央主控制器 FCU 与本地 I/O 节点以及本地 I/O 节点与远程 I/O 节点之间的数据实时传输。

RIO 型现场控制站使用 RIO 总线，用以完成中央主控制器 FCU 同远程 I/O 节点之间的数据实时传输。

（2）系统特点

① 综合性　CENTUM-CS3000 开创了大规模集散型控制系统的新纪元，系统功能较前几代横河电机的 DCS 系统有了很大的提高，是一个真正安全、可靠、开放的 DCS 控制系统。

② 开放的网络结构　采用 Windows XP 操作系统，支持 DDE/OPC，既可以直接使用通用的 Excel、Visual Basic 编制报表及程序开发，也可以同在 UNIX 上运行的大型 Oracal 数据库进行数据交换。此外，横河提供了系统接口和网络接口，用于与不同厂家的系统进行通信。

③ 高可靠性　独家采用了 4CPU 冗余容错技术（pair & spare，成对热后备）的现场控制站，实现了在任何故障及随机错误产生的情况下进行纠错与连续不间断地控制；I/O 模件采用表面封装技术，具有 1500V AC/min 分抗冲击性能；系统接地电阻小于 100Ω 等多项高可靠性尖端技术，使系统具有极高的抗干扰能力，适用于运行在条件较差的工业环境。

④ 高速的控制总线　CS3000 采用横河公司的 V-NET/IP 控制总线，该控制总线速度可高达 1Gbps，满足用户对实时性和大规模数据通信的要求。在保证可靠性的同时，又可以与开放的网络设备直接相连，使系统结构更加简单。

⑤ 现场控制站的高效性　控制站 FCS 采用用于高速的 RISC 处理器 VR5432，可进行 64 位浮点运算，具有强大的运算和处理功能。此外，还可以实现诸如多变量控制、模型预测控制、模糊逻辑等多种高级控制功能。

⑥ 高效的工程化方法　CENTUM-CS3000 采用 Control Drawing 图进行软件设计及组态，使方案设计及软件组态同步进行，最大限度地简化了软件开发流程，提供动态仿真测试软件，有效地减少了现场软件调试时间，工程人员可以在更短的时间内熟悉系统。

⑦ 可扩展性　具有构造大型实时过程信息网的拓扑结构，可以构成多工段、多集控单元，全厂综合管理与控制综合信息自动化系统。

⑧ 丰富的控制功能　具有丰富的常规控制模块，用于不同的控制和计算，包括连续控制功能块、顺序控制功能块、计算块等，组合各种控制和计算功能块，可以实现各种复杂的模拟量控制回路。

（3）系统基本组件

① 现场控制站 FCS　现场控制站主要完成各种实时运算控制功能和与其他站的通信功能。

a. 现场控制站的硬件构成　FCS 有一个现场控制单元（FCU），最多可由 8 个节点组成，由远程输入/输出总线（RIO 总线）连接起来，如图 3.3 所示。

（a）现场控制单元（FCU）。FCU 为一个微处理器组件，完成 FCS 的控制和计算。

现场控制单元由三种卡件（处理器卡、节点通信卡和电源卡）、一个 V 网通信耦合器和 RIO 总线耦合器组成。在双重化组态的 FCU 中，每一种卡均成对安装。图 3.4 为 FCU 的结构，表 3.2 为 FCU 的硬件规格。

（b）节点（远程 I/O 单元）。节点为一种信号处理装置，它将现场来的 I/O 信号经变换后送给 FCU，远程输入/输出总线将 FCU 和节点连接起来，节点在机柜中的安装如图 3.5 所示。一个节点由一个与现场信号连接的 I/O 单元和一个与 FCU 通信的节点接口单元（NIU）组成。

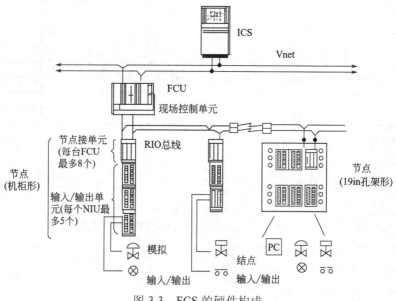

图 3.3   FCS 的硬件构成

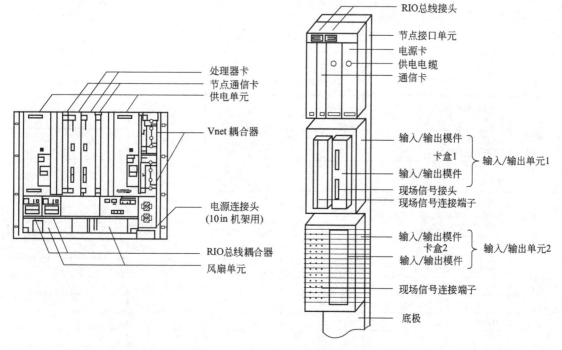

图 3.4   双重化 FCU 的结构   图 3.5   节点在机柜中的安装（双重化节点）

节点接口单元（NIU）是节点的一部分，它经 RIO 总线与 FCU 通信，这个单元由通信卡和电源组成，可以制成双重化冗余结构。

1 个 NIU 最多可接 5 个各种类型的 I/O 单元。

I/O 单元由输入/输出过程信号的 I/O 模件及安装这些模件的卡盒组成。有 5 种类型的卡盒可供选用。

表 3.2 FCU 的硬件规格

组成卡件	FCU 功能类型	标 准 型	扩 展 型	说 明
处理器卡	CPU	RISI 处理器		
	主存储容量	8MB	16MB	带 ECC[①]
	Vnet 接口	单通道或双重化冗余		
节点通信卡	RIO 总线数	1		
	冗余方式	单片或双重化冗余		
	I/O 点数	1280 个模拟信号或 4096 个接点信号		

① ECC：纠错码（Error Correcting Code）。

- 模拟 I/O 模件卡盒
- 高速扫描用模拟 I/O 模件卡盒

如果模拟 I/O 模件卡盒作高速扫描用，这时只能增加 1 个其他类型的卡盒。即在该节点中，I/O 单元的最大数量限定为 2。在高速通信卡槽中的 I/O 模件为标准技术规格产品。

- 继电器 I/O 模件卡盒
- 端子型接点 I/O 模件和通信模件用卡盒
- 连接器型接点 I/O 模件卡盒

输入模件将过程模拟输入信号转换成为数字数据以使 FCS 能够处理它。输出模件转换 FCS 的数字数据为模拟信号和接点信号，产生输出数据。表 3.3 列出了 I/O 模件的种类，图 3.6 为 I/O 模件和模件卡盒配合示意图。

表 3.3 I/O 模件种类

信号类型	模 件	每个模件的 I/O 点数	现场信号隔离	信号连接方式	卡盒中安装最大单元数
模拟 I/O	电流/电压输入（4～20mV，0～10V，2 线制变送器）	1	隔 离	端 子 型	16
	小电信号（mV，热电偶，RTD，电位输入）	1			16
	电流/电压输出（4～20mV，0～10V）	1			16
脉冲输入	脉冲输（0～10kHz，二线或三线制脉冲输入）	1	隔 离	端 子 型	16
多路卡	电压多路输入卡件	16	隔 离（输入信号间必须隔离）	端 子 型	2
	毫伏多点输入卡件	16			2
	热电偶信号多点输入卡件	16			2
	RTD 多点输入卡件	16			1
	二线制变送器多路输入卡	16			1
	电流多点输出卡件	16			1
数字输入/输出	接点输入（一般用，晶体管开关输入，30V，100mA）	16	隔 离	端 子 型	2
				插接件型	4
		32	公 用	端 子 型	2
				插接件型	4
	接点输出（一般用，晶体管开关输出，30V，100mA）	16	隔 离	端 子 型	2
				插接件型	4
		32	公 用	端 子 型	2
				插接件型	4

信号类型	模件	每个模件的I/O点数	现场信号隔离	信号连接方式	卡盒中安装最大单元数
数字输入/输出	电压输入（电源功率 220V AC 的输入）	16	隔离	端子型	2
				插接件型	4
	继电器输入[①]	16	公用	端子型	1
	继电器输出（接点输出）	16	隔离		1
通信	RS-232-C RS-422	1 通道			2
	RS-485 LCS（用于 YS100 和 YS80 的通信）	8 通道	—	插接件型	每台 FCS 最多 6 个

① 接点信号源电压为 24V DC，这适于保护普通接点，并在最坏的大气条件能读接点状态。24V DC 电压加至信号源以保护普通接点。

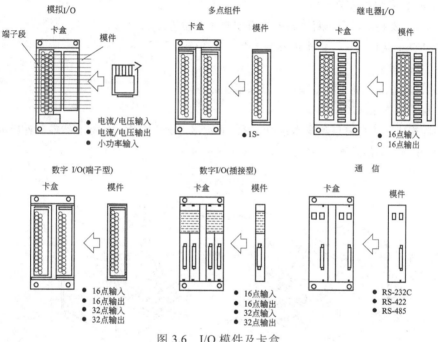

图 3.6 I/O 模件及卡盒

（c）RIO 总线。远程总线（RIO 总线）可组成双重化冗余结构，为连接 FCU 和各个节点的通信母线。双绞线电缆及功率放大器用于短距离传送，中继器和光纤通信放大器用于长距离传送。远程总线允许在不悬挂 FCU 控制和中断与其他节点的数据通信的条件下增加节点或改变节点。RIO 总线技术规格见表 3.4。

表 3.4　RIO 总线的技术规格

项　目	规　格	项　目	规　格
传输介质	双绞线电缆或光缆（可以混用）	传输距离	0.75km 或 20km
传送方式	总线型，多段信息传送	可连接点数	8 个
冗余方式	单线或双重化冗余	通信速率	2Mbps

b. 分类　现场控制站按照功能、容量的不同，可分为标准型、扩展型和紧凑型三种。按照安装方式的不同，可分为机柜安装和 19in 机架安装两种。按照 I/O 节点的不同，标准型现场控制站可分为 LFCS、KFCS 两种；扩展型现场控制站可分为 LFCS2、KFCS2 两种；紧凑型现场控制

站可分为 SFCS、FFCS 两种。其中 KFCS、KFCS2、FFCS 的 I/O 子系统由 ESB 总线和 ER 总线以及总线连接模块 FIO 组成；LFCS、LFCS2 的 I/O 子系统由 RIO 总线及总线连接模块 RIO 组成；SFCS 的 I/O 子系统使用 RIO 模块，与现场控制单元 FCU 组成一体结构。

c. 安装方式　一台 FCU 和多个节点可安装在专用的机柜内，也可安装在通用的 19in 机架上。它们可自由地分开或组合，安装在机柜和机架上。例如 FCU 和一些节点安装在机柜内，而另外一些节点安装在本地仪表盘上的机架中。

（a）机柜型 FCS

正面：1 台 FCU 和 3 个节点（1 个节点最多可容纳 4 个 I/O 模件插槽）。

背面：3 个节点（1 个节点最多可容纳 5 个 I/O 模件插槽）。

（b）19in 架装 FCS

组成：FCU 安装用机架；

　　　节点安装用机架，每个机架中可安装 2 个插槽；

　　　I/O 扩展型机架，每个可安装 3 个模件插槽。

结构：19in 机架；

安装：仪表盘上、通用机柜中、本地表盘上。

② 信息和操作站（ICS）

a. 硬件构成　一台信息和操作站由 CRT 显示器、操作键盘、鼠标和智能部件组成。图 3.7 所示为信息和操作站的外观和组件名称。

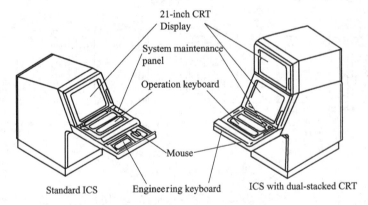

图 3.7　ICS 站的外观和组件名称

Display:显示器; System maintenance panel:系统维修面板; Operation keyboard:操作键盘; Standard ICS:

标准 ICS; Engineering keyboard:工程键盘; Mouse:鼠标; ICS with dual-stacked CRT: 带层叠 CRT 的 ICS

（a）显示单元。为一台带触屏功能的 21in CRT，可完成 16 色全图像显示。

（b）操作键盘。使用防尘防湿薄膜键，还包括基于"一触"操作概念功能键组。

（c）鼠标。ICS 有一个 3 按键鼠标。鼠标用来选择 CRT 上显示的项目。

（d）数据处理单元。ICS 使用最新的电子技术，有两台 Motorola 32 位 MC68040 微处理器，显示处理主内存和硬盘存储容量也有很大的增加。

b. 软件配置

Windows 2000 专业版　Service Pack　4;

Windows XP 专业版　Service Pack　1;

Windows Server 2003。

其他软件根据工程需要选择，如监视软件、工程软件、通信软件、控制站软件、媒体软件和升级软件等。

c. 功能介绍　信息和操作站的主要功能是对生产过程进行监视和操作，如图 3.8 所示。

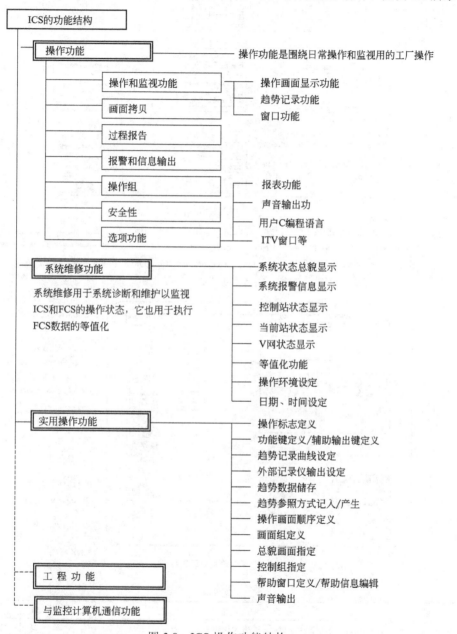

图 3.8　ICS 操作功能结构

（a）操作画面概况和切换。ICS 具有一套操作画面，用于监视和操作。图 3.9 表示了如何进行这些画面彼此间的切换。每个画面均可用触屏功能、功能键、软键和键盘上的画面调用键调出。

（b）操作窗口。有 13 种操作窗口。使用触屏操作的一次触屏或软键操作，均可调出操作窗口。图 3.10 为一个画面显示几个窗口的例子，表 3.5 列出了各类操作窗口的说明。

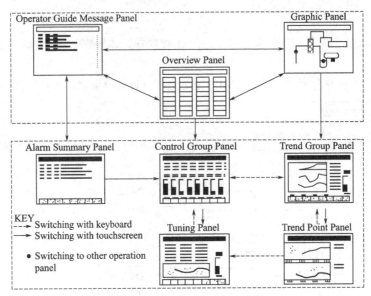

图 3.9　操作画面的切换

Operator Guide Message Panel: 操作指导信息; Graphic Panel: 图像画面; Alarm Summary Panel: 报警汇总画面; Control Group Panel: 控制组画面; Trend Group Panel:趋势组画面; Switching with keyboard: 用键盘切换; Swiching with touchscreen:用触摸屏切换; Switching to other operation panel: 切换到其他操作画面; Tuning Panel: 回路调节画面; Trend Point Panel: 趋势点画面; Overview Panel: 总貌画面

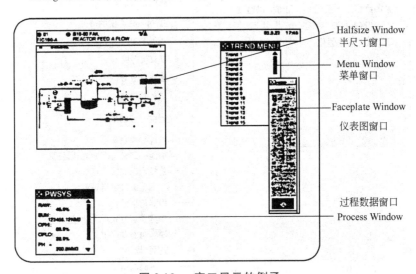

图 3.10　窗口显示的例子

表 3.5　操作窗口一览表

窗 口 名 称	功　　　能	同时显示数量	显 示 位 置
过程窗口	用数字显示过程数据显示功能块的详细信息	3	无限制
图像窗口	显示流程图和过程数据和其他图形	3	无限制
仪表板窗口	显示仪表图	1	右下方
趋势曲线窗口	显示 1 点或 8 点趋势数据	3	无限制
总貌窗口	显示 32 个方块上颜色变化表示的报警状态	3	无限制
信息窗口	显示最新的各种信息	1	上部
报警窗口	显示 5 个最新的过程报警	1	上部

窗 口 名 称	功　　能	同时显示数量	显 示 位 置
帮助窗口	操作员显示用户事先登入的操作指导信息	1	下部
对话窗口	数据输入需确认是自动显示，也显示操作命令等	1	无限制
菜单窗口	由菜单方式选择数据输入时显示	1	无限制
半尺寸窗口	标准画面垂直水平方向均为 1 个半尺寸，一个标准画面上显示 4 个半尺寸窗口	4	分成 4 个画面
计算机窗口	在 CRT 上显示计算机画面	10	无限制
工业电视（ITV）窗口	本窗口显示工业电视所摄画面，工业电视摄像机方位可以控制	1	无限制

（c）系统信息窗口。系统信息窗口位于画面顶部，如图 3.11 所示，该窗口始终出现在屏幕最顶端，以方便日常操作。它能显示近期报警信息，调用相关操作界面，有些内容与 ICS 的日常维护密切相关。

图 3.11　系统信息窗口工具栏

系统信息窗口中的按钮分布从左至右依次为过程报警按钮、系统报警按钮、操作指导信息按钮、信息监视按钮、用户进入按钮、窗口切换按钮、窗口操作按钮、预设按钮、工具栏按钮、导航按钮、名字输入按钮、切换按钮、清屏按钮、消音按钮和全屏拷贝等。

（d）多显示器（CRT）操作。ICS 具有连接两台或多台显示器协同操作的功能。

● 画面组功能。用户可事先登录画面组合并同时将它们显示在指定的显示器上。当有两台或多台 ICS 或使用层叠式 ICS 时，画面组功能是很有用的。

● 操作组。当系统中含有多台 ICS 时，操作组用来指定某些 ICS 站和 FCS 站为一个组，负责指定车间（装置）的操作控制。某一操作组内的 ICS 不接受来自组外工厂部分的报警和信息。

③ CS3000 系统软件安装

a. 安装前的确认工作　在安装前执行下列步骤：

（a）安装 CS3000 软件前重新启动 PC 机；

（b）如果正在运行病毒保护或其他驻留内存的程序，则退出运行。

b. 安装软件　重新启动 PC 后，登录到管理员账户。步骤如下。

（a）将 Key-Code 软盘插入驱动器。

（b）将 CS3000 光盘插入 CD-ROM 驱动器。

（c）运行 Windows 浏览器，并在"CENTUM"目录下双击"SETUP"，"Welcom"对话框将随之出现。

（d）点击"Next"按钮或按"Enter"键。

（e）选择软件安装的目标路径。缺省路径为："C:\CS3000"，使用"Browse"按钮可以更改路径。

（f）点击"Next"按钮或按"Enter"键，出现"用户注册"对话框。

（g）输入用户名和组织名。

（h）点击"Next"按钮或按"Enter"键，出现一个输入 ID 号的对话框。

（i）输入系统提供的 ID 号。如果是系统升级，则无需 ID 号。

（j）点击"Next"按钮或按"Enter"键，显示已安装的软件列表。

（k）点击"Next"按钮或按"Enter"键，显示一个对话框，询问是否有另一张 key code 软盘。

（l）点击"No"按钮，或按"Enter"键，显示一个要安装的软件列表。

（m）如果电子文档许可被添加到 key code 中，则会出现一个对话框，提示更换另一张光盘（电子手册）。依照提示更换光盘，屏幕出现安装确认对话框。

（n）选择"Yes"按钮，开始安装电子手册，这个过程大概需要 10min。

（o）安装完成后，出现一个对话框，询问是否还要进行 CS3000 的安装。

（p）如果无需进行下一步安装，则点击"No"按钮，或按"Enter"键。如果有必要，则将 CS3000 光盘插入 CD-ROM 驱动器并单击"Yes"。

（q）出现一个确认对话框，询问是否需要操作键盘。如果需要，则选择"Use operation keyboard"，并选择操作键盘 COM 口（COM1 或 COM2），点击"Next"或"Enter"键；如果不需要，则直接点击"Next"按钮或"Enter"键。该步骤进行的设置也可在 HIS Utility 中修改或设置。

（r）出现一个"系统参照数据库"对话框，输入操作和监视功能使用的数据库所在的计算机名。一般情况下，该数据库在组态计算机中。

（s）点击"Next"或按"Enter"键，出现一个对话框，提示安装 Microsoft Excel。该对话框是在已安装了报表软件包时，或在安装报表软件前未安装 Excel 时出现的。

（t）按"OK"键，显示安装 Acrobat Reader 软件提示对话框。该对话框仅在安装了"Electronic Document"（电子文档）时出现。

（u）按"OK"键，显示一个对话框，通知安装结束，并提醒取出软盘和光盘，重新启动。依照提示取出软盘和光盘，并点击"Finish"或按"Enter"键，安装结束。

c．安装电子文档　若安装了电子文档，则必须安装 Acrobat　Reader。该软件包含在 CS3000 的光盘中，安装过程如下：

（a）将包含电子文档的光盘插入光驱 CD-ROM 中；

（b）在光驱"Centum\Reader\English"目录下双击"AdbeRdr60-enu-full.exe"或"ar505enu.exe"，开始安装；

（c）在光驱"Centum\Reader\English"目录下双击"FINDER.exe"，开始安装；

（d）在光驱"Centum\Reader\English"目录下双击"SVGView.exe"，开始安装；

（e）安装 Microsoft Excel。

如果使用报表软件或 PICOT，则必须安装 Microsoft Excel。该软件不包含在 CS3000 光盘中，应使用 Microsoft Office（或 Microsoft Excel）CD-ROM 安装。

（4）系统组态

系统组态就是利用 CS3000 组态软件，通过对项目功能组态、FCS 功能组态、ICS 功能组态来实现特定系统控制、监视任务的过程。

① 项目功能组态

a．生成 CS3000 系统新项目时，依次点击［开始］—［所有程序］—YOKOGAWA CENTUM —System view—FILE—Creat New—Project，填写用户/单位名称及项目信息并确认，当出现新项目对话框时，填写项目名称（大写），确认项目存放路径。

b．在此项目建立过程中，自动提示生成一个控制站和一个操作站，依据系统配置，定义生成其余的控制站和操作站。

c．控制站建立的方法是首先选择所建项目名称，依次点击［File］—［Creat New］—［FCS］，然后选择控制站类型、数据库类型，设定站的地址。

d．操作站建立方法是首先选择所建项目名称，依次点击［File］—［Creat New］—［HIS］，然后选择操作站类型，设定站的地址。

系统项目生成后，即可进行控制站、操作站功能的组态。

② 控制站组态

a．项目公共部分定义（Common）。

b．FCS 定义　如 FIO 型 1#控制站定义。

c．NODE 的定义　NODE 的定义路径为 FCS0101\IOM\File\Creat New\Node，选择并确定 Node 类型和 Node 编号等相关内容。

d．卡件的定义　卡件的定义路径为 FCS0101\IOM\Node1\File\Creat New\IOM。

模拟量卡定义内容有选择卡件类型、卡件型号、卡件槽号和卡件是否双重化（必须在奇数槽定义）等。

数字量卡定义内容有选择通道地址、信号类型、工位名称、工位注释和工位标签等。

FIO 卡件地址命名规则为：

$$\%Znnusmm$$

其中　nn——Node（节点号：01～10）；

　　　u——Unit（单元号：1～8）；

　　　s——Slot（插槽号：1～4），除现场总线卡件外均为 1；

　　mm——Terminal（通道号：01～64）。

RIO 卡件地址命名规则：

$$\%Znnusmm$$

其中　nn——Node（节点号：01～08）；

　　　u——Unit（单元号：1～5）；

　　　s——Slot（插槽号：1～4）；

　　mm——Terminal（通道号：01～32）。

e．FUNCTION_BLOCK（功能块及仪表回路连接）定义　功能块及仪表回路连接定义的路径为 FCS0101\FUNCTION_BLOCK\DR0001。

单回路 PID 仪表的建立步骤如下。

（a）点击类型选择按钮，选择路径 Regulatory Control Block\Controllers\PID。

（b）输入工位名称，点击此功能块，单击右键进入属性，填写相关属性内容（如工位名称、工位注释、仪表高低量程、工程单位、输入信号是否转换、累积时间单位、工位级别等）。

（c）输入通道及连接。点击类型选择按钮，选择路径 Link Block\PIO，输入通道地址，然后进行连接。点击连线工具按钮，先单击 PIO 边框上"*"点，再双击 PID 边框上"*"点，然后存盘。

功能块及仪表回路连接定义如图 3.12 所示。

常规控制功能块用于不同的控制和计算，PID 控制模块带有自整定功能。组合各种控制和计算功能模块，可以组成各种复杂的模拟量控制回路。

f．顺序控制模块　顺序控制能够根据预先指定的条件和指令一步一步地实现控制过程。应用时，条件控制（监视）根据事先指定的条件，对过程状态进行监视和控制。程序控制（步序执行）根据事先编好的程序执行控制任务。

顺序控制模块可以组态各种回路的顺序控制，如安全联锁控制顺序。

顺序控制表 Sequence Table 和逻辑流程图 Logic Chart 连接组合，可以组态形成非常复杂的逻辑功能，以实现复杂逻辑判断和控制，如图 3.13 所示。

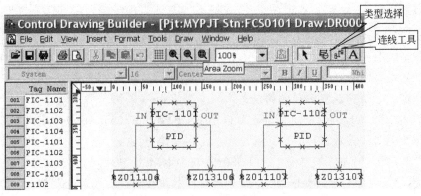

图 3.12　功能块及仪表回路连接定义

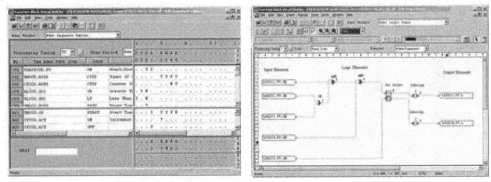

Sequence Table 顺序控制表　　　　　　Logic Chart 逻辑流程图

图 3.13　顺序控制功能块

　　在顺控表中，通过操作其他功能块、过程 I/O、软件 I/O 来实现顺序控制。在表格中填写 Y/N（Yes/No）来描述输入信号和输出信号间的逻辑关系，实现过程监视和顺序控制。每一张顺控表有 64 个 I/O 信号、32 个规则。顺控表块有 ST16 顺控表块和 ST16E 规则扩展块两类。顺控表如图 3.14 所示。

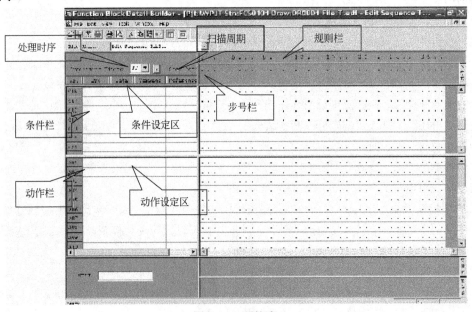

图 3.14　顺控表

Processing Timing（处理时序指定）分为 I、B、TC、TE、OC、OE。I、B 表在 FCS 启动时执行，用来做初始化处理，为正常操作和控制做准备；TC、TE、OC、OE 表用于实现各种顺控要求。

扩展表不能单独使用，只作为 ST16 表扩展使用。当 ST16 表的规则栏、条件信号或操作信号不够用时，使用 ST16E 可扩展该表。使用时将 ST16E 表的名称填入 ST16 表下部的 NEXT 栏中即可。

顺控表必须置于 AUT（自动）方式才能起作用。条件规则部分的红色、绿色表示扫描检测状态；黄色表示未扫描。红色表示条件成立，绿色表示条件不成立。

g．逻辑模块　主要用于联锁顺序控制系统，通过逻辑符号的互连来实现顺序控制。

逻辑模块 LC64 有 32 个输入、32 个输出和 64 个逻辑符号。逻辑图模块的处理分为输入处理、逻辑运算处理和输出处理三个阶段。

常用逻辑操作元素有 AND（与）、OR（或）、NOT（非）、SRS1/2-R（R 端优先双稳态触发器）、SRS1/2-S（S 端优先双稳态触发器）、CMP-GE（大于等于比较）、CMP-GT（大于比较）、CMP-EQ（等于比较）、TON（上升沿触发器）、TOFF（下降沿触发器）、OND（ON 延时器）、OFFD（OFF 延时器）。

开关仪表块有 SI/O-1（1 点输入/输出开关仪表块）、SI/O-2（2 点输入/输出开关仪表块）、SI/O-11/12（1/1 或 1/2 点输入/输出开关仪表块）、SI/O-21/22（2/1 或 2/2 点输入/输出开关仪表块）、SI/O-12P/22P（1/2 或 2/2 点输入/脉冲输出开关仪表块）。

顺控元素块有 TM（计时块）、CTS（软计数块）、RL（关系式）、CTP（脉冲计数块）。

③　操作站组态

a．控制分组窗口的指定　控制分组窗口分为 8 回路和 16 回路两种，只有 8 回路能进行操作，窗口的定义路径为 HIS0164\WINDOW\CG0001。

b．总貌窗口的指定　每个总貌窗口可设置 32 个块，窗口的指定路径为 HIS0164\WINDOW\OV0001。

c．趋势窗口　趋势窗口数据采样间隔及存储时间见表 3.6。

表 3.6　采样间隔及存储时间

采 样 间 隔	存 储 时 间	采 样 间 隔	存 储 时 间
1s	48min	2min	4d
10s	8h	5min	10d
1min	2d	10min	20d

趋势的定义以块为单位，CS3000 每个操作站 50 块，每块 16 组，每组 8 笔。

新趋势块的生成路径为 HIS0164\File\Create New\Trend acquisition pen assignment……，趋势笔的分配路径为 HIS0164\Configuration\TR0001，常用数据项有 PV（CPV）、SV 和 MV，例如 TIC101.PV、FIC101.SV 等。

功能键分配路径为 HIS0164\Configuration\FuncKey，功能键主要用来调出窗口和启动报表等。

④　系统调试　项目完成后，需要对软件及组态进行调试，以检验其正确与否。CS3000 所提供的调试功能有两种类型，即仿真调试和目标调试。通常，应首先进行仿真调试，然后下载进行目标调试。

a．仿真调试　仿真调试是利用人机界面站创建的虚拟现场控制站替代实际的现场控制站，通过仿真现场控制的功能对现场控制站的控制功能进行模拟测试，从而检查反馈控制功能和顺序控制功能生成数据库的正确与否。

通过虚拟的现场控制站对实际的现场控制站的功能和操作进行仿真，完成动态测试、站和站之间的通信、操作监视功能、控制功能和参数整定功能等是否达到设计要求。

b. 下载

（a）下载内容

● Common 公共项目

● 现场控制站 FCS 组态内容

● 人机界面站 HIS 组态内容

（b）下载方法

● 下载 Common 公共项目。在系统窗口上选择项目文件夹，选择"Load"菜单，再选择"DownloadCommonSection"，显示"ConfirmProjectCommonDownLoad"对话框，按下［OK］，下载完成。

● 下载现场控制站 FCS 组态内容。在系统窗口上选择下载 FCS 文件夹，选择"Load"菜单，再选择"Download FCS"，显示"DownLoad to FCS"对话框，按下［OK］，下载完成。

● 下载人机界面站 HIS 组态内容。在系统窗口上选择下载 HIS 文件夹，选择"Load"菜单，再选择"DownloadHIS"，显示"DownLoad to HIS"对话框，按下［OK］，下载完成。

c. 人机界面站 HIS 设定

（a）人机界面站 HIS 监控点数设定　　　　（e）报警设定

（b）打印机设定　　　　　　　　　　　　（f）预置菜单设定

（c）蜂鸣器设定　　　　　　　　　　　　（g）多媒体设定

（d）显示设定　　　　　　　　　　　　　（h）长趋势数据保存地址设定

d. 目标调试　目标调试是利用实际 I/O 模件和 I/O 信号的现场连接，直接对现场控制站进行在线目标调试，或者利用软件 I/O 信号连接，实现对现场控制站和人机界面站的离线目标调试，从而达到对现场控制站控制速度、控制周期、控制参数的设定调整。

2. 横河集散控制系统 CENTUM-CS 应用

（1）CENTUM-CS 集散控制系统在冶金生产中的应用

① 系统简介　某钢铁企业 20000m³/h 制氧机使用横河公司的 CENTUM-CS3000 集散控制系统，用于监控制氧机的各个工艺流程，完成数据采集、过程控制、逻辑控制和快速联锁控制等功能。为保证系统的可靠性，方便操作和观察，监控装置配置三个监控站（或称操作站），现场控制站采用双重化配置，DCS 系统的控制单元、网络总线、电源和通信模板等均采用双重化配置，操作站部分采用 DELLPⅢ550 计算机，配用 21in 彩色显示器，其系统配置如图 3.15 所示。

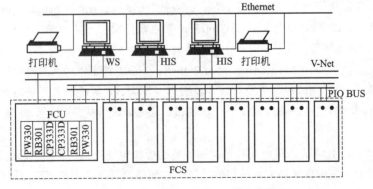

图 3.15　CENTUM-CS3000 系统配置图

② 硬件配置

a．控制站部分　控制站的主要作用是进行数据采集及处理，根据控制程序来实现对过程量（如温度、压力、流量、速度、阀位等）的控制。该系统根据工艺要求设有 1 个控制站 FCS0101，该控制站带有 8 个 node（节点），安装于 1 个控制柜和 2 个扩展柜中；每个节点可带 5 个 Unit（卡件箱）。卡件分连接型和端子型两种，连接型模件利用连接电缆（KS2 或 KS8）连接于端子柜中。该系统共设计点数为 658 点，其中 AI 216 点、AO 65 点、RTD 144 点、DI1 24 点、DO 109 点。

控制站 FCS 机柜为独特的微正压机柜，所有的模件都采用集成度高、散热量低的固态电路以及表面封装技术，防尘、抗干扰能力强，适合各种恶劣的运行环境。模件的编址不受插槽位置的影响，在机柜的任何插槽位置上均执行其功能。模件带电插拔不会引起该模件故障，也不会影响其他模件的正常工作。模件通用性强，种类规格少，有效地减少了备品备件的费用支出。

b．主控制室部分　主控制室负责对全生产线的工作状况进行监视并控制，主要完成数据、图形和状态的显示、历史数据的存档、故障记录、报表打印以及设备的操作控制等，以实现分散控制、集中操作管理。

该系统为方便操作监控，共设置 3 个操作员站。操作员站 HIS0162 用以监控空压机系统、空气预冷系统、分子筛纯化系统和透平压缩机、膨胀机系统的生产工艺过程；操作员站 HIS0163 用以监控空分塔本体系统的生产；操作员站 HIS0164 监控氧压机系统、氮压机系统以及液体储槽系统的工艺流程。同时各操作员站又可互为备用，其中操作员站 HIS0164 还兼有工程师站的作用，通过装入软件，用来开发编制操作员站的工程应用软件。

c．通信网络　CENTUM-CS3000 系统具有三级分层网络结构，即 RIO 总线、V-Net、Ethernet 网，将过程实时数据、运行操作监视数据信息与非实时信息和共享资源信息分开，分别使用不同的网络，有效地提高了通信的效率，降低了通信负荷。

③ 主要控制方案　20000m³/h 制氧机生产流程复杂，控制回路较多，自动化程度要求很高，通过 CENTUM-CS3000 系统的组态功能，实现连续控制和顺序控制，以保证制氧机生产的稳定性和安全性。下面就一些重要回路做简单介绍。

a．分子筛吸附器切换程序自动控制

（a）分子筛吸附器的再生过程。一般分子筛吸附器的再生过程为：

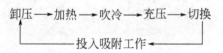

整个再生过程必须严格按照规定的控制程序和时间、压力、压差等条件，以及前一步动作完成之后，有关阀门的开关状态来进行。

（b）分子筛吸附器自动控制过程。两组分子筛吸附器相互交替工作，一组处于吸附再生状态时，另一组吸附器则处于工作状态。各阀门的程序切换是采用 DCS 内部程序功能实现，由 3 张顺控表组成。

b．增压机回流阀控制　根据工艺流程要求，一般希望增压机出口压力保持恒定，该阀的开大或关小，可使压力降低或升高，该阀在 DCS 系统的控制下，即可达到压力恒定的目的。为了能在现场启停膨胀机，在现场设置机旁仪表盘，选用的手操器除具有通常的手操器输出和自动接受调节器来的控制信号并送出的功能外，还具有反馈至中控室的 4～20mA 模拟量信号和区分手动/自动的开关量信号。在投入自动时，它既显示调节器来的输出信号并送到调节阀，又将相同数值的信号反馈至中控室显示。在投入手动时，作为一个信号源，它可手动操作输出 4～20mA 信号至调

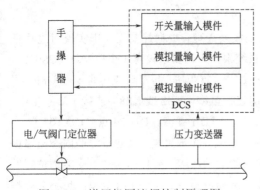

图 3.16　增压机回流阀控制原理图

节阀，同时也将相同数值的信号反馈至 DCS，其控制原理见图 3.16 所示。

c.空压机入口导叶调节　为了保证空压机排出的空气压力恒定，进而维持整个制氧机的工况稳定，采用压缩机排出压力定值调节入口导叶较为常见。而为了调节产量，将进冷箱空气流量作为主调，空透出口压力作为副调，组成串级调节。

（2）CENTUM-CS 集散控制系统在丁苯橡胶生产中的应用

① 工艺简介　丁苯橡胶生产装置以丁二烯和苯乙烯为原料，按一定比例配置成碳氢相和水相，与各种制剂一起进入聚合釜，在 5～8℃温度下进行聚合反应，将转化率合格的胶浆送入脱气工序，脱除未反应的单体，胶浆送往胶浆工序进行掺混，然后进入凝聚工序，与凝聚剂溶液、浓硫酸等混合后发生凝聚反应，析出的胶粒通过挤压机脱水后送入箱式干燥器进行干燥，再将合格胶粒经粉碎机与螺旋分料器分配送到自动称量系统，称重后进入压块机压块成型，胶块由皮带输送进行包装及标识，最后送成品库储存。

丁苯橡胶生产装置生产的产品用于制造各种橡胶制品，如胶管、胶带、轮胎、低压管、浅色橡胶制品等。主要的工艺反应在聚合釜内完成，其流程如图 3.17 所示。

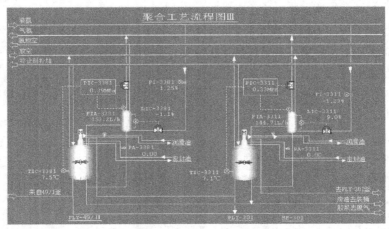

图 3.17　聚合工艺流程图

② 系统配置　在自动控制系统配置中，将 6a、6#聚合、6#脱气、7#罐区、7#凝聚工序的 800 多个监视点和控制点纳入 DCS。整个系统各类 I/O 点数为 AI 400 点，AO 200 点，DI 150 点，DO 80 点，PI 20 点。DCS 选用的是 Yokogawa 公司的 CENTUM CS3000，用来监控全装置工艺流程，完成数据采集、过程控制、逻辑控制和快速联锁控制等功能。为保证系统的可靠性，方便操作和观察，监控装置配置 5 个操作站，其中一台作为工程师站，用于组态及修改相关数据；两个现场控制站采用双重化配置，系统的中央控制单元、网络总线、电源和通信模板等均进行双重化配置，操作站部分采用 DELL 计算机，配用 21in 彩色显示器。系统配备了 2 个控制站 FCS、4 个操作站 HIS 以及 1 个工程师站 EWS。

③ 主要控制方案

a.丁二烯与苯乙烯流量比值控制系统　在丁苯橡胶生产过程中，碳氢相中的丁二烯与苯乙烯要求保持一定的配比关系。当聚合转化率基本稳定时，苯乙烯量是一定的。生产过程中，要保证丁二烯与苯乙烯配比稳定，以精制丁二烯量为主动物料，对回收丁二烯、精制苯乙烯和回收苯乙烯流量进行比值控制。在一定配比条件下，各单体比值数将随单体温度、浓度及物性参数的变化而变化。回路连接如图 3.18 所示。

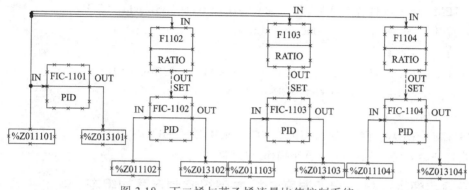

图 3.18　丁二烯与苯乙烯流量比值控制系统

RATIO 为比值设定模块，具有比值运算功能。它的操作输出值 MV 是依据工艺变量的测量值 PV 和仪表设定值 SV（即比值系数）来进行计算的。

PID 为比例、积分、微分控制模块，依据现场过程测量值 PV 和设定值 SV 之间的偏差，进行比例、积分、微分运算，其运算结果操纵执行机构，以满足工艺控制要求。

MLD-SW 为手/自动开关模块，是一种可以进行手动与自动切换的带开关的手操器。通常用于带多个仪表的复杂回路的最底层输出。当其处于手动状态时，MV 值可人为手动设置，其输出送至最终执行器；当其处于自动/串级状态时，MV 值来自控制器的输出，送到它的 CSV 端，最后将输出到最终执行器。

b. 串级控制系统　聚合釜反应温度的控制是通过控制列管内液氨蒸发压力进行的。聚合釜反应温度控制采用聚合釜温度与液氨蒸发压力串级控制方式，使反应温度保持稳定。回路连接如图 3.19 所示。

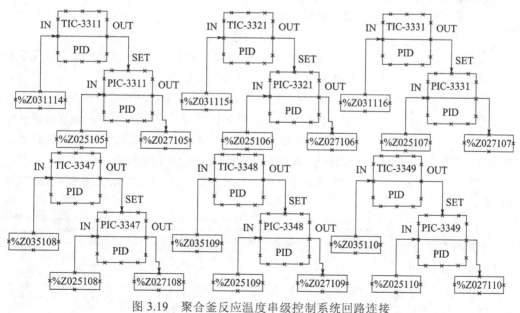

图 3.19　聚合釜反应温度串级控制系统回路连接

简单液位开关顺序控制系统利用液位开关测量聚合釜中的液位，通过高/低报警实现泵的启/停控制。在顺控表中所用到的操作开关、报警信息、操作指导信息均要进行定义。

操作开关定义路径为：

SYSTEM VIEW\项目名（如 MYPJT）\FCS01nn\SWITCH\SwitchDef/2/3/4

双击打开。每张顺控表中有 1000 个开关位号。

报警信息定义路径为：

SYSTEM VIEW\项目名（如 MYPJT）\FCS01nn\MESSAGE\AN0101

双击打开。每张顺控表中有 500 个报警信息位号。

操作指导信息定义路径为：

SYSTEM VIEW\项目名（如 MYPJT）\FCS01nn\MESSAGE\OG0101

双击打开。每张顺控表中有 200 个操作指导信息位号。

【任务实施】加热炉出口温度选择性串级控制方案的组态

加热炉可同时燃烧燃料油和燃料气，加热炉出口温度控制分别与加热炉燃料油压力控制、燃料气压力控制组成选择性串级控制。要求利用 DCS 组态软件的功能在控制方案上实现几种控制回路的平衡无扰动切换。

（1）任务分析

① 控制回路的状态描述

a．主回路单参数控制第一阀门信道——燃料油阀门信道，简称 A 状态；

b．主回路与第一副回路——燃料油控制回路组成串级控制，简称 B 状态；

c．两个副回路单参数控制，简称 C 状态；

d．主回路与第二副回路——燃料气控制回路组成串级控制，简称 D 状态；

e．主回路单参数控制第二阀门信道——燃料气阀门信道，简称 E 状态。

② 控制回路的特殊要求　各个状态之间的切换，要求整个切换过程必须平衡无扰动。状态切换拓扑图如图 3.20 所示。

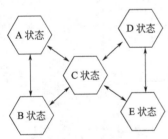

图 3.20　状态切换拓扑图

③ 组态设计的基本思路

a．运用 PBS5C 模块，定义一个 5 位操作面板，实现 5 种状态的切换操作。

b．定义输入/输出通道，在 DRAWING 图组态控制仪表。其中，模拟信号进 3 个 PID 模块，2 个手操模块控制现场调节阀。

c．由 CULCU 模块实现 5 块控制仪表参数之间的相互赋值，实现 A、B、C、D、E 5 状态之间的无扰动切换。

d．状态之间的平衡运算由顺控表 TABLE2 控制 CULCU 模块实现。

e．由程序确保任何 A、B、C、D、E 状态之间的直接切换都将是平衡无扰动切换。

f．人机接口界面进行相应的组态，在流程画面上实现操作功能。

（2）任务实施步骤

① 选用 PBS5C 模块实现 5 种状态切换操作，并定义相应的工位号。PBS5C 模块是 CENTUM-CS3000 系统提供的标准模块，是扩展 5 按钮控制作用开关块：

A 状态 TCLOOP64 温度单参数调节燃料油控制；

B 状态 TCCASA64 温度燃料油压力串级控制；

C 状态 LOOP2 燃料油、燃料气分别单参数控制；

D 状态 TCCASA74 温度、燃料气压力串级控制；

E 状态 TCLOOP74 温度单参数控制燃料气。

PBS5C 模块，定义其 TAG 为 H102-SEL，含义为编号 H102 加热炉的选择（SELECT）控制。H102-SEL 面板图如图 3.21 所示。

5 种状态对应 5 个按钮。PBS5C 功能块派生出 5 个按钮，以 5 种状态为条件控制 5 种控制结果，通过顺控表控制实现。

定义物理通道：

燃料油压力　PI1064 AI：%Z011110；

加热炉控制温度　TI1026 AI：%Z011102；

燃料气压力　PI1074 AI：%Z021101；

燃料油控制阀　PV1064：AO：%Z012108；

燃料气控制阀　PV1074：AO：%Z022101。

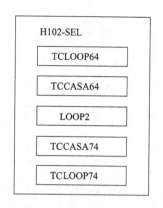

图 3.21　H102-SEL 面板图

在 CS3000 控制站 DRAWING 图上组态如图 3.22 所示，在模块的详细定义中定义相应的正反作用形式和跟踪作用方式。MAN 状态时，SV 跟踪 PV 值。

PIC1064：量程 0～1.6MPA，反作用

TRC1026：量程 0～600℃，反作用

PIC1074：量程 0～0.25MPa，反作用

② 利用顺控表的逻辑关系，实现 5 块仪表参数之间的相互切换，A、B、C、D、E 之间均是平衡无扰动切换。5 个状态切换时分别由 3 个 CALCU 模块实现模块参数计算赋值。

程序结构如图 3.23 所示。

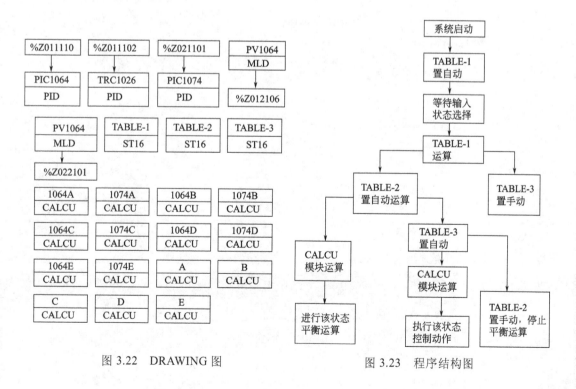

图 3.22　DRAWING 图

图 3.23　程序结构图

【学习评价】

1. 填空题

① CENTUM-CS 采用三级分层网络结构，它们分别是以太网 Ethernet、_____ 和 _____。

② CENTUM-CS 现场控制站包括 1 个 _____，最多可由 8 个节点组成，由远程输入/输出总线（RIO 总线）连接起来。

③ 一个节点由一个 _____ 和一个 _____ 组成。

④ 现场控制站按照功能、容量的不同，可分为标准型、_____ 和紧凑型三种，按照安装方式的不同，可分为 _____ 和 19in 机架安装两种。

⑤ 一台信息和操作站由 _____、操作键盘、鼠标和智能部件组成。

2. 简述 CENTUM-CS3000 最小系统由哪些部分组成？并画出其系统结构图。

3. 简述 CENTUM-CS3000 最大系统配置规格。

4. CENTUM-CS3000 系统主要设备有哪些？

5. CENTUM-CS3000 系统操作窗口包含哪些？

6. 简述操作站组态步骤。

7. 完成一个简单 PID 控制回路的组态。

学习情境 4

艾默生 Delta V 系统及其应用

④

学习目标

能力目标：

① 结合实际案例，能正确分析 Delta V 系统的结构，并能阐述各部分的作用；

② 初步掌握 Delta V 系统的组态、调试功能。

知识目标：

① 熟悉 Delta V 系统的硬件结构及功能；

② 了解 Delta V 系统的软件组成和功能；

③ 结合实例理解 Delta V 系统的构建与应用。

【任务描述】

Delta V 系统是依据现场总线 FF 标准设计、兼容现场总线功能的全新的控制系统，代表 DCS 系统发展趋势的新一代控制系统。了解系统的构成、特点、应用案例和优势等，对集散控制系统和现场总线控制系统的理解和应用很有必要。

【知识链接】

1. Delta V 系统概述

（1）Delta V 系统介绍

Delta V 系统是 Emerson 公司在 RS3 和 PROVOX 两套 DCS 系统的基础上，依据现场总线 FF 标准设计的、兼容现场总线功能的全新的控制系统，它充分发挥了众多 DCS 系统的优势，如系统的安全性、冗余功能、集成的用户界面、信息集成等，同时克服传统 DCS 系统的不足，具有规模灵活可变、使用简单、维护方便等特点，是代表 DCS 系统发展趋势的新一代控制系统。

与其他 DCS 系统相比，Delta V 系统具有不可比拟的技术优势。

① 系统数据结构完全符合基金会现场总线（FF）标准，在实现 DCS 所有功能的同时，可以毫无障碍地支持 FF 功能的现场总线设备。Delta V 系统可在接受目前的 4～20mA 信号、1～5V DC 信号、热电阻热电偶信号、HART 智能信号、开关量信号的同时，非常方便地处理 FF 智能仪表的所有信息。

② OPC 技术的采用，可以将 Delta V 系统毫无困难地与工厂管理网络连接，避免在建立工厂管理网络时进行二次接口开发的工作；通过 OPC 技术，可实现各工段、车间及全厂在网络上共享所有信息与数据，大大提高了过程生产效率与管理质量；同时通过 OPC 技术，可以使 Delta V 系统和其他支持 OPC 的系统之间无缝集成，为工厂今后实现 MIS（管理信息系统：Management Information System）等打下坚实的基础。

③ 规模可变的特点可以为全厂的各种工艺、各种装置提供相同的硬件与软件平台，更好、更灵活地满足企业生产中对生产规模不断扩大的要求。

④ 即插即用、自动识别系统硬件的功能大大降低了系统安装、组态及维护的工作量。

⑤ 内置的智能设备管理系统（AMS）对智能设备进行远程诊断、预维护，减少企业因仪表、阀门等故障引起的非计划停车，增加连续生产周期，保证生产的平稳性。

⑥ Delta V 工作站的安全管理机制是 Delta V 接收操作系统的安全管理权限，可以使操作员在灵活、严格限制的权限内对系统进行操作，而不需要担心操作员对职责范围以外的任务的访问。

⑦ Delta V 系统的远程工作站可以使用户通过局域网监视甚至控制过程，实现对过程的远程组态、操作、诊断、维护等要求。

⑧ Delta V 系统的流程图组态软件采用 Intellution 公司的最新控制软件 iFix，并支持 VBA 编程，使用户随心所欲地开发最出色的流程画面。

⑨ Web Server 可以使用户在任何地方，通过 Internet 远程对 Delta V 系统进行访问、诊断、监视。

⑩ 强大的集成功能，提供 PLC 的集成接口、ProfiBus、A-SI 等总线接口。

基于 Delta V 系统的 APC 组件使用户方便地实现各种先进控制要求，功能块的实现方式使用户的 APC 实现同简单控制回路的实现一样容易。

（2）Delta V 系统特点

Delta V 系统是在传统 DCS 系统优势基础上结合 20 世纪 90 年代的现场总线技术，并基于用户的最新需求开发的新一代控制系统，它主要具有如下技术特点：

① 开放的网络结构与 OPC 标准；

② 基金会现场总线（FF）标准的数据结构；

③ 模块化结构设计；

④ 即插即用、自动识别系统硬件，所有卡件均可带电热插拔，操作维护可不必停车，同时系统可实现真正的在线扩展；

⑤ 常规 I/O 卡件采用 8 通道分散设计，且每一通道均与现场隔离，充分体现分散控制安全可靠的特点。

Delta V 系统采用 FF 标准，整个系统在软件、硬件的设计上全部采用模块化设计，使系统的安装、组态、维护变得非常简单，可应用于化工、石化、海上石油、油气田、造纸、锅炉等各个行业。

2. Delta V 系统硬件组成

Delta V 系统由硬件和软件两大部分组成。硬件部分由冗余的控制网络、操作站及控制系统构成；软件包括组态软件、控制软件、操作软件及诊断软件，如图 4.1 所示。

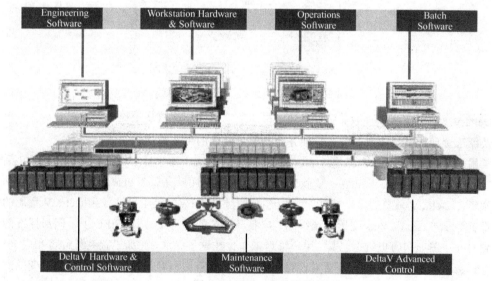

图 4.1　Delta V 系统结构

Engineering Software：工程师软件；Workstation Hardware & Software：工作站软、硬件；
Operations Software：操作员软件；Batch Software：批量软件；Delta V Hardware & Control Software：
Delta V 硬件和控制软件；Maintenance Software：维护软件；Delta V Advanced Control：Delta V 高级控制

Delta V 工作站上的 Configure Assistant 给出了具体的组态步骤，只要运行它并按照它的提示进行操作，很快就可以掌握组态方法。

（1）冗余的控制网络

Delta V 系统的控制网络是以 10Mbps/100Mbps 以太网为基础的冗余局域网（LAN）。系统的所有节点（工作站及控制器）均直接连接到控制网络上，不需要增加任何额外的中间接口设备，简单灵活的网络结构可支持就地和远程操作站及控制设备。网络的冗余设计提供了通信的安全性，通过两个不同的网络交换机及连接的网线，建立了两条完全独立的网络，分别接入工作站和控制器的主副两个网口。Delta V 系统的工作站和控制器都配有冗余的以太网口。为保证系统的可靠性和功能的执行，控制网络专用于 Delta V 系统，与其他工厂网络的通信通过应用站来实现。

Delta V 系统可支持最多 120 个节点、100 个（不冗余）或 100 对（冗余）控制器、60 个工作站、80 个远程控制站。它支持的区域也达到 100 个，使用户安全管理更灵活。

（2）Delta V 系统工作站（图 4.2）

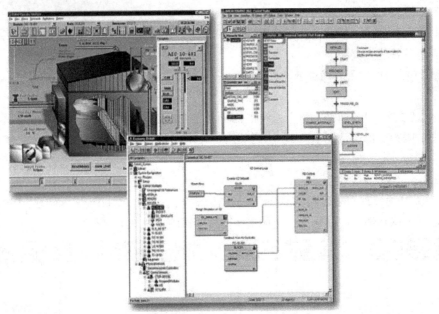

图 4.2　Delta V 系统操作、组态画面示例

Delta V 系统工作站是 Delta V 系统的人机界面，通过这些系统工作站，操作人员、工程管理人员及经营管理人员可随时了解、管理并控制整个企业的生产及计划。

常用的 Delta V 系统工作站有 Professional Plus 工作站、操作员工作站和应用工作站三种。

① Professional Plus 工作站　每个 Delta V 系统都有且只有一个 Professional Plus 工作站。该工作站包含 Delta V 系统的全部数据库，系统的所有位号和控制策略被映像到 Delta V 系统的每个节点设备。Professional Plus 配置系统组态、控制及维护的所有工具，从 IEC1131 图形标准的组态环境到 OPC、图形和历史组态工具。用户管理工作也在这里完成，比如设置系统许可和安全口令。

Professional Plus 工作站的主要功能特点表现为：具有全局数据库、灵活和规模可变的结构体系；数据库规模可变，具有开放性，满足系统安全性要求；强大的管理功能使组态方便、快捷；现代化的操作界面便于信息访问；内置的诊断和智能通信。

大规模的 Delta V 系统可以配备 Professional 工作站，即工程师站，用于系统组态，但不具有下载功能。Professional 工作站有完整的图形库和相关的控制策略，常用的过程控制方案已预组态，只要将这些控制策略或图形拖放到实际方案和流程图中即可。每个 Delta V 系统最多有 10 台 Professional 工作站，Professional Plus 工作站也可用作操作员站。

② 操作员工作站　Delta V 操作员站可提供友好的用户界面、高级图形、实时和历史趋势、由用户规定的过程报警优先级和整个系统安全保证等功能，还可具有大范围管理和诊断功能。操作界面友好，操作方便简捷，使用鼠标即可完成各种操作。

Delta V 系统操作员工作站的主要功能包括生产过程的监视和操作控制、直观的流程画面显示及操作、报警及报警处理、历史趋势记录及报表，查看系统状态信息、系统诊断及故障信息、智能设备的管理信息等。

③ 应用工作站　Delta V 系统应用工作站支持 Delta V 系统与其他通信网络的连接，如与工厂管理网（LAN）连接。应用工作站可运行第三方应用软件包，并将第三方应用软件的数据链接到 Delta V 系统中。应用工作站通过经现场验证的 OPC 服务器将过程信息与其他应用软件集成。OPC 可支持每秒 2 万多个过程数据的通信，OPC 服务器可以用于完成带宽最大的通信任务。任何时间、任何地点都可获得安全可靠的数据集成功能。可以在与应用工作站连接的局域网上设置远程工作站，通过远程工作站可以对 Delta V 系统进行组态、实时数据监视等。通过应用工作站，最多可以监视 25000 个连续的历史数据、实时与历史趋势。每个 Delta V 系统最多有 10 台应用工作站。

应用工作站的功能特点概括为内部网络功能、历史功能、OPC Mirror、数据采集、批量管理、批量历史趋势、集成的 Delta V 组态、嵌入的组态和智能通信。

（3）Delta V 系统控制器与 I/O 卡件

DCS 系统中控制器的性能非常重要，对下执行过程控制运算，对上担负着与操作站的通信，好的在线调试和下载功能必须依靠控制器优良的设计和性能来实现。

Delta V 系统的 MD PLUS 控制器是基于最新技术开发的控制器，采用摩托罗拉最新的 Power 芯片，主频可高达 200MHz。7 层的电路板设计使得 MD PLUS 的体积更小、功能更强大，同样的控制器硬件可完成从简单到复杂的监视、联锁及回路控制。特别值得注意的是 MD PLUS 控制器完成这些控制功能的软件功能块完全符合基金会现场总线（FF）标准。

MD PLUS 控制器提供现场设备与控制网络中其他节点之间的通信和控制。Delta V 系统创建的控制策略和系统组态也可以在这个功能更强的控制器中使用。功能强大的控制器通过底板与 I/O 卡件连接，在同一个控制器中可同时任意混合安装常规 I/O 卡件和基金会现场总线（FF）接口卡件（H1 卡）。所有的控制器与 I/O 卡件均为模块化设计，符合 I 级 II 区的防爆要求，可直接安装在现场。

① 控制器　MD PLUS 系列控制器可依据用户要求进行选择，主频高达 200MHz，内存最大可达 48MB，这就减少了 CPU 的资源占用比例，并提高了控制策略的功能；可自动分配地址、自动定位和自动 I/O 检测；控制器接受所有 I/O 接口通道信号，实现控制功能，并完成控制网络的所有通信功能，控制策略完全由控制器执行；系统将保存所有下装到控制器的数据的完整记录及所有曾做过的在线更改；提供新的 Delta V 批量操作选项的控制设备和先进控制功能；可将智能 HART 信息从现场设备传送到控制网络中的任何节点，如图 4.3 所示。

此外，控制器还具有支持在线扩展、存储空间大、即插即用式安装、控制器冗余、不间断控制操作、在线升级等特点。

② I/O 卡件　Delta V 系统的所有 I/O 卡件均为模块化设计，可即插即用、自动识别、带电热插拔。Delta V 系统可以提供两类 I/O 卡件，一类是传统 I/O 卡件，另一类是现场总线接口卡件（H1），两类卡件可任意混合使用。卡件类型包括冗余 AI 卡、冗余 AO 卡、MV 信号卡、冗余 DI 卡、冗余 DO 卡等。

图 4.3　Delta V 控制器和 I/O 卡件

a. 传统 I/O 卡件　传统 I/O 卡件是模块化的子系统，安装灵活，它可安装在离物理设备很近的现场。传统 I/O 配备了功能和现场接线保护键，以确保 I/O 卡能正确地插入到对应接线板上，包括：

（a）I/O 卡件底板（安装在 DIN 导轨上），所有与 I/O 有关的部件都安装在该底板上；

（b）I/O 卡件和 I/O 接线板的 I/O 接口卡；

（c）各种模拟和开关量 I/O 卡，外观和体积相同，便于插入 I/O 卡件底板中；

（d）各种安装在 I/O 卡件底板上的 I/O 接线板，这些底板可在安装 I/O 卡前先完成接线。

b．基金会现场总线接口卡（H1） H1 卡可以通过总线方式将现场总线设备信号连接到 Delta V 系统中，一个控制器可以支持最多 40 个 H1 卡件。一个 H1 卡可以连接 2 段（Segment）H1 现场总线，每段 H1 总线最多可连接 16 个现场总线设备，所有设备可在 Delta V 系统中自动识别其设备类型、生产厂家、信号通道号等信息。

基金会现场总线标准的优势表现在：为设备具体功能提供标准，所以设备的功能不需要在主机内编程组态；自动指定设备地址，节省时间，提高效率；从设备本身发出报警，且报警发生的时间记录可达到千分之一秒；在主机故障的事件中提供总线控制器的冗余信息；FF 是点对点通信总线，而其他总线要求所有的通信通过主机进行；不需在 Delta V 系统中为每个新设备改编程序。

3．Delta V 系统软件组成

Delta V 工程软件包括组态软件、控制软件、操作软件、诊断软件、批量控制软件和先进控制软件等，这里简单介绍几种主要软件。

（1）组态软件

Delta V 组态工作室软件有标准的预组态模块和自定义模块，还配置了一个图形化模块控制策略（控制模块）库、标准图形符号库和操作员界面。预置的模块库完全符合基金会现场总线的功能块标准，从而可以在完全兼容现在广泛使用的 HART 智能设备、非智能设备的同时，在不修改任何系统软件和应用软件的条件下兼容 FF 现场总线设备。

连接到控制网络中的 Delta V 控制器、I/O 和现场智能设备，能够自动识别并自动地装入组态数据库中。单一的全局数据库可以完全协调所有组态操作，从而不必进行数据库之间的数据映像，或者通过寄存器或数字来引用过程和管理信息的操作。

Delta V 系统基于模块的控制方案集中了所有过程设备的可重复使用的组态结构。模块通常定义为一个或多个现场设备及其相关的控制逻辑，如回路控制、电机控制及泵的控制。

每个模块都有唯一的位号。除了控制方案外，模块还包括历史数据和显示画面定义。模块系统中通过位号通信，对一个模块的操作和调试完全不影响其他模块。Delta V 的模块功能可以让用户以最少的时间完成组态。Delta V 系统具有部分下装、部分上装的功能，即将组态好的部分控制方案在线地从工作站中下装到控制器，而不影响其他回路或方案的执行，同样，也可以在线地将部分控制方案从控制器上装到工作站中。

组态工作室软件可提供功能强大的组态工具。

① Delta V 浏览器 Delta V 浏览器是系统组态的主要导航工具，如图 4.4 所示。它用一个视窗来表现整个系统，并允许直接访问到其中的任一项。通过这种类似于 Windows 浏览器的外观，可以定义系统组成（例如区域、节点、模块和报警）、查看整体结构和完成系统布局。

Delta V 浏览器还可提供向数据库中快速增加控制模块的方法。在系统中插入 I/O 卡件、智能现场设备或控制器时，Delta V 浏览器会采用内置的自动识别功能来建立组态。Delta V 系统可通过浏览器中交互式的对话框组态，在控制方案组态工作室用图形化方式组态等。

② 图形工作室 用图形、文字、数据和动画制作工具，为操作人员组态高分辨率、实时的过程流程图。图形工作室已安装了一些预定义的功能，例如控制面板、趋势、显示目录和报警简报等。当在图形显示中使用模块信息时，只需要知道模块名称就可以从系统中浏览该模块。

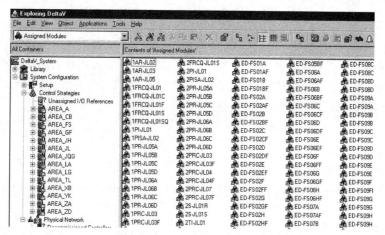

图 4.4　Delta V 系统浏览器

③ 控制工作室　以图形方式组态和修改控制策略的功能块。控制工作室将每个模块视为单独的实体，允许只对特定模块进行操作而不影响同一控制器中运行的其他模块。用户可以选择适合需要的控制语言组态系统，如可选择功能块图和顺序功能图，因此用户可以用图形方式组态控制模块，只要将所需功能模块从模块库中拖放到模块图里，用连线组合模块算法即可。所有的 Delta V 系统通信都基于模块位号，控制器间模块与模块的通信对组态完全透明。

由于控制语言是图形化的，因此组态中见到的控制策略图即是系统真正执行的控制策略，不需要另外编辑，如图 4.5 所示。

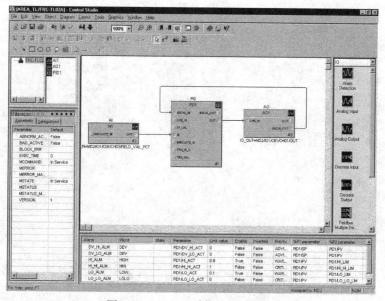

图 4.5　Delta V 系统控制工作室

④ Delta V 用户管理器　Delta V 包括了功能强大、使用灵活的系统安全结构，甚至可以为每个参数定义系统范围内的安全性。所有对 Delta V 系统的操作，甚至从应用工作站的第三方应用软件中的操作，都要进行安全性检查，以保证每个用户的每项操作都有正确的权限。

Delta V 用户密码作为 NT 安全性的一部分来进行维护。使用 Delta V 用户管理器定义系统用户的操作权限，例如操作员或管理人员具有不同的操作权限，操作员只允许修改本人操作工段范围内的操作参数，而工艺主任或仪表工程师用户还可以修改所选的整定参数。

（2）控制软件

Delta V 控制软件在 Delta V 系统控制器中提供完整的模拟、数字和顺序控制功能，可以管理从简单的监视到复杂的控制过程数据。IEC1131-3 控制语言可通过标准的拖放技术修改和组态控制策略。控制软件包括显示、趋势、报警和历史数据的能力，这些数据通过 I/O 子系统（传统 I/O、HART、基金会现场总线及串行接口）送到控制器。

控制软件还包括数字控制功能和顺序功能图表。数字电机和数字阀门控制提供了全面的控制策略，该策略在单个易于组态的控制位号下混合了联锁、自由、现场启动/停止、手动/关闭/自动和状态控制。顺序功能图表可以组态不依赖于操作员而随时间变化的动作，最适合于控制多状态策略，可用于顺序和简单的批量应用。Delta V 使用功能块图来连续执行计算、过程监视和控制策略。

（3）操作软件

Delta V 操作员界面软件组拥有一整套高性能的工具满足操作需要，包括操作员图形、报警管理和报警简报、实时趋势和在线上下文相关帮助。

① 操作员图形　操作员界面包括所有控制系统信息。为使流程图更直观，可以将声音信号完全集成到操作界面中。除使用不同优先级的报警声音外，也可以使用语音为操作员识别和解释特殊的流程图。每个模块都有预制的弹出式控制面板、趋势和详细显示，选择预定义的按钮，可以用控制工作室在线查看模块正在执行的控制策略或使用历史视图来查看事件历史。图 4.6 为 Delta V 操作界面。

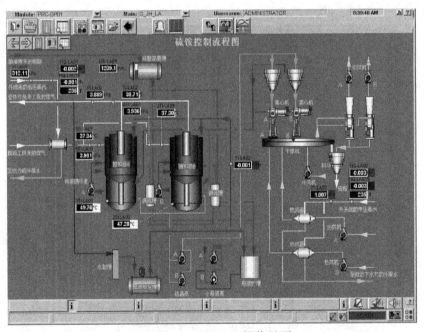

图 4.6　Delta V 操作界面

② 报警　报警栏中按优先级顺序显示 5 个最高优先级的报警。通过单击报警按钮，可查看与正在报警的控制模块相关的过程流程图。报警概要画面显示所有未确认的报警及其报警优先级。

报警源（如控制器）中可规定报警优先级、报警管理，同时打上时间标签，这可确保同一个报警能够在多个工作站上显示相同的优先级、确认状态和时间标签。每个模块的标准报警和用户定义报警数量不受限制。也可以组态智能报警，这些报警是其他报警与过程条件的组合。

有了智能报警，可以根据工厂生产过程需要，动态地允许和禁止报警。另外，Delta V 允许用户进行 10 多个报警优先级的定义和多个报警类型的定义，报警的声音设置也可以由用户需求而定。

③ 实时趋势　过程图形中可以嵌入一个或多个实时趋势，Delta V 系统支持实时和历史趋势，历史趋势也可以在过程历史视图上显示。

④ 安全性和控制的跨度　用户可以决定系统用户的访问权限（如操作、调试、组态等），可以限制操作员站只能查看和操作某些工厂区域或整个工厂，这种安全特性可以按工作站分别定义，也可以按特定用户定义。

【任务实施】Delta V 系统在焦化厂的应用

某焦化厂焦炉加热及煤气净化系统采用艾默生公司 Delta V DCS 系统来完成生产过程的自动控制，总控制点数约 1252 点，其中 DI 835 点，DO 96 点，AI 238 点，AO 68 点，FF 15 点。控制范围包括焦炉加热及废气监控、煤气净化车间、供排水及污水处理系统。该自动控制系统由 2 个机柜、1 个 Professional Plus 工程师站、6 个操作员站和 1 个应用站，通过冗余的工业以太网络构成。

机柜中采用 MD 控制器及相关 I/O 卡件来完成焦炉加热及煤气净化系统的现场级控制，并通过冗余的网络与各操作站进行数据通信。Professional Plus 站作为该控制系统的核心，除完成过程历史数据的采集和处理、控制系统诊断、系统软件组态等任务外，同时作为操作员站，结合生产工艺流程图画面，将现场采集的数据以工艺参数化和图形化形式提供给操作员，并通过相应软件控制模块将操作员的操作和控制思想反映到生产的过程控制中。

（1）生产工艺与控制方案

焦炉生产及煤气净化部分 DCS 控制系统的工艺过程为：焦化是将煤送进焦炉，加热到 1200 ℃左右，生产出来的焦炭冷凝以后送到筛焦工艺。煤焦化过程中产生的煤气送到冷鼓工段，将其中的焦油提取出来，剩余的煤气再经过脱硫塔将硫脱离出来回收，然后再到洗苯塔和脱苯塔将苯分离出来，产生的硫和焦化产生的氨水进行反应，生成硫铵，经脱苯以后的煤气送到焦炉燃烧，给煤焦化提供热量。

① 煤气加热及废气监控　包括焦炉的加热控制、高压氨水工艺、焦炉废气监控。图 4.7 为煤气加热流程图。

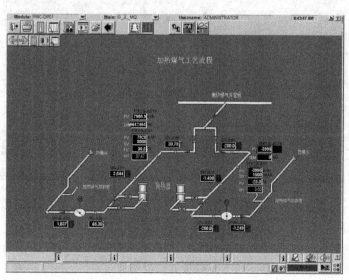

图 4.7　煤气加热流程图

② 煤气净化车间　包括煤气鼓风机联锁控制、冷凝工段工艺控制、煤气脱硫工段工艺控制、硫铵蒸氨工段工艺控制、粗苯洗苯工段工艺控制。图 4.8 为煤气净化系统流程图。

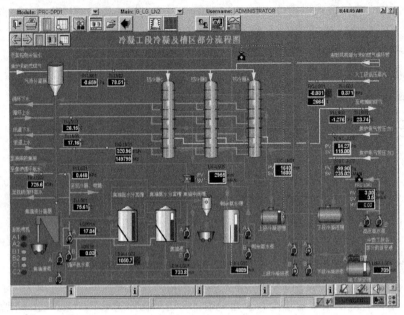

图 4.8　煤气净化系统流程图

③ 供排水及污水处理系统　包括循环水及制冷站工艺控制、新鲜水系统工艺控制、空压站工艺控制和酚氰废水处理系统工艺控制。图 4.9 为供水系统流程图。

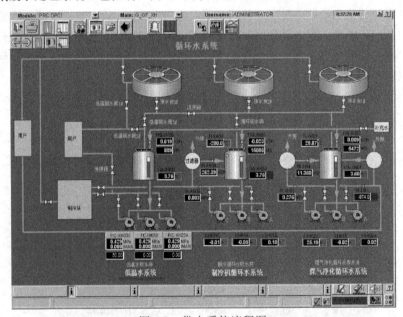

图 4.9　供水系统流程图

④ 主要功能及特点

a. 动态流程图显示　流程图包括各区域的总画面、区域内的分画面及其设备的操作画面。

b. 趋势图显示　系统能够显示所有模拟量的过程值和设定值的变化趋势。

c. 组操作和显示。

d. 电动机单机操作和显示　在设备组操作方式为手动情况下，可对各组内的各单机设备进行单独启停。

e. 一备一用操作方式　重要且容易损坏的设备都设有备用。

f. PID 调节回路　设有若干个闭环调节回路完成对工艺参数的自动控制。

g. 各种工艺参数的显示。

h. 报警信息显示和音响报警　当系统中任何一台设备发生故障或工艺参数超限时，都会在该系统中产生报警，以声光方式通知工艺操作员。

i. 报表显示和打印。

（2）控制与操作

① 自动控制回路　为更好地提高生产运转率，减少操作工人劳动强度，本系统采用了计算机控制与参数自动调节回路相结合的方式。整个系统的重要控制参数尽可能地采用自动控制，在生产操作中减少人为误操作，以免影响生产。

a. 焦炉加热控制系统　根据设定的煤气压力控制用于加热焦炉蓄热室的煤气流量。

b. 鼓风机控制系统　根据鼓风机的各种开停机联锁条件（如润滑油压力、鼓风机轴承温度、前导向开度等），控制鼓风机的开停机。

c. 集气管调节系统　根据设定的集气管压力和初冷器前吸力，通过 PID 控制两个集气管翻板和前导向的开度，达到稳定集气管压力的目的。

d. 管式炉加热串级自动调节系统　根据管式炉加热所需的富油温度，串级调节进入管式炉的煤气流量。

其他液位、压力、温度、流量等单回路自动调节都是简单的 PID 调节，就是把实际量通过调节自调阀门的开度达到接近设定值的调节。

② 操作及控制

a. 本系统共有 35 幅流程图画面　画面顶部区域为下拉菜单显示区，下部为报警显示区，中间为流程图显示区。登录用户名（权限）和操作站编号在画面右上方显示，画面下方报警显示区可显示当前系统最高优先级的 5 个报警。画面切换采用下拉菜单方式，点击画面顶部按钮将弹出 1 个下拉菜单，从中选择需要观察和操作的画面，触摸或点击流程图菜单上的图符将弹出单机操作画面，报警后点击报警条也能够弹出报警设备的单机操作面板。考虑到系统安全性，参数设置菜单画面只有工程师级权限才能够打开。

b. 设备组是根据工艺需要，将有联锁和启停顺序关系的一些电动机、阀门等设备组合起来，它们的启动和停车须按一定顺序进行。菜单画面上使用组操作面板来管理设备的控制。

设备组内的设备可有三种控制模式，其中两种是在中央控制室操作员画面上进行操作，即组模式和单机模式。当设备组处于组模式时，按照预先编制的动作，本设备组内每台设备的启停只能在组操作面板上统一进行。当设备处于单机模式时，只能在单机操作面板上操作单台设备动作。设备还有一种现场手动控制模式，当现场就地控制箱或按钮盒上的操作位置选择开关选择到"手动"位置时，设备不受中央控制室控制，只能在现场启停设备。

c. 趋势线实际操作　系统共有 5 幅趋势显示图，从下拉菜单中选择点击后进入。趋势图上为不同参数选用了不同颜色以示区别，趋势图上显示的开度（时间范围）用"<<"按钮调整，用">"按钮可选择时间基点，参数超限时趋势图上可显示相应的说明文字。趋势图下方显示系统中发生的各种详细资料，如设定值的改变、电动机的启停等事件都被记录。

d. 报警显示及操作　操作画面下方是系统定义的报警，能显示当前最紧急的 5 个报警信息，模块名将被显示在屏幕底部的报警显示区中。报警的降序优先级为紧急的、警告、建议、登录以及确认或不确认的状态。不确认报警比确认报警更重要。如果事件报警为同等优先级，最近发生的报警比以前的报警更重要。如果报警点超过 5 个，将显示其中最重要的 5 个。选择一个报警按钮右边的小按钮，在报警按钮下方将以队列形式显示报警的更多信息。

e. 报表显示和操作　报表显示菜单从顶部下拉菜单区点击后进入，报表菜单中列出最重要的工艺参数资料，可在报表菜单中选择打印按钮将报表打印。DCS 系统中的历史数据库可记录一年内的所有报表以供查询。

【学习评价】

1. 与其他 DCS 系统相比，Delta V 系统具有不可比拟的技术优势是什么？

2. Delta V 系统由哪几部分组成？其中各部分的构成又是怎样的？

3. Delta V 系统工作站分为哪几种？各有什么功能？

4. Delta V 系统控制器的功能特点是什么？

5. Delta V 系统有哪几种 I/O 卡件？各自的功能是什么？

6. Delta V 工程软件主要有哪几种？各自有什么功能？

7. 收集一个 Delta V 系统应用案例，分析系统的组成、硬件功能和软件功能，并阐述通信系统所起的作用。

现场总线控制系统及其应用

学习目标

能力目标：

① 初步具备现场总线设备安装的能力；

② 结合实例，利用 PROFIBUS 现场总线进行硬件组态；

③ 结合实例，对现场总线控制系统进行调试。

知识目标：

① 掌握现场总线的定义及典型现场总线的特点；

② 掌握 PROFIBUS 现场总线协议和 PROFIBUS 技术；

③ 掌握 PROFIBUS 现场总线控制系统配置的几种形式；

④ 熟悉 PROFIBUS 现场总线的特点和应用领域。

【任务描述】

集散控制系统的发展，一方面是向计算机集成制造系统和计算机集成控制系统方向发展，另一方面是向现场总线控制方向发展。了解现场总线及系统的构成、特点、协议等，可以更好地运用先进的控制技术实现自动控制。本学习情境的任务是在掌握现场总线控制技术的基础上，尝试构建一个现场总线控制系统。

【知识链接】

1. 现场总线概述

（1）现场总线基本概念

20 世纪 90 年代后期，随着计算机技术、控制技术、通信技术和网络技术的发展，信息交换沟通的领域正在迅速覆盖从现场设备层到控制、管理的各个层次，覆盖工段、车间、工厂、企业乃至世界各地的市场，逐步形成以网络集成自动化系统为基础的企业信息系统，现场总线技术应运而生，它很好地解决了上几代控制系统中遗留的问题，实时性好，可靠性高，成本低廉，使用方便。无论从信号标准、通信标准到系统标准，还是从体系结构、设计方法、安装调试到产品结构，都有革命性的变革。

根据国际电工委员会 IEC（International Electrotechnical Commission）和现场总线基金会 FF（Fields Foundation）的定义，现场总线是应用在生产现场、在微机化测量控制设备之间实现双向串行数字通信的系统，也被称为开放式、数字化、多点通信的底层控制网络。

现场总线技术已成为当今世界各国关注的热点课题。国际电工委员会（IEC）在 2000 年 1 月 4 日通过的 IEC61158 国际标准，包括 8 种类型的现场总线标准：FF-H1、Control Net、Profibus、P-NET、FF-HSE、Swift Net、WorldFIP 及 Interbus，每一种现场总线都有各自使用的领域和技术特点。例如 Profibus 是从 PLC 发展起来的，其特点是速度快，特别适合工厂自动化、装配流水线和自动仓库等；FF 是在 DCS 基础上发展起来的，智能程度高，实时性强，组态灵活，在过程自动控制领域有一定优势；P-NET 在农业自动化领域有很好的前景等。

现场总线技术是综合运用微处理器技术、网络技术、通信技术和自动控制技术的产物，导致了传统控制系统结构的变革，形成了新型的网络集成式全分布控制系统——现场总线控制系统（FCS）。这是继基地式气动仪表控制系统、电动单元组合式模拟仪表控制系统、数字计算机集中式控制系统、集散控制系统（DCS）后的第五代控制系统。

我国于 20 世纪 80 年代后期开始研究现场总线技术，已取得了阶段性进展，例如生产现场总线系统产品的浙大中控公司、冶金自动化研究院、沈阳自动化研究所和上海工业自动化仪表研究所等，采用了国际上有一定影响的、并占有一定市场份额的几种现场总线标准。

（2）现场总线的通信协议

现场总线是用于支持现场装置，能实现传感、变送、调节、控制、监督以及各种装置之间透明通信等功能的通信网络，保证网内设备间相互透明、有序地传递信息和正确理解信息是它的主要集成任务。此外，随着技术发展和应用需求的提高，将现场总线与上层信息网络的有效集成也是必然的。

现场总线技术的核心是通信协议。如图 5.1 所示，现场总线的通信协议是参照 ISO/OSI 模型并经简化建立的，IEC/ISA 现场总线通信协议模型综合了多种现场总线标准，规定了现场应用进程之间的相互可互操作性、通信方式、层次化的通信服务功能划分、信息的流向及传递规则。现场总线通信协议采用了物理层、数据链路层和应用层，同时考虑到现场装置的控制功能和具体运行，又增加了用户层。

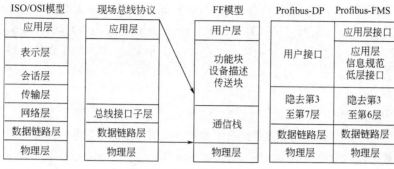

图 5.1　现场总线通信协议

① 物理层（Physical Layer）　物理层协议是最底层的协议，是计算机联网通信的基础。物理层具有机械特性、电气特性、功能特性和规程特性。其中，机械特性规定了插头和插座的几何尺寸、引脚数量及排列情况等，电气特性规定了信号电平、阻抗匹配、传输速率与距离等，功能特性规定了每一只引脚的信号类型和功能等，规程特性规定了信号传输的工作规则和脉冲时序等。

目前应用较多的标准物理层接口有 RS-232C、RS-449 和 RS-485。RS-232C 是 1969 年由美国电子工业协会（EIA）修订的串行通信接口标准，主要用于只有一个发送器和一个接收器的通信线路；RS-449 标准 EIA 于 1977 年公布并且得到了 CCITT 和 ISO 的承认，它采用不同于 RS-232C 的信号表达方式，抗干扰能力更强，传输速率达到 2.5Mbps，传输距离达 300m；RS-485 扩展了 RS-449 功能，允许在一条通信线路上连接多个发送器和接收器（最多 32 个），实现了多个设备的互连。

② 数据链路层（Data Link Layer）　数据链路层负责在两个相邻节点之间的线路上无差错地传送以帧为单位的数据。它的主要功能包括：

a．数据链路的建立和拆除　包括同步、地址确认、收发关系的确定、最后一次传输的表示等；

b．数据传输　包括数据格式、数量、信号、接收确认、数据流量调节方案等；

c．差错控制　包括检查和纠正位出错、帧丢失、帧重复和帧乱序的方法；

d．异常情况处理　包括异常情况的检测和处理，如永久性故障的发现和恢复，无法修复时的上报机制等。

③ 应用层（Fieldbus Application Layer）　应用层是 OSI 参考模型的最高层，实现的功能分为两大部分，即用户应用进程和系统应用管理进程，为用户提供了一系列的服务，拥有简化或实现分布式控制系统中应用进程之间的通信，同时为分布式现场总线控制系统提供了应用接口的操作标准，实现了系统的开放性。应用层与其他层的网络管理机构一起对网络数据流动、网络设备及网络服务进行管理。

④ 用户层（User Layer）　用户层是专门针对工业自动化领域现场装置的控制和具体的应用而设计的，它定义了现场设备数据库相互存取的统一规则。

（3）几种典型的现场总线

自 20 世纪 80 年代中期始，世界发达国家的自动化公司都投入了巨大的人力和财力，全方位地进行技术和应用研究，并进行着激烈的市场争夺，期待成为现场总线控制领域的领导者。国际上出现的现场总线达 200 种之多。国际电工委员会 IEC 在 2000 年 1 月 4 日公布了现场总线国际标准 IEC61158，其中有一定影响并占有一定市场份额的典型的现场总线标准有基金会现场总线

FF、CAN、Profibus、Lon Works、HART 等。下面对几种现场总线标准的技术特点做简单介绍，然后重点研究 Profibus 总线的协议结构和技术优势。

① 基金会现场总线　基金会现场总线 FF（Foundation Fieldbus）是目前最具发展前景、最具竞争力的现场总线之一，它的前身是以美国 Fisher-Rosemount 公司为首并联合 80 余家公司制定的 WorldFIP 协议。FF 现场总线是一种全数字、串行、双向通信协议，用于如变送器、控制阀和控制器等现场设备的互联，是存在于过程控制仪表间的局域网，以实现网内过程控制的分散化。其最根本的特点是专门针对工业过程自动化而开发的。

FF 的通信模型以 ISO/OSI 开放系统模型为基础，采用了物理层、数据链路层、应用层，并增加了用户层。用户层主要针对自动化测控应用的需要，定义了信息存取的统一规则，采用设备描述语言规定了通用的功能块集。

FF 分为低速 H1 和高速 H2 两种通信速率。H1 的传输速率为 31.25Kbps，通信距离可达 1900m（可加中继器延长），支持总线供电，支持本征安全防爆环境。H2 的传输速率为 1Mbps 和 2.5Mbps 两种，通信距离分为 750m 和 500m，物理传输介质可支持双绞线、光缆、无线发射，协议符合 IEC1158-2 标准，物理媒介的传输信号采用曼彻斯特编码。

FF 现场总线在石油、石化和连续化过程工业方面占据优势，并初步向以基于 PLC 的制造业渗透。FF 已经在用户层参数及达成一致方面做出努力，FF 用户层的关键特性如下：a. 定义好的装置轮廓；b. 一套已定义的功能块；c. DDL（设备维护语言）的使用。在数据链路层，FF 与 Profibus 已经达成一致。FF 是执行集中管理器和令牌传递的组合模式，因而能提供可预测的周期性变更和处理同步交通。目前，其成员包括世界上 95%以上的 DCS、PLC 等仪表商。

② Lon Works 现场总线　Lon Works（Local Operating Networks）是美国埃施朗公司（Echelon）1992 年推出的现场总线网络。据统计，全世界安装的 Lon Works 节点已超过 400 万个，涉及包括建筑、家庭、工业、通信和交通等在内的多个行业。

Lon Works 网络的技术核心是 Lon Talk 协议。开放式通信协议 Lon Talk 为设备之间交换控制状态信息建立了一个通用的标准。该通信协议支持 OSI/ISO 所有 7 层模型，这是以往的现场总线所不支持的。

埃施朗公司将 Lon Talk 协议固化在神经元芯片（Neuron Chip）中，神经元芯片是 Lon Works 技术的基础，它不仅是总线通信处理器，同时也可作为采集和控制的通用处理器。神经元芯片已提供了 Lon Talk 协议的第 1～6 层，开发者只需用 Neuron C 语言开发。

神经元芯片包括 3 个 8 位 CPU、RAM、ROM、通信接口和 I/O 接口，一个用于完成开放互连模型中的第一层和第二层的功能，称为媒体访问控制处理器，实现介质访问的控制与处理；第二个用于完成第 3 到第 6 层的功能，称为网络处理器，进行网络变量处理的寻址、处理、背景诊断、函数路径选择、软件计时、网络管理，并负责网络通信控制、收发数据包等；第三个是应用处理器，执行操作系统服务与用户代码。芯片中还具有存储信息缓冲区，以实现 CPU 之间的信息传递，并作为网络缓冲区和应用缓冲区。

神经元芯片不仅具备了通信与控制功能，同时固化了 OSI 参考模型的全部 7 层通信协议以及 34 种常见的 I/O 控制对象。

③ CAN 总线　控制局域网络 CAN（Controller Area Network）最早由德国 BOSCH 公司推出，为汽车监测、控制系统而设计。目前其应用范围已不再局限于汽车工业，而向过程工业、机械工业、纺织机械、农用机械、机器人、数控机床、医疗器械等领域发展。

CAN 总线主要用于过程监测及控制，CAN 协议建立在国际标准组织的开放系统互连模型基础上，取 OSI 参考模型底层的物理层、数据链路层和应用层，双绞线传输，通信速率最高达 1Mbps/40m，可挂接节点数达 110 个。

CAN 属于总线型结构，采用同步、串行、多主、双向通信数据块的通信方式，不分主从，网络上每一个节点都可以主动发送信息，可以很方便地构成多机备份系统。其核心是 CAN 控制器，完成 CAN 网络的通信和网络协议。由于它字节短、速度快、可靠性高等特点，较适用于开关量控制的场合。

CAN 型总线产品有 AB 公司的 DeviceNet、台湾研华的 ADAM 数据采集产品等，其总线规范已被 ISO 国际标准组织确定为国际标准，并广泛应用于离散控制领域。CAN 在我国应用较早，我国华控技术公司基于 CAN 协议开发的 SDS 智能分布式系统、和利时公司开发的 HS2000 系统的内部网络就是应用 CAN。

④ HART 总线　可寻址远程传感器数据通路 HART（Highway Addressable Remote Transducer）是美国 Rosemount 公司开发研制的。其特点是在现有模拟信号传输线上实现数字信号通信，属于模拟系统向数字系统转变过程中的过渡性产品，即运用 FSK 技术在 4~20mA 信号过程测量模拟信号上叠加了一个频率信号，成功地使模拟信号与数字双向通信同时进行，且不相互干扰，还可以在一根双绞线上以数字的方式通信。

⑤ PROFIBUS 总线　PROFIBUS（Process Fieldbus）于 1984 年由德国慕尼黑大学的一位教授提出的，后由德国 Siemens 公司联合十几家德国公司、研究所共同推出，是一种具有国际性、开放性、已在世界范围内得到广泛应用的现场总线。根据应用特点，PROFIBUS 总线包括 PROFIBUS-DP、PROFIBUS-PA、PROFIBUS-FMS 三个兼容版本，详细内容将在第 3 节中阐述。

现场总线技术的产生促进了现场设备的数字化和网络化，并使现场控制功能更加强大。为了更好地适应过程工业控制的需要，现场总线技术的发展方向将体现在以下几个方面。

a. 基于现场总线的一次仪表和二次仪表的研制　如采用开放式混合通信协议，HART 的优点为可以在局部进行系统升级，并且只涉及到需用 HART 智能仪表装置的系统部分。

b. 基于现场总线网络设备的软硬件开发　系统的开放性和通信问题是分散控制系统的突出问题，它需要解决不同厂家软、硬件产品能否集中到一个系统的问题，所以在进行网络设备研制时必须遵循某一现场总线接口的统一标准。

c. 开放的组态技术研究　目前现场总线系统的组态是比较复杂的，需要组态的参数多，各参数之间的关系比较复杂，如果对现场总线不是非常熟悉，很难将系统设置到最佳状态，所以研究开放的组态技术也是现场总线的发展趋势。

d. 基于现场总线技术的全开放控制系统　自动化系统与设备将朝着现场总线体系结构的方向发展，并且涉及的应用领域十分广阔，几乎覆盖了所有的过程控制领域。

e. 控制网络与数据网络的结合　远程监控系统就是该体系在生产控制领域内的应用之一。现场总线系统接入 Internet 或以太网，在一定条件下便可通过网络监视并控制这些生产系统和现场设备的运行状况及各种参数，可以节省大量的人力、物力和财力。

2. 现场总线控制系统

（1）现场总线控制系统概念

现场总线技术将专用微处理器置入传统的测量控制仪表中，使它们均具有数字计算和数字通信能力，成为能够独立承担某些控制、通信任务的网络节点，分别通过普通双绞线等多种传输介质作为总线，把多个测量控制仪表、计算机等作为节点连接成网络系统，并按公开、规范的通信协议，在位于生产控制现场的多个微机化测量控制设备之间，以及现场仪表与远程监控、管理计算机之间，实现数据传输与信息交换，形成各种适应实际需要的现场总线控制系统。简言之，它把单个分散的测量控制设备变成网络节点，以现场总线为纽带，连接成可以相互沟通信息、共同完成自控任务的网络系统和控制系统。

传统模拟控制系统采用一对一的设备连线，按控制回路分别进行连接。位于现场的测量变送器与位于控制室的控制器之间，控制器与位于现场的执行器、开关、电机之间，均为一对一的物理连接。

现场总线控制系统采用现场总线设备，把原先 DCS 系统中处于控制室的控制模块、输入输出模块置入现场总线设备，现场总线设备具有了通信能力，这样现场的测量变送仪表与阀门等执行器直接传送信号，不依赖控制室的计算机或控制仪表，控制功能直接在现场完成，实现了彻底的分散控制。图 5.2 为现场总线控制系统与集散控制系统的结构对比。

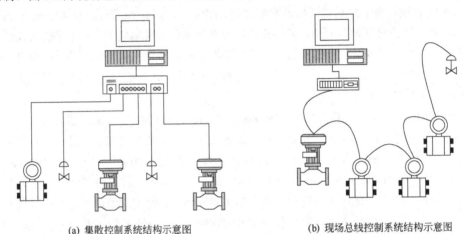

(a) 集散控制系统结构示意图　　　　　　(b) 现场总线控制系统结构示意图

图 5.2　现场总线控制系统与集散控制系统的结构对比

现场总线系统采用数字信号替代模拟信号，可实现一对信号线上传输多种信号（包括多个运行参数值、多个设备状态和故障信息等），同时还可以为现场设备提供电源，现场总线设备以外不再需要模/数、数/模转换部件，这样为简化系统结构、节约硬件设备和降低各种安装和维护费用创造了条件。

现场总线系统在技术上具有以下特点。

① 系统的开放性　现场总线系统的相关标准具有一致性、公开性，强调对标准的共识与遵从。用户可以将来自不同厂商的设备集成在同一系统中，实现信息交换。

② 互可操作性与互用性　互可操作性指的是互连设备间、系统间的信息可以传送与沟通；互用性则是指来自不同制造商性能类似的设备可进行更换，实现互相替换。

③ 现场设备的智能化与功能自治性　现场总线将传感测量、补偿计算、工程量处理与控制等功能分散到现场总线设备中完成，仅靠现场总线设备即可完成自动控制的基本功能，并可随时诊断现场设备的运行状态。

④ 系统结构的高度分散性　现场总线已构成一种新的全分散性控制系统的体系结构。从根本上改变了 DCS 集中与分散相结合的集散控制系统体系，简化了系统结构，提高了系统的可靠性。

⑤ 对现场环境的适应性　现场总线是专为在现场环境工作而设置的工厂网络底层通信系统，可支持双绞线、同轴电缆、光缆、射频、红外线、电力线等多种传输介质，具有较强的抗干扰能力，采用二线制实现供电与通信，并可满足本质安全防爆要求。

（2）现场总线设备

现场总线设备是指连接在现场总线上的各种仪表设备，按其功能可分为变送器类设备、执行器类设备、转换类设备、接口类设备、电源类设备和附件类设备。其中，变送器类设备包括各种差压变送器、压力变送器、温度变送器等；执行器设备包括各种气动执行器和电动执行器；转换类设备包括各种现场总线/电流转换器、电流/现场总线转换器、现场总线/气压转换器；接口类设备主要是指各种计算机和控制器与现场总线之间的接口设备；电源类设备是指为现场总线设备供电的电源；附件类设备包括各种总线连接器、安全栅、终端器和中继器。

这里仅介绍西门子公司生产的压力传感器、电磁流量计和阀门定位器三种现场总线设备。

① 现场总线差压变送器　现场总线差压变送器是一种用于差压、绝对压、表压、液位和流量测量的高性能变送器。现场总线差压变送器有一个内置的 PID 控制块和一个计算块，不需要另设控制设备，延迟少，实时性好，可靠性高，可灵活地实现各种复杂控制策略，并且使现场和控制室之间易于连接，大幅度地降低安装、运行和维护成本。

现场总线差压变送器在网络中可以作为主站运行，可以采用磁性工具就地组态，在许多应用场合中省去了组态器或工程师工作站。

a. 工作原理　现场总线差压变送器采用电容式传感器（电容膜盒）作为差压感受部件，电容值随着差压的变化而改变。电路工作原理见图 5.3 所示，各部分功能描述如下。

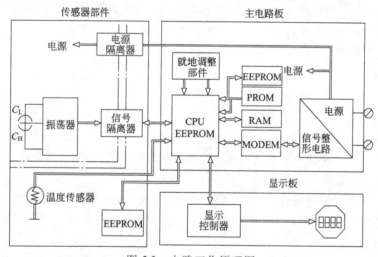

图 5.3　电路工作原理图

（a）振荡器。产生一个频率与传感器电容有关的振荡信号。

（b）信号隔离器。将来自 CPU 的控制信号与来自振荡器的信号相互隔离，以免共地干扰。

（c）CPU、RAM、PROM。CPU 负责完成测量、功能块的执行、自诊断及通信任务；PROM 存储程序；RAM 暂存中间数据。

（d）EEPROM。非易失存储器，用于存放必须保留的数据，如调校、组态等数据。

（e）MODEM。监测链路活动，调制和解调通信信号，插入和删除起始、结束标志。

（f）电源。由现场总线上获得电源，为变送器的电路供电。

（g）电源隔离器。对送至输入部分的电源进行隔离。

（h）显示控制器。接受来自 CPU 的数据，控制液晶显示器各段的显示，还提供各种驱动控制信号。

（i）就地调整部件。用磁性工具调整的磁性开关，无机械和电气接触。

b．应用　由现场总线观点来看，现场总线差压变送器不仅仅是一个差压变送器，而且还是一个具有以下功能模块的网络节点：物理块、输入转换块、显示转换块、模拟量输入块、PID 控制块、信号选择器块、信号特性描述块、通用运算块和积算块。

② 现场总线阀门定位器　现场总线阀门定位器主要用于在现场总线控制系统中驱动气动执行机构。它根据现场总线上送来或者由其内部控制功能块所产生的控制信号，产生一个气压信号，带动执行机构输出一个机械位移，并通过非接触的霍尔元件检测位移的大小，然后反馈到控制电路中去，以便实现精确的阀门定位。其外形如图 5.4 所示。

现场总线阀门定位器的特点是实现了信息的数字传输，能够进行远程设定、自动标定、故障诊断，并提供预防性维修信息。在设备内部可以实现控制、报警、计算以及其他一些数据处理功能。阀门的特性是通过软件组态实现的，不需要对凸轮、弹簧等部件做任何改动，即可以方便地实现线性、等百分比、快开以及其他任意设置的阀门特性。

图 5.4　阀门定位器

现场总线阀门定位器由输出组件、主电路板、显示板等几部分构成。

③ 现场总线通信板　CBP 选件板（带 PROFIBUS 总线的通信板）通过 PROFIBUS 协议将装置与其他更高级的自控系统连接起来，进行快速的数据交换。总线系统根据主-从工作方式访问各台装置。CBP 选件板上有一个 9 孔的 Sub-D 插座 X448，所有电缆必须通过 PROFIBUS 连接器连接，因为连接器带总线终端电阻。

购买现场总线产品时需认真考虑以下几个方面。

a．现场总线质量　详细考察哪种现场总线控制系统销量多，通常运行好的系统销售的数量就多。应弄清销售多少套、运行情况怎么样、还存在哪些问题等。

b．现场总线功能　详细了解系统所具备的功能是否能满足用户的要求。例如总线上所挂接的节点数在不增加附加装置的情况下是否够用。

c．现场总线硬件　供货商能否提供完整的现场总线系列产品，如现场总线变送器、执行器、转换器和人机接口设备等。

d．现场总线软件　随现场总线产品所提供的组态软件、维护软件、仿真软件、监控软件以及人机接口软件等是否齐全。直接用于生产操作和监控的控制软件包，其功能是否丰富，这个软件包必须完整。

e．控制算法　系统运行性能好坏的关键在于控制算法的好坏，要详细了解监控软件包中是否有用户要用的控制算法，且能否在节点上运行。

此外还有一些技术问题需要细致地考虑，如现场智能仪表是否存在阻抗匹配的问题，执行器的附加信号是否需要再增加电缆问题等。有时一些细小的问题将会影响工程施工的进展或竣工后不能正常运行。

3．PROFIBUS 过程现场总线

（1）PROFIBUS 过程现场总线概述

PROFIBUS 是德国标准 DIN 19245 和欧洲标准 EN 50170，也是 IEC 标准 IEC 61158。它是一种用于工厂自动化车间级监控和现场设备层数据通信与控制的现场总线技术，可实现现场设备层到车间级监控的分散式数字控制和现场通信，从而为实现工厂综合自动化和现场设备智能化提供了可行的解决方案。PROFIBUS 与其他现场总线系统相比，其最大优点在于具有稳定的欧洲标准 EN50170 作保证，并经实际应用验证具有普遍性。

PROFIBUS 是一种国际性的开放式现场总线标准，是唯一的全集成 H1（过程）和 H2（工厂自动化）现场总线解决方案，它不依赖于产品制造商，不同厂商生产的设备无需对其接口进行特别调整就可通信，因此它广泛应用于制造加工自动化、楼宇自动化和过程自动化等自动控制领域。

① PROFIBUS 在工厂自动化系统中的位置　典型的工厂自动化系统通常分为现场设备层、车间监控层和工厂管理层，如图 5.5 所示。现场总线 PROFIBUS 是面向现场级与车间级的数字化通信网络。

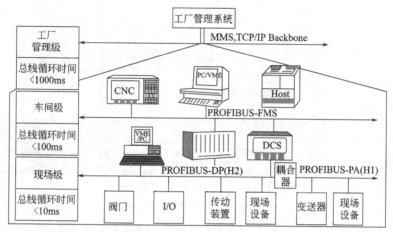

图 5.5　面向现场级与车间级的数字化通信网络 PROFIBUS

a. 现场设备层　主要功能是连接现场设备，如分散式 I/O、传感器、驱动器、执行机构、开关设备等，完成现场设备控制及设备间联锁控制。主站（PLC、PC 机或其他控制器）负责总线通信管理及所有从站的通信，总线上所有设备生产工艺控制程序存储在主站中，并由主站执行。

b. 车间监控层　用来完成车间主生产设备之间的连接，如一个车间 3 条生产线主控制器之间的连接，完成车间级设备监控，包括生产设备状态在线监控、设备故障报警及维护等，通常还具有诸如生产统计、生产调度等车间级生产管理功能。车间级监控通常要设立车间监控室，有操作员工作站及打印设备。车间级监控网络可采取 PROFIBUS-FMS，它是一个多主机网，要求能够传送大容量信息，对数据传输速度的要求不高。

c. 工厂管理层　车间操作员工作站可通过集线器与车间办公管理网连接，将车间生产数据送到车间管理层。车间管理网作为工厂主网的一个子网，通过交换机、网桥或路由等连接到厂区骨干网，将车间数据集成到工厂管理层。车间管理层通常采用以太网，即 IEC802.3、TCP/IP 通信协议标准。厂区骨干网可根据工厂实际情况，采用如 FDDI 或 ATM 等网络。

② PROFIBUS 协议类型与结构

a. PROFIBUS 协议类型　PROFIBUS 含有 3 个兼容的协议：PROFIBUS-DP（Decentralized Periphery，分散外围设备）、PROFIBUS-PA（Progress Automation，过程自动化）和 PROFIBUS-FMS（Fieldbus Message Specification，现场总线报文规范）。

（a）PROFIBUS-DP。传输速率最高为 12Mbps，主要用于现场级和装置级的自动化。

（b）PROFIBUS-PA。传输速率为 31.25Kbps，主要用于现场级过程自动化，具有本质安全和总线供电特性。

（c）PROFIBUS-FMS。主要用于车间级或厂级监控，构成控制和管理一体化系统，进行系统信息集成。

b. PROFIBUS 协议结构　PROFIBUS 根据 ISO7498 国际标准制定，并以开放式系统互连模型（OSI）作为参考模型，如图 5.6 所示。

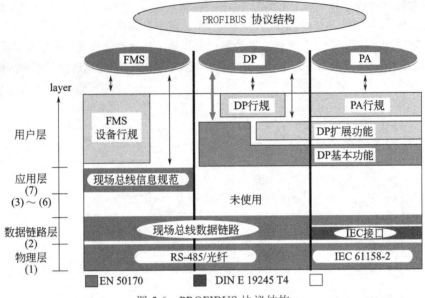

图 5.6　PROFIBUS 协议结构

（a）PROFIBUS-DP。定义了第 1、2 层和用户接口。第 3 到第 7 层未加描述。用户接口规定了用户以及设备可调用的应用功能，并详细说明了各种不同 DP 设备的设备行为。

（b）PROFIBUS-FMS。定义了第 1、2、7 层，应用层包括现场总线报文规范 FMS 和低层接口 LLI（Lower Layer Interface）。FMS 包括了应用协议并向用户提供了可广泛选用的强有力的通信服务。LLI 协调不同的通信关系并提供不依赖设备的第 2 层访问接口。

（c）PROFIBUS-PA。数据传输采用扩展的 DP 协议。另外，PA 还描述了现场设备行为的 PA 行规。根据 IEC61158-2 标准，PA 的传输技术可确保其本质安全性，而且可通过总线给现场设备供电。使用连接器可在 DP 上扩展 PA 网络。

③ PROFIBUS 传输技术　PROFIBUS 提供了 3 种数据传输类型，即用于 DP 和 FMS 的 RS-485 传输、用于 PA 的 IEC1158-2 传输和光纤。

a．用于 DP/FMS 的 RS-485 传输技术

由于 DP 与 FMS 系统使用了同样的传输技术和统一的总线访问协议，因而这两套系统可在同一根电缆上同时操作。RS-485 传输采用屏蔽双绞铜线，是 PROFIBUS 最常用的一种传输技术，这种技术通常称之为 H2（图 5.7）。

（a）RS-485 传输技术基本特征为：

网络拓扑　线性总线，两端有有源的

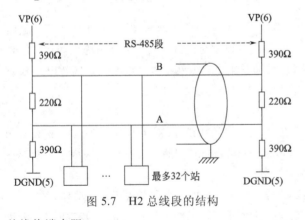

图 5.7　H2 总线段的结构

总线终端电阻；

传输速率　9.6Kbps～12Mbps；

介质　屏蔽双绞电缆，也可取消屏蔽，取决于环境条件；

站点数　每分段 32 个站（不带中继），可多到 126 个站（带中继）；

插头连接 最好使用 9 针 D 型插头。

（b）PROFIBUS-DP 设备类型。PROFIBUS-DP 允许构成单主站或多主站系统，系统配置描述包括站数、站地址、输入/输出地址、输入/输出数据格式、诊断信息格式以及所使用的总体参数。每个 PROFIBUS-DP 系统可包括以下三种不同类型设备。

一级 DP 主站（DPM1）：一级 DP 主站是中央控制器，它在预定的信息周期内与分散的站（如 DP 从站）交换信息，典型的 DPM1 如 PLC 或 PC。

二级 DP 主站（DPM2）：二级 DP 主站是编程器、组态设备或操作面板，在 DP 系统组态操作时使用，完成系统操作和监视目的。

DP 从站：DP 从站是进行输入和输出信息采集和发送的外围设备（I/O 设备、驱动器、HMI、阀门等）。

（c）PROFIBUS-DP 系统行为。主要取决于 DPM1 的操作状态，这些状态由本地或总线的配置设备所控制，主要有以下三种状态。

运行：输入和输出数据的循环传送，DPM1 由 DP 从站读取输入信息并向 DP 从站写入输出信息。

清除：DPM1 读取 DP 从站的输入信息并使输出信息保持为故障-安全状态。

停止：只能进行主-主数据传送，DPM1 和 DP 从站之间没有数据传送。

b. 用于 PA 的 IEC1158-2 传输技术 数据 IEC1158-2 的传输技术用于 PA，能满足化工和石油工业的要求，可保持其本质安全性，并通过总线对现场设备供电（图 5.8）。

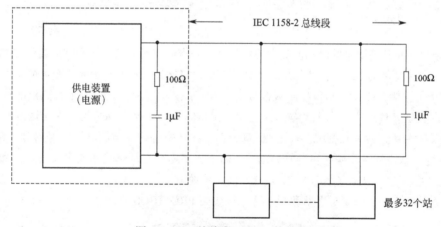

图 5.8 PA 总线段（H1）的结构

IEC1158-2 是一种位同步协议，可进行无电流的连续传输，通常称为 H1。IEC1158-2 技术用于 PROFIBUS-PA。

（a）传输原理。每段只有一个电源作为供电装置。当站收发信息时，不向总线供电；每站现场设备所消耗的为常量稳态基本电流。现场设备的作用如同无源的电流吸收装置。主总线两端起无源终端线作用。允许使用线形、树形和星形网络。为提高可靠性，设计时可采用冗余的总线段。为了调制的目的，假设每个布线站至少需要 10mA 基本电流才能设备启动。

（b）传输技术特性

数据传输：数字式、位同步、曼彻斯特编码。

传输速率：31.25Kbps，电压式。

数据可靠性：前同步信号，采用起始和终止限定符避免误差。

电缆：屏蔽式或非屏蔽式双绞线。

远程电源供电：可选附件，通过数据线。

防爆型：能进行本质及非本质安全操作。

拓扑：总线型、树形或两者相结合。

站数：每段最多 32 个，总数最多为 126 个。

中继器：最多可扩展至 4 台。

c．光纤传输技术。PROFIBUS 系统在电磁干扰很大的环境下应用时，可使用光纤以增加高速传输的距离。通过光纤，可使 PROFIBUS 系统站之间的距离最大达到 15km，同时还可以确保总线站之间的电隔离。

（a）总线导线。有两种光纤可供使用，一种为价格低廉的塑料纤维，供距离小于 50m 情况下使用。另一种是玻璃纤维，用于距离小于 1km 情况下使用。

（b）总线连接。可以用于将总线站连接到光纤导体的连接技术有 OLM（Optical Link Module，光链路模块）技术、OLP（Optical Link Plug，光链路插头）技术、集成的光纤电缆连接和 OBT（Optical Fiber Bus Terminal，光纤总线终端）技术。

（c）拓扑结构。用于数据传输的光纤技术可以构成环形、总线型、树形和星形结构。光链路模块（OLM）可以用于实现单光纤环和冗余的双光纤环。

④ 介质存取控制　三种 PROFIBUS（DP、FMS、PA）均使用一致的总线存取协议，该协议是通过 OSI 参考模型的第二层现场总线数据链路层（FDL）来实现的，它包括数据的可靠性以及传输协议和报文的处理。

PROFIBUS 协议的设计要满足介质控制的两个基本要求，即在复杂的自动化系统（主站）间的通信，必须保证在确切限定的时间间隔中的任何一个站点要有足够的时间来完成通信任务；在复杂的程序控制器和简单的 I/O 设备（从站）间通信，应尽可能快速又简单地完成数据的实时传输。

介质存取控制（MAC）具体控制数据传输的程序，必须确保在任何一个时刻只能有一个站点发送数据，有令牌传送方式和主站与从站之间的主从方式。主站之间采用令牌传送方式，主站与从站之间采用主从方式。令牌传递程序保证每个主站在一个确切规定的时间内得到总线存取权（令牌），主站得到总线存取令牌时可与从站通信。每个主站均可向从站发送或读取信息。因此有以下三种系统配置：纯主-从系统、纯主-主系统、混合系统。

图 5.9 所示是一个由 3 个主站和 7 个从站构成的 PROFIBUS 系统：

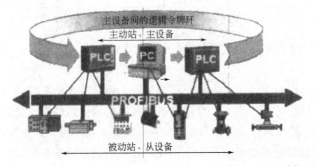

图 5.9　由 3 个主站和 7 个从站构成的 PROFIBUS 系统

a．3 个主站之间构成令牌逻辑环；

b．总线系统初建时，主站介质存取控制的任务是制定总线上的站点分配并建立逻辑环，在总线运行期间，断电或损坏的主站必须从环中排除，新上电的主站必须加入逻辑环；

c. 当某主站得到令牌报文后，该主站可在一定时间内执行主站工作，在这段时间内，它可依照主-从通信关系表与所有从站通信，也可依照主-主通信关系表与所有主站通信。

（2）PROFIBUS 技术

① PROFIBUS-DP 技术　PROFIBUS-DP（以下简称 DP）由不同类型的设备组成（图 5.10），在同一总线上最多可连接 126 个站点。站点类型有三种：1 类 DP 主站（DPM1）、2 类 DP 主站（DPM2）和 DP 从站。各类型设备的主要功能如图 5.11 所示。

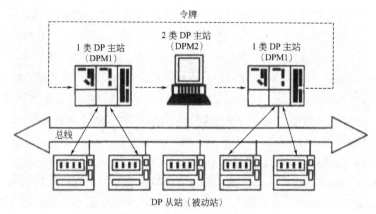

图 5.10　PROFIBUS 多主站结构

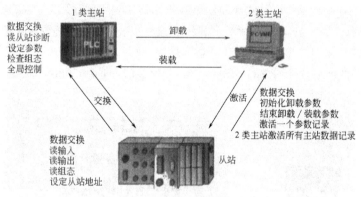

图 5.11　各类设备的基本功能

PROFIBUS-DP 基本特征如下。

a. 传输技术　RS-485 双绞线、双线电缆或光缆，传输速率为 9.6Kbps～12Mbps。

b. 总线存取　各主站间令牌传递，主站与从站间为主-从传送，支持单主或多主系统，总线上最多站点（主-从设备）数为 126。

c. 通信　点对点（用户数据传送）或广播（控制指令），循环主-从用户数据传送和非循环主-主数据传送。

d. 运行模式　运行、清除、停止。

e. 同步　控制指令允许输入和输出同步。同步模式为输出同步，锁定模式为输入同步。

f. 功能　DP 主站和 DP 从站间的循环用户有数据传送、各 DP 从站的动态激活和可激活、DP 从站组态的检查、强大的诊断功能、三级诊断信息、输入或输出的同步、通过总线给 DP 从站赋予地址。通过总线对一类 DP 主站（DPM1）进行配置，每个 DP 从站的输入和输出数据最大为 246B。

g. 可靠性和保护机制　所有信息的传输按海明距离 HD=4 进行。DP 从站带看门狗定时器（Watchdog Timer），对 DP 从站的输入/输出进行存取保护。DP 从站上带可变定时器的用户数据传送监视。

h. 设备类型　2 类 DP 主站（DPM2）是可进行编程、组态、诊断的设备。1 类 DP 主站（DPM1）是中央可编程控制器，如 PLC、PC 等。DP 从站是带二进制值或模拟量输入/输出的驱动器、阀门等。

i. 速率　DP 对所有站点传送 512bps 输入和 512bps 输出，在 12Mbps 时只需 1ms。

j. 诊断功能　经过扩展的 DP 诊断能对故障进行快速定位。诊断信息在总线上传输并由主站采集，诊断信息分三级：本站诊断操作，即本站设备的一般操作状态，如温度过高、压力过低；模块诊断操作，即一个站点的某具体 I/O 模块故障；通过诊断操作，即一个单独输入/输出位的故障。

PROFIBUS-DP 在同一个总线上最多可连接 126 个站点。系统配置的描述包括站数、站地址、输入/输出地址、输入/输出数据格式、诊断信息格式及所使用的总线参数，既可构成单主站系统，亦可构成多主站系统。

a. 单主站系统　在总线系统的运行阶段，只有一个活动主站。

b. 多主站系统　总线上连有多个主站，这些主站与各自从站构成相互独立的子系统。每个子系统包括一个 DPM1、指定的若干从站及可能的 DPM2 设备。任何一个主站均可读取 DP 从站的输入/输出映像，但只有一个 DP 主站允许对 DP 从站写入数据。

② PROFIBUS-PA 技术　PROFIBUS-PA（以下简称 PA）主要用于流程工业自动化领域（图 5.12）。PA 将自动化系统或过程控制系统与压力、温度和液位变送器等现场设备连接起来，并解决它们之间的通信任务。PA 采用 IEC1158-2 传输技术，现场设备由总线供电，具有本质安全特性，可用于有爆炸危险的区域。使用 PROFIBUS-PA 可取代现行的 4～20mA 的模拟技术，如图 5.13 所示。

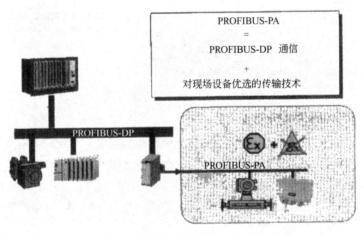

图 5.12　PROFIBUS-PA 系统

a. PA 特性

（a）适合过程自动化应用的行规，使不同厂家的现场设备具有互换性。

（b）增加和去除总线站点，即使在本质安全地区也不会影响到其他站。

（c）在过程自动化的 PA 段与制造自动化的 DP 总线段之间通过耦合器连接，并使之实现两段间的透明通信。

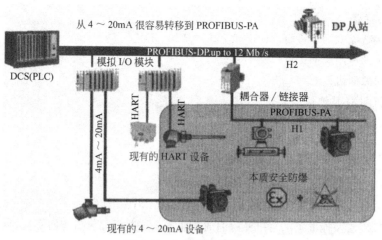

图 5.13　PA 的典型连接

（d）使用与 IEC1158-2 技术相同的双绞线完成远程供电和数据传送。

（e）在潜在的爆炸危险区可使用防爆型"本质安全"或"非本质安全"。

PA 采用 DP 的基本功能来传送测量值和状态，并用扩展的 DP 功能来制定现场设备的参数和进行设备操作。PA 中对应 OSI 参考模型的第 1 层采用 IEC1158-2 技术，第 2 层和第 1 层之间的在 DIN19245 系列标准的第 4 部分做了规定。

b. PA 行规　　PA 行规保证了不同生产厂商生产的现场设备具有互换性和互操作性，是 PROFIBUS-PA 的一个组成部分。PA 行规的主要任务是选用各种类型现场设备必需的通信功能，并提供这些设备功能和设备行为的一切必要的规格、参数等。

c. DP/PA 耦合器、PA 链接器　　RS-485/FO（光纤）和 IEC1158-2 传输技术之间可以通过 DP/PA 耦合器（Coupler）或 PA 链接器（Link）相连接，从而使 PROFIBUS 网络很容易延伸到有爆炸危险的应用区域。

（a）耦合器与链接器主要任务。将异步数据格式转换为同步数据格式，并将传输速率转换为 31.25Kbps 向现场设备供电，限制馈电流（适用于防爆）。

（b）耦合器与链接器的区别。耦合器与一根导线的作用相同，不是系统组态的对象。从总线的角度看，它是不可识别的。链接器应用于对循环时间要求很高和现场设备（仪表）数量很大的场合。每个链接器可连 3 个耦合器，链接器对上位主站而言是从站，对现场设备而言又是主站。

③ PROFIBUS-FMS 技术　　PROFIBUS-FMS（以下简称 FMS）主要用于解决车间监控级通信。在这一层，可编程序控制器（如 PLC、PC 机等）之间需要比现场层更大量的数据传送，但通信的实时性要求低于现场层（图 5.14）。

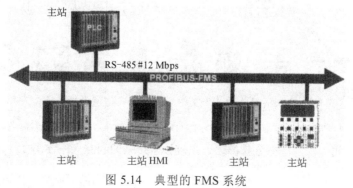

图 5.14　典型的 FMS 系统

a. FMS 的特点

（a）为连接智能现场设备而设计，如 PLC、PC、MMI。

（b）强有力的应用服务提供广泛的功能。

（c）面向对象的协议。

（d）多主机和主-从通信。

（e）点对点、广播和局部广播通信。

（f）周期性和非周期性的数据传输。

（g）每个设备的用户数据多达 240 个字节。

（h）得到所有主要 PLC 制造商的支持。

（i）可以提供大量的产品，如 PLC、PC、VME、MMI、I/O 等。

b. FMS 应用层　提供了供用户使用的通信服务。这些服务包括访问变量、程序传递、事件控制等。FMS 应用层包括下面两部分：

（a）FMS（现场总线报文规范）　描述了通信对象和应用服务；

（b）LLI（低层接口）　FMS 服务到 OSI 参考模型第 2 层的接口。

c. FMS 通信模型　FMS 利用通信关系将分散的过程统一到一个共用的过程中。在应用过程中，可用来通信的那部分现场设备称 VFD（虚拟现场设备），在实际现场设备与 VFD 之间设立一个通信关系表。通信关系表是 VFD 通信变量的集合，如零件数、故障数、停机时间等。VFD 通信关系表完成对实际现场设备的通信。

d. FMS 服务　FMS 服务项目是 ISO9506 的 MMS（制造信息规范）服务项目的子集。这些现场总线在应用中已被优化，而且还加上了通信提出的广泛需求，服务项目的选用取决于特定的应用，具体的应用领域在 FMS 行规中规定。

（3）PROFIBUS 控制系统配置的几种形式

① 根据现场设备是否具备 PROFIBUS 接口可分为三种类型。

a. 总线接口型　现场设备不具备 PROFIBUS 接口，采用分散式 I/O 作为总线接口与现场设备的连接。如果现场设备能分组，组内设备相对集中，这种模式会更好地发挥现场总线技术的优点（图 5.15）。

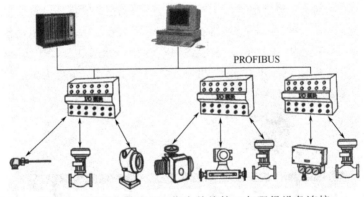

图 5.15　采用分散式 I/O 作为总线接口与现场设备连接

b. 单一总线型　现场设备都具有 PROFIBUS 接口，这是一种理想情况，可使用现场总线技术实现完全的分布式结构，可充分获得这一先进技术带来的利益（图 5.16）。这种方案的设备成本会较高。

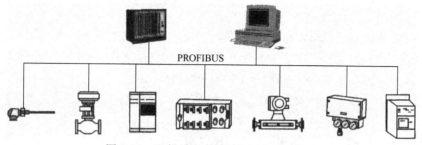

图 5.16 现场设备都有 PROFIBUS 接口

c. 混合型 现场设备部分具备 PROFIBUS 接口时，应采用 PROFIBUS 现场设备加分散式 I/O 混合使用的方法。分散式 I/O 可作为通用的现场总线接口，是一种灵活的集成方案（图 5.17）。

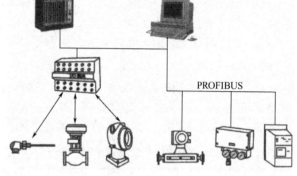

图 5.17 混合型

② 根据实际需要及经费情况，通常有以下几种结构类型。

a. 结构类型 1 以 PLC 或控制器作 1 类主站，不设监控站，但调试阶段配置一台编程设备。PLC 或控制器完成总线通信管理、从站数据读写、从站远程参数化工作。

b. 结构类型 2 以 PLC 或控制器作 1 类主站，监控站通过串口与 PLC 一对一地连接。监控站不在 PROFIBUS 网上，不是 2 类主站，不能直接读取从站数据和完成远程参数化工作，监控站所需的从站数据只能从 PLC 控制器中读取。

c. 结构类型 3 以 PLC 或其他控制器作 1 类主站，监控器连接在 PROFIBUS 总线上。在 PROFIBUS 网上作为 2 类主站，可完成远程编程、参数化及在线监控功能。

d. 结构类型 4 使用 PC 机加 PROFIBUS 网卡作 1 类主站，监控站与 1 类主站一体化，成本低，但 PC 机要求高可靠性，PC 机一旦发生故障将导致整个系统瘫痪。另外，通信厂商通常只提供一个模板的驱动程序，总线控制、从站控制程序、监控程序可能要由用户开发，因此应用开发工作量可能会较大。

e. 结构类型 5 坚固式 PC 机+PROFIBUS 网卡+SOFTPLC 的结构形式。如果把结构类型 4 中的 PC 机换成一台坚固式 PC 机，系统可靠性将大大增强。这是一台监控站与 1 类主站一体化控制器工作站。

f. 结构类型 6 使用两级网络结构，这种方案可以方便地进行扩展。

③ DP、PA 与 FMS 的混合连接

a. PA 与 DP 的连接 通过耦合器或链路设备将变送器、转换器和定位器连接到 DP 网络，PA 协议使用同 DP 一样的通信协议。事实上，PA=DP 通信协议+扩展的非周期性服务+作为物理层的 IEC1158，称之为 H1，它使得工厂各层次的自动化和过程控制一致并高度集成。这意味着使用一种协议的不同种类来集成工厂的所有区。

由于 DP 和 PA 使用不同的数据传输速度和方式，为使它们之间平滑地传输数据，使用 DP/PA 耦合器和 DP/PA 链路设备作为网关。

DP/PA 耦合器用于在 DP 与 PA 间传递物理信号，适用于简单网络与运算时间要求不高的场合。

DP/PA 耦合器有非本质安全型和本质安全型两种类型。

PA 现场设备可以通过 DP/PA 链路设备连接到 DP。DP/PA 链路设备应用在大型网络时，依赖网络复杂程度和处理时间要求的不同，会有不止一个链路设备到 DP。DP/PA 链路设备一方面作为 DP 网络段的从站，同时作为 PA 网络段的主站将耦合网络上所有的数据通信。这意味着在不影响 DP 性能的情况下，DP/PA 链路设备 DP 与 PA 结合起来。DP/PA 链路设备可以作为所有标准 DP 的主站，由于每个链路设备可以连接多台现场设备，而链路设备只占用 DP 的一个地址，因此整个网络所能容纳的设备数目大大增加。依赖网络复杂程度和处理时间要求的不同，可有不止一个链路设备连接到 DP。

b. FMS 和 DP 的混合操作 FMS 和 DP 设备在一条总线上进行混合操作是 PROFIBUS 的一个主要优点，因为 FMS 和 DP 均使用统一的传输技术和总线存取协议，这些设备称为混合设备，不同的应用功能是通过第 2 层不同的服务访问点来分开的。

（4）PROFIBUS 控制系统组成及特点

① 系统组成 PROFIBUS 控制系统组成包括以下几个部分。

a. 一类主站 指 PLC、PC 或可作 1 类主站的控制器，1 类主站完成总线通信控制与管理。

b. 二类主站 指 PLC、分散式 I/O 和驱动器、传感器、执行机构等现场设备。

（a）PLC（智能型 I/O）。可作 PROFIBUS 上的一个从站。PLC 自身有程序存储，PLC 的 CPU 部分执行程序并按程序驱动 I/O。作为 PROFIBUS 主站的一个从站，在 PLC 存储器中有一段特定区域作为与主站通信的共享数据区。主站可通过通信间接控制从站 PLC 的 I/O。

（b）分散式 I/O（非智能 I/O）。通常由电源部分、通信适配器部分及接线端子部分组成。分散式 I/O 不具有程序存储和程序执行，通信适配器部分接收主站指令，按主站指令驱动 I/O，并将 I/O 输入及故障诊断等返回给主站。通常分散式 I/O 由主站统一编址，这样在主站编程时使用分散式 I/O 与使用主站的 I/O 没有区别。

（c）驱动器、传感器、执行机构等现场设备。即带 PROFIBUS 接口的现场设备，可由主站在线完成系统配置、参数修改、数据交换等功能。至于哪些参数可进行通信以及参数格式，由 PROFIBUS 行规决定。

② PROFIBUS 主要应用领域及特点 PROFIBUS 主要应用领域有：

a. 制造业自动化 汽车制造（机器人、装配线、冲压线等）、造纸、纺织、汽车组装、润滑油生产、钢板冲压成型啤酒生产（过滤与发酵）等；

b. 过程控制自动化 石化、化工、制药、造纸、纺织、水泥、食品、啤酒等；

c. 电力 发电、输配电等；

d. 楼宇 空调、风机、供热、照明灯等；

e. 铁路交通 信号系统等。

PROFIBUS 现场总线系统的技术特点：

a. 容易安装，节省成本；

b. 集中组态，建立系统简单；

c. 提高可靠性，工厂生产更安全、有效；

d. 减少维护，节省成本；

e. 符合国际标准，工厂投资安全。

【任务实施】基于 PROFIBUS-PA 的锅炉液位监控系统的实现

（1）任务要求

使用 1 台微机（上位机）、1 套 PLC 电气控制柜（含 PLC 和变频器）、3 个现场智能仪表、1 台不间断电源和 1 套模拟控制对象构建一个 PROFIBUS-PA 锅炉液位监控系统，组成框图如图 5.18 所示。

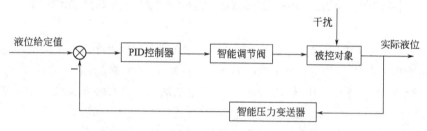

图 5.18　PROFIBUS-PA 锅炉液位监控系统组成框图

基于 PROFIBUS-PA 的锅炉液位控制系统网络结构如图 5.19 所示。该系统通过 PROFIBUS-PA 总线实现对锅炉液位 PID 控制和锅炉出水流量的监视。系统设 1 个主站和 3 个从站，分别由 S7-300PLC、现场智能设备以及 PROFIBUS 总线构成。

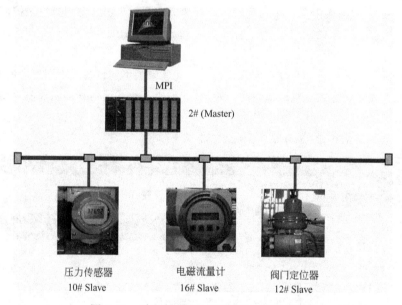

图 5.19　过程控制 PROFIBUS 网络结构图

（2）设备说明

方案中采用德国西门子公司 SIMATIC S7 系统，它的硬件部分包括控制器（CPU）模块、电源模块、输入/输出模块、编程设备和通信电缆。各模块安装在 DIN 标准导轨上，背板总线集成在各模块上，通过将总线连接器插在模块的背后，使背板总线连成一体。

如图 5.20 所示，本系统所选模块包括：

① 电源模块 PS（Power Supply）　将交流电压 220V 转换为 24V 直流工作电压，为 S7-300 CPU 和 24V 直流负载电路（信号模块、传感器、执行器等）提供电源；

图 5.20 S7-300PLC

② 中央处理单元 CPU 本系统采用 CPU313C-2DP 用于执行程序，为 S7-300 背板总线提供 5V 电源，在 MPI 网络中，通过 MPI（多点接口）与其他 MPI 网络节点进行通信；

③ 信号模块 SM 系统使用 4 块信号模块，其中 2 块模拟输入模块 SM331 是 8 输入 4 通道组模块，2 块模拟输出模块 SM332 分别是 4 输出 4 通道组和 2 输出 2 通道组。

此外，还有导轨、前连接器和带总线连接器的 PROFIBUS 总线电缆。

（3）实施步骤

① 确定控制方案 PID 控制规律是一种比较成熟的控制策略，实际应用中可组成 P、PI、PD 和 PID 几种规律。选择什么规律的调节器与具体对象相匹配，需要综合考虑多种因素。一般应根据对象特性、负荷变化、主要扰动和系统控制要求等具体情况，同时还应考虑系统的经济性以及系统投入方便等。当系统纯滞后比较严重时，就应考虑选用如串级、前馈等复杂控制系统。本系统的控制策略仅采用了简单的 PID 控制，重点放在基于 PROFIBUS-PA 过程控制系统的构建与实现上。

② 硬件组态 组态的目的是要将连入总线的相同厂家的不同设备或不同厂家的不同设备，按照各自 GSD 文件描述的方式有机地组织在一起，使它们实现相互通信和协同控制以便形成一个控制系统。

a. 新建一个 SIMATIC S7-300 站，见图 5.21。

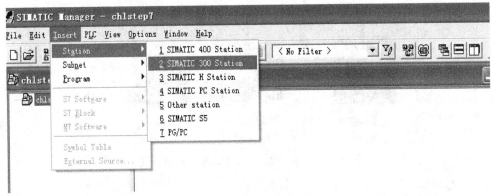

图 5.21 建立 S7-300 项目

b. 双击 Hardware 进入硬件配置环境，见图 5.22。

c. 进入 Hardware 后，依次导入三个智能仪表的 GSD 文件，见图 5.23 和图 5.24。

d. 在导轨 2 号槽加入一个 CPU，选中 DP，右键选属性，选 DP master，见图 5.25 和图 5.26。

e. 在 4 号和 5 号槽各加入一块 8 通道模拟量输入模块，在导轨 6 号槽加入一块 4 通道模拟量输出模块，在导轨 7 号槽加入一块 2 通道模拟量输出模块，见图 5.27。

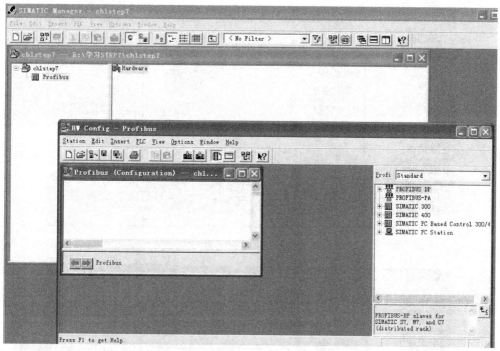

图 5.22　硬件配置

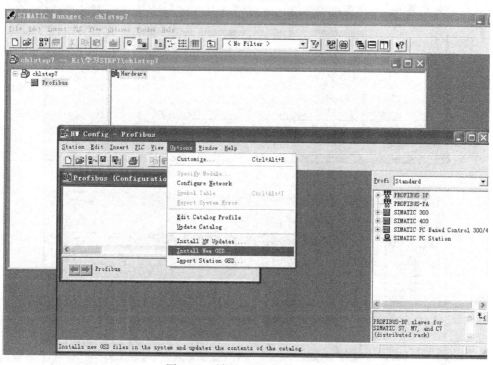

图 5.23　导入 GSD 文件（1）

f．点击网络线，分别选中硬件目录表中的 SITRANS P DSIII 并双击，压力传感器连接到 PROFIBUS 网，定义网络地址为 10#；选中硬件目录表中的 SITRANSFM 并双击，电磁流量计连接到 PROFIBUS 网，定义网络地址为 16#；选中硬件目录表中的 SIPSRT PS2 并双击，选择 READBACK+ POS D SP，阀门定位器连接到 PROFIBUS 网，定义网络地址为 12#。

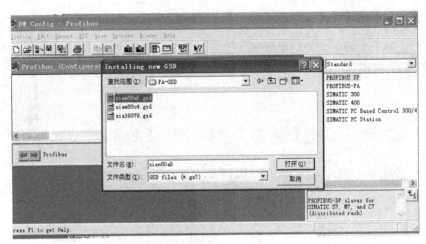

图 5.24　导入 GSD 文件（2）

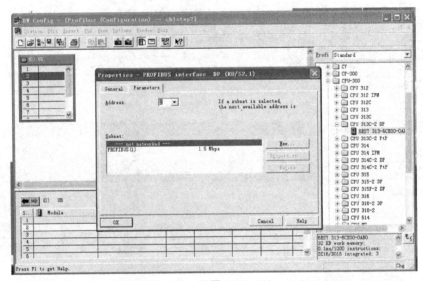

图 5.25　配置 CPU（1）

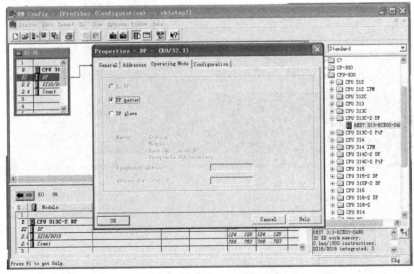

图 5.26　配置 CPU（2）

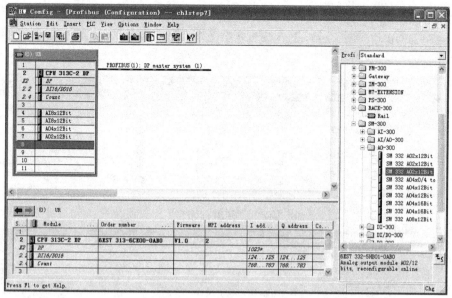

图 5.27　I/O 模块配置

g. 将硬件配置分别下载到 PLC 中，完成硬件配置，见图 5.28。

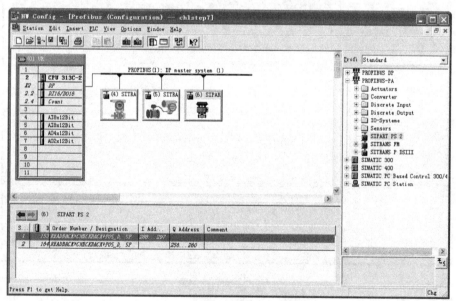

图 5.28　智能仪表硬件配置

③ 编程　西门子公司为 PROFIBUS 开发的组态软件 SIMATIC 程序管理中有多种组态工具可供使用，如 CFC（连续功能图）、SFC（顺序功能图）、STEP7（SIMATICS7 系列梯形图编程语言）、SCL（结构化的控制语言）和 WinCC（SIMATIC 视窗控制中心）等。

STEP7 软件结构分为系统块和用户块。系统块包括系统功能块（SFB）、系统功能（SFC）和系统数据块（SDB）。用户块包括组织块（OB）、功能块（FB）、功能（FC）以及数据块（DB），

用户块也被称为程序块。组织块 OB1 为主程序循环块，在执行时要调用 FC、FB 等实现不同功能的功能块。本方案中的功能块 FB41 实现锅炉液位连续 PID 控制，功能 FC 类似于功能块的操作块，负责把流量值、液位值等数字量分别转换为同实际大小对应的工程量，数据块 DB 用于

保存其他功能的数据或信息。

　　双击选中的 OB 块（图 5.29），进入编辑状态（图 5.30），用梯形图编程语言编写程序，主要程序略。

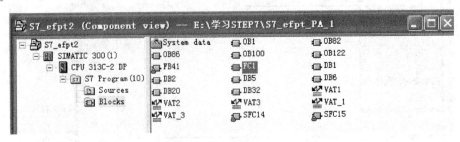

图 5.29　选择编程的 OB 块

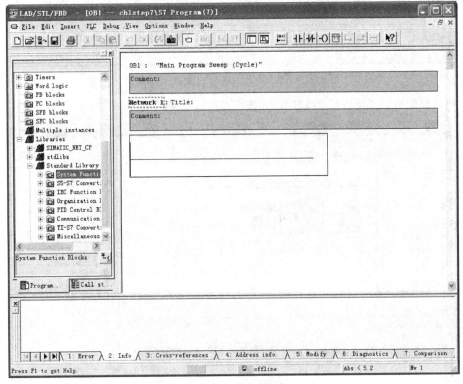

图 5.30　编程界面

　　④ 系统运行

　　a. WinCC 监控画面　先用 WinCC 开发工艺流程图和相关的调节画面，然后通过工作站 WinCC 画面、鼠标、键盘，操作人员可以更好地用安装在现场的各种智能仪表对锅炉液位、流量等参数进行动态监控，从而保证了系统的安全、稳定运行。

　　主画面　模拟控制对象锅炉、安装的智能传感器、进水和出水管路等以工艺流程图方式显示，图像由一系列生动形象的图例系统组成。流程图上具有相关的实时处理过程的动态参数值显示和状态显示，见图 5.31。

　　测量值　仪表测量值以实时数据动态显示。

　　报警显示　过程监测或运转设备出现越限或故障时，可记录报警对象、内容和时间。

　　趋势图　具有实时动态趋势图、历史趋势图以供操作人员分析。

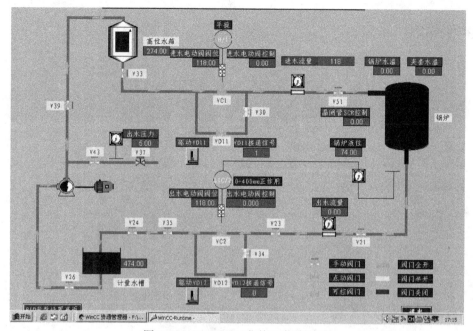

图 5.31　WinCC 开发的工艺流程图

PID 调节画面　锅炉液位 PID 调节画面用以在线调整 PID 控制器参数，见图 5.32。

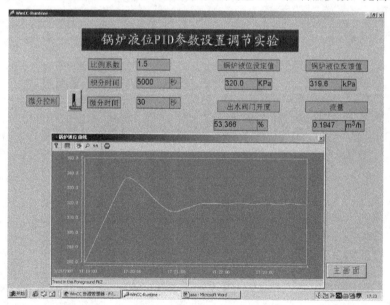

图 5.32　PID 参数调整画面

报表　存储的数据资料用于生产调度、预报参考之用。

b. 系统调试　PID 调节器参数可采用工程整定法中的衰减曲线法进行确定，整定后比例系数 K_c=1.5，积分时间 T_I=5000s，微分时间 T_D=30s。图 5.32 所示为该组调节器参数下的调节曲线，实现了基于 PROFIBUS-PA 的锅炉液位监控系统。

工业生产中的锅炉液位控制比较复杂，例如电厂的锅炉液位控制中，锅炉的液位、流量除受控制作用外，彼此之间还相互影响，显然采用简单控制策略是无法达到控制目标的，这时要考虑采用模糊控制策略。事实证明，模糊控制的效果明显好于 PID 控制。

【学习评价】

1. 什么是现场总线和现场总线控制系统?

2. 比较分析现场总线控制系统与传统控制系统在结构方面的差异。

3. 简述现场总线通信协议,并说明几种典型现场总线的特点。

4. 购买现场总线产品时一般需要考虑哪些因素?

5. 比较 PROFIBUS-DP、PROFIBUS-PA 和 PROFIBUS-FMS 技术的特点。

6. PROFIBUS 控制系统配置的形式有哪些?

7. 构建一个基于 PROFIBUS 的控制系统,运行调节后总结其实现的步骤。

拓展学习情境

物联网技术及其应用

学习目标

能力目标：

① 初步具备物联网的认知能力；

② 能够结合案例理解物联网的组建和应用过程；

③ 初步具备利用物联网技术的能力。

知识目标：

① 掌握物联网基本概念和结构特征；

② 掌握物联网核心技术；

③ 掌握物联网技术的应用方式。

【任务描述】

物联网及其应用技术是信息技术第三次变革的产物,它拓展了传统集散控制系统的应用领域,弥补了传统集散控制系统的缺点。本学习情境将介绍物联网的基本概念、构成、技术特点和物联网技术的应用实例。

【知识链接】

传统的集散控制系统（DCS）是以微处理器为基础的对生产过程进行集中监视、操作、管理和分散控制的集中分散型控制系统。DCS 系统将若干台微机分散应用于过程控制,全部信息通过通信网络由上位管理计算机监控,实现最优化控制,整个装置继承了常规仪表分散控制和计算机集中显示的优点,克服了常规仪表功能单一、人-机联系差和单台微型计算机控制系统危险性高度集中的缺点,既实现了在管理、操作和显示方面的集中,又实现了在功能、负荷和危险性方面的分散。

随着网络技术、计算机技术和自动控制技术的发展,集散控制系统进一步发展变革为以网络通信技术为核心的现场总线控制系统（FCS）。现场总线控制系统实现了彻底的全分散式控制,废弃了 DCS 的输入输出单元,由现场仪表取而代之,即把 DCS 控制站的功能化整为零,功能块分散分配给现场总线上的智能设备,统一组态,实现彻底的分散控制。但是,现场总线系统由于需要使用数据总线将现场智能设备进行连接,这就造成在使用时受到地域、场地的限制,容易形成信息孤岛,不能实现多个系统之间的信息交换。

物联网技术将集散控制系统中的各个设备或物件嵌入智能芯片,使其具有自处理能力,通过互联网（Internet）与更广阔的区域联系,综合利用网上资源,延伸了集散控制系统和现场总线控制系统的控制范围。同时,推动了仪器仪表、嵌入式系统、集散控制系统的升级换代,大大提高了企业的竞争力。

当前,世界各国对物联网及应用技术的研究高度重视,美国 IBM 公司提出"智慧地球"策略,中国领导层提出了"感知中国"规划,物联网及其应用技术在工业控制领域已经被广泛使用,成为未来提升国力的关键领域之一。

1.物联网概述

（1）物联网基本概念

物联网（The Internet of things）的概念首先在 1999 年由麻省理工学院自动识别室提出,同年中国科学院也启动了传感网（当时不叫物联网）的研究和开发。2005 年信息社会世界峰会上,国际电信联盟发布了关于物联网的报告,介绍了意大利、日本、韩国和新加坡等国家的物联网案例,并提出了"物联网时代"的构思。世界上万事万物,小到钥匙、手表、手机,大到汽车、楼房,只要注入一个微型射频标签芯片或传感器芯片,通过互联网就能够实现物与物之间的信息交流,从而形成一个无所不在的物联网。在任何时间、任何地点,世界上所有的人和物都可以方便地实现人与人、物与人、物与物之间的信息交互。

物联网是指各类传感器和现有互联网相互衔接的一种新技术。过去对物质的概念一直是将物理基础设施和 IT 基础设施分开,一方面是设备、建筑物等物质世界,另一方面是可对其进行管理的控制中心、个人计算机、宽带等 IT 基础设施,而在物联网时代,机器设备、建筑物、电缆和芯片形成无缝连接,合二为一。

物联网的定义存在多样性,比较普遍被认可的是:物联网就是通过射频识别（Radio Frequency

Identification，简称 RFID）、红外感应器、全球定位系统、激光扫描器等信息传感设备，按约定的协议，把任何物品与互联网相连接，进行信息交换和通信，以实现对物品的智能化识别、定位、跟踪、监控和管理的一种网络。顾名思义，物联网就是物物相连的互联网。

（2）物联网的实质

物联网的定义含有两层意思，一是物联网的核心和基础是互联网，是在互联网基础上的延伸和扩展的网络；二是进行信息交换和通信的用户端延伸到任何物体与物体之间。理解物联网的概念需要注意以下几点。

① 物联网是互联网的延伸，是人类控制技术与信息交流的扩展。物联网是在互联网的基础上，利用各种传感器技术构建一个覆盖所有人和物的网络信息系统。物联网上部署了海量的多种类型传感器，每个传感器都是一个信息源，不同类别的传感器所捕获的信息内容和信息格式不同。传感器获得的数据具有实时性，按一定频率周期性地采集环境信息，不断更新数据。因此，物联网是互联网接入方式与端系统的延伸，也是互联网服务功能的扩展。

② 物联网实现物理世界与信息世界的无缝连接。物联网是一个动态的全球网络，它具有基于标准和互操作通信协议的自组织能力，其中物理的和虚拟的"物"具有身份标识、物理属性、虚拟特性和智能接口，并与互联网无缝连接。

可以将物联网理解为"物物相连的互联网"，或者称其为无处不在的"泛在网"和"传感网"。物联网技术的实质是使世界上的物、人、网和社会融为一个有机的整体。

③ 连接在物联网上的"物"要具备的四个特征，即地址标识、感知能力、通信功能和可以控制。

在物联网中，每个物体都要有唯一的地址标识，让人们能够通过无线网络与互联网随时识别；这些机器设备或物体具有感知信息的能力，可以通过互联网络或者专用网络接收和发送信息；信息在互联网的范围内，通过利用计算机智能分析，决定机器设备或物体应该做什么或如何达到控制目标。

④ 物联网应用领域广泛。互联网有很多网络服务功能，提供了各种各样的信息服务和信息共享功能，如电子邮件、Web、IPTV 等，企业的信息化管理系统和政府的电子政务系统都在互联网中运行。

物联网技术的应用范围和提供的服务功能，要比互联网更加广泛。从信息采集、网络传输和应用服务等各个层次都有较大的拓展，物联网业务将在工业生产、精准农业、公共安全监控、城市管理、智能交通、安全生产、环境检测、远程医疗和智能家居等领域得到广泛应用。

（3）物联网的应用举例

物联网是继计算机、互联网与移动通信之后的新经济增长点。物联网的产业链应该包括三个部分，一是以集成电路设计制造、嵌入式系统为代表的核心产业体系；二是以网络、软件、通信、信息安全和信息服务为代表的支撑体系；三是以数字地球、现代物流、智能交通、智能环保、绿色制造为代表的直接面向应用的关联产业体系。

从长远技术发展的观点看，互联网实现了人与人、人与信息、人与系统的融合，物联网进一步实现了人与物、物与物的融合，使人类对客观世界具有更透彻的感知能力、更全面的认识能力和更智慧的处理能力，这种新的思维模式可以在提高生产力、生产效率和效益的同时，改善人类社会发展与地球生态的和谐性关系，最终形成"智慧地球"。

物联网技术遍及智能交通、环境保护、政府工作、公共安全、平安家居、智能消防、工业监测、环境监测、老人护理、个人健康、花卉栽培、水系监测、食品溯源、敌情侦查和情报搜集等多个领域。国际电信联盟于 2005 年的报告曾描绘"物联网"时代的图景：当司机出现操作失误时汽车会自动报警；公文包会提醒主人忘带了什么东西；衣服会"告诉"洗衣机对颜色和水温的要求等。

① 物联网与智慧城市　所谓智慧城市是指对城市的数字化管理和城市安全的统一监控。利用物联网技术将管理城市的、分散的、独立的图像信息和数字信息采集点进行联网，实现对城市的统一管理，为城市管理和建设提供一种全新、直观、视听范围延伸的管理工具。

例如，城市一卡通是将城市公共事业统筹考虑而建立的城市公共事业管理信息平台，它以 RFID 卡作为信息的载体和接口，居民在一定区域内持同一张 RFID 卡就能实现身份验证、流动消费支付、存储各类信息等功能；同时通过查询、统计、间接测算、决策分析等，为城市的个人消费、企业经营及城市管理者的决策提供分析基础和指导依据。目前比较成熟的应用有公交、地铁、水、电、气等公用事业收费，购物和订票等金融应用，以及养老待遇等社保管理。又如物联网在上海浦东国际机场防御入侵系统中，设置了 3 万多个传感节点，覆盖了地面、栅栏和低空探测，可以防止人员的翻越、偷渡、恐怖袭击等攻击性入侵。

② 智能家居　我国已将建设智能化小康示范小区列入国家重点发展方向，在近年内使 60% 以上的新房具有一定的智能家居功能，即通过在家庭布设传感器网络，可以通过手机或互联网远程实现家庭安全、客人来访、环境和灾害监控报警以及家电设备控制，以保障居住安全，提高生活质量。要实现这些智能家居功能，物联网是核心技术，如图 6.1 所示。

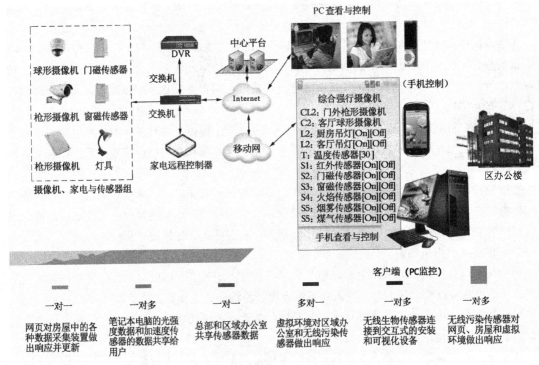

图 6.1　物联网产品应用之平安 e 家系统架构

③ 医疗卫生管理　物联网技术目前已经在医疗卫生管理中开始得到应用，可以实现对药品、医疗器械、患者、医生以及医疗信息的跟踪、记录和监控。例如，患者的 RFID 电子标签记录了患者的详细信息，就诊时只要携带 RFID 电子标签，经过读卡设备的读取，所有对医疗有用的信息就直接显示出来，不需要患者自述和医生反复录入，避免了信息的不准确和人为操作的错误。

电子标签还可以记录患者的医疗信息和治疗方案，医生和护士可以随时通过 RFID 阅读器了解患者的治疗情况和生理状态变化，为及时治疗创造条件。如图 6.2 所示。

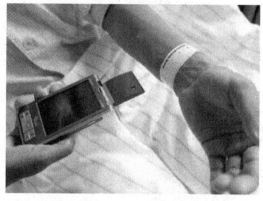

(a) RFID 用于病人身份识别　　　　　　　　(b) 腕式 RFID 标签

图 6.2　RFID 在患者管理中的应用

2．物联网体系结构及相关技术

（1）物联网的体系结构

与其他网络一样，物联网作为一个系统网络有其内部特有的架构。物联网系统有三个层次的结构，即感知层、网络层和应用层。

如果把物联网系统和人体做比较，感知层好比人体的四肢，网络层好比人的身体和内脏，应用层好比人的大脑，软件和中间件是物联网系统的灵魂和中枢神经。

① 感知层　顾名思义就是感知系统的一个层面，就是指信息的采集。感知层包括传感器等数据采集设备及其构成的网络，是物联网应用的基础。通过 RFID 技术、传感器技术、控制技术和短距离无线通信技术，可以随时随地获取网络中任何物体的信息。

② 网络层　网络层可以理解为搭建物联网的网络平台，是建立在现有移动通信和互联网及其他专网的基础上，通过各种接入设备与上述网络相连。网络层是利用计算机技术、网络技术对物联网中各类数据进行存储、查询、分析、挖掘的部分。

③ 应用层　应用层是利用经过分析的感知数据，为用户提供丰富的特定服务，应用层是物联网发展的目的。软件开发、智能控制技术将会为用户提供丰富多彩的物联网应用。

（2）物联网关键技术

由物联网的体系结构和目标要求可知，物联网应用主要依靠传感器技术、网络技术和嵌入式系统技术等三种核心技术支持，如图 6.3 所示。

① 传感器技术　控制计算机处理的都是数字信号，这就需要传感器把模拟信号转换成数字信号后送给计算机才能处理，物联网技术也不例外，在使用过程中需要大量的、各种各样的、遍布整个控制网络范围的传感器。由此可见，传感器是构成物联网的基础单元，是物联网的耳目，是物联网获取信息的来源。

② 网络技术　物联网是建立在现有移动通信和互联网及其他专网的基础上的现代控制技术。物联网中的大量传感器都需要用特定的或通用的网络进行连接，只有这样，才能使数据采集、分析和决策更为快捷和方便。

在物联网中，信息传输的过程分为近距离传输和远距离传输，无线传输技术是物联网系统中常用的传输技术。

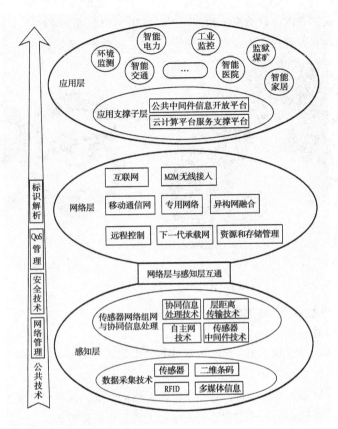

图 6.3　物联网体系结构图

③ 嵌入式系统技术　嵌入式技术是综合了计算机软硬件、传感器技术、集成电路技术、电子应用技术为一体的复杂技术。经过几十年的演变，以嵌入式系统为特征的智能终端产品随处可见，小到人们身边的 MP3，大到航天航空的卫星系统。嵌入式系统正在改变着人们的生活，推动着工业生产以及国防工业的发展。

嵌入式系统作为物联网中应用层的核心技术，是联系用户端和物联网的桥梁。嵌入式系统的好坏，直接关系到物联网应用的成败。

3. 物联网的工作原理和应用步骤

在物联网上，通过对所有物体嵌入智能芯片，利用 RFID 技术让设备或物体"开口说话"，告知其他人或物有关的静态、动态信息。RFID 电子标签中存储着规范而具有互用性的信息，再通过光电式传感器、压电式传感器、电磁式传感器等各类传感装置，借助无线、有线数据通信网络或者互联网把它们自动采集到中央信息系统，实现对设备或物体的识别。这些海量的数据通过开放性的计算机网络实现信息交换和共享，经过各种控制程序的提取，作为决策的依据，实现对物体或设备的"透明"控制。

物联网系统可以由电子标识、自动识别、信息传输、数据计算和信息服务等五个部分构成。要应用物联网技术，一般遵循以下步骤。

首先，需要将物联网中的所有设备、物品进行电子标识。系统中每个物品或设备都被赋予一个唯一的电子标签（RFID 码），机器设备或物体的详细信息存储于电子标签中，这个电子标签是物联网系统识别的依据。

其次，要建立自动识别设备（又称阅读器）。用自动识别设备自动对进入识别范围的电子标签进行扫描，将读取到的信息通过无线或有线网络设备发送到服务器上，使得特定机器设备或物体的状态、信息与互联网中的信息分享。

第三，通过 Internet 搜索与电子标签内含有的信息相关的数据，并进行分析，确定机器设备或物体接下来如何进行动作。将控制命令通过通信网络传输给相应的控制中心。

第四，控制中心依据指令，对相应设备进行控制或下达动作指令。

4．物联网技术应用特点

目前，物联网技术已经被广泛应用在工业控制领域，特别是随着现代大型工业生产自动化的不断兴起和过程控制要求的日益复杂，物联网技术的引入，给传统集散控制系统带来了根本性的变化，同时也解决和满足了现代工业控制的需求。

（1）真正实现了集中优化管理

集散控制系统（DCS）的理念是分散控制和集中管理。在传统的集散控制系统中，自动化设备虽然全部联网，并能在控制中心监控，控制指令信息通过操作员来集中管理，但是操作员的水平决定了整个系统优化管理的程度。有经验的操作员可以使生产过程最优，而缺乏经验的操作员只是保证了生产的安全性。

物联网技术的引入，通过海量信息资源和智能设备的应用，大大减少了人为因素的影响，通过自动采集的数据，了解具体某台设备的工作状态，通过网络及时与控制中心交换信息，并利用云计算等技术真正实现最优控制。

（2）解决信息孤岛问题

集散控制系统应用物联网技术就是要将物与人的信息打通。人获取了信息之后，可以根据信息判断并做出决策，从而触发下一步操作。但由于人存在个体差异，对于同样的信息，不同的人做出的决策是不同的，如何从信息中获得最优的决策？另外，物获得了信息是不能做出决策的，如何让物在获得了信息之后具有决策能力？智能分析与优化技术是解决这个问题的一种手段，即在获得信息后，依据历史经验以及理论模型，快速做出最优决策。数据的分析与优化技术在工业化与信息化融合方面有着旺盛的需求。

（3）控制范围得到延伸

物联网技术的引入，大大地延伸了传统控制系统的控制范围，不再受到场地或区域的限制，实现了更广域的控制。

【任务实施】基于物联网技术的车辆自动识别管理系统

城市交通管理是一个庞大的系统，然而这个系统中对车辆信息的采集是核心，因此，建立一个合理、快速的车辆自动识别管理系统是实现智能交通系统（Intelligent Transportation System，ITS）的前提条件。

如果采用传统集散控制方式或现场总线控制方式，只能对某个区域的车辆实现自动识别与管理。例如，某面积较大的商业街区，在不同的方位有多个停车场，要用传统的控制方式，只能对每个停车场进行独立控制，这些停车场之间不能进行信息交换。若要对整个城市的车辆实现控制，控制面积更大，控制对象更多，控制方式就显得力不从心，而采用物联网技术则可以方便、快捷和低成本地实现多个区域车辆的自动识别与管理。

1．车辆自动识别控制系统的组成与功能

（1）系统组成

采用物联网技术的车辆自动识别管理系统主要包括车辆标识卡（电子标签，又称电子车牌）、

各种读写设备、后台工作终端及处理计算机、专用短程通信（无线接入）、专用及公众信息网、系统管理中心及卡管中心等，如图 6.4 所示。

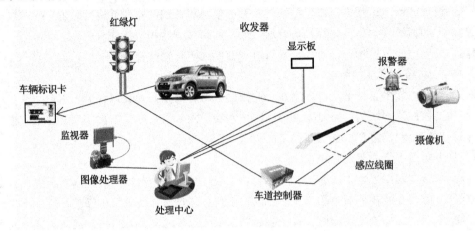

图 6.4　车辆自动识别管理系统

① 车辆标识卡（电子标签）　车辆标识卡采用防拆防伪技术，按照"一车一卡"严格对应的设计原则，固定安装在每一辆汽车的挡风玻璃上，卡内存储有车辆的基本档案，即和《车辆行驶证》对应的车号、车型、发动机号码等内容，以及各种商用数字化信息。按照用户需求及扩展功能，可增设一个与该车卡对应使用的副卡。

② 车外读写设备　根据不同的应用场合，车外读写设备分为车载式、路边式、台式、手持式等。利用这些读写设备，可在几米远的距离与正在行驶状态或停下来的车子进行专用短程无线通信，采集车辆标识卡中所存储的信息，进行无接触识别。

③ 车道控制设备　车道控制设备包括车道控制器和车道计算机。

④ 专用短程通信　这是一种由车辆标识卡与车外读写设备之间通过一系列通信协议接口和操作控制软件，按照国际标准建立起来的通信网络。

（2）车辆自动识别控制系统的功能

车辆自动识别管理系统的主要功能是使车辆信息数字化、车辆识别自动化和车辆管理智能化，应用框图如图 6.5 所示。系统将先进的微波通信技术、识别技术和计算机技术汇集为一体，具有车辆自动识别、查控报警、查询统计、实时处理等功能，可同时读多个卡，可联网或脱机运行。利用上述基本设备，可根据各种用户的不同需求，组建成专用或综合应用系统，可以从一个点上获得诸如交通、查控车辆等信息。通过公用或专用网络汇集到监控中心，又可把命令同时下发给各监控点，成为覆盖某个区域的动态车辆管理各级组织的系统。如果不想让无关者了解这些数据，可以采取加密措施。

① 用于政府管理部门　可在车辆动态和静态下对存入车辆标识卡的数据进行读与写，完成对车辆法定身份的真实性鉴别和车型判别，完成对车辆年审、事故记录、完税情况、环保要求等的例行检查，完成对车辆的实时定点通行记载和流量统计。这是为公安、交通、税务、海关、环保等政府相关部门实施管理而设计的功能。

② 用于治安侦防　车辆自动识别管理系统可根据对车辆标识卡的快速自动识别（无卡、只有一张卡、两张卡不配对）和读出的信息（车牌号、车型、发动机号），查找在正常行驶状态下的被盗车、走私车、非法翻新车、肇事逃逸车、挪用牌照车、未按时年审车辆等，判断某车是否为合法车。如果所读信息与该车不符，则被认为是涉嫌车；如果失主已事先报失，该车即被列入"黑

名单"而存入指挥中心，随即下达到所有网站，待它路过任何网站时，通过该系统对它进行自动识别，即可被查获。即使未报失，也会因从车辆标识卡的上述识别结果不匹配而发现异常，同样会被挡下。即使被偷车者换了车牌，也会被查获出来。此外，执法人员还可用手持式读写设备对宾馆、停车场等地随时随地进行巡检。这种网络式治安侦防手段，比现用的任何车辆防盗手段更实用、有效。

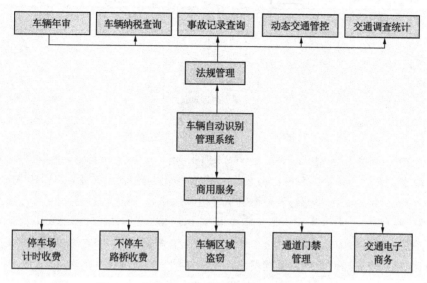

图 6.5　车辆自动识别管理系统的应用框图

③ 用于交通路政管理　车辆自动识别管理系统用于交通路政管理，特别是对营运车辆的管理最为有效，能及时查出不按营运线路行驶或未办理合法手续的车辆，这有利于克服由此产生的无序状态，保障了合法经营者的权益，减少了由此而产生的一些民事纠纷。

④ 用于商业性服务　车辆自动识别管理系统依托装在车辆上的车辆标识卡，可为车辆的使用者、消费者提供多种信息资源，在商业上有着十分广泛的用途，例如，停车场和加油站自动收费、生活小区车辆防盗、车辆进出门禁服务、车站站务管理等。车辆自动识别管理系统的另一重要用途是高速公路、桥梁的停车或不停车自动收费。

车辆自动识别管理系统适合于在某区域全面推广应用，不仅能为政府部门提供现代化的车辆及交通管理手段，而且还可促进当地信息产业和电子商务业（包括税务、银行、保险业等）的发展。

2.　车辆自动识别控制系统构建

车辆自动识别系统由硬件和软件两大部分构成，主要包括车辆射频识别和信号处理部分、视频监控及图像传输部分、区域内部无线传感器网络部分、GPRS 通信部分和上位机综合决策部分，如图 6.6 所示。

采用物联网技术构建的车辆自动识别系统用模块化的方式实现，每个模块可以独立工作，多个模块通过 Internet 相互联系，实现信息共享。后台数据可以与城市云计算中心连接，完成整个城市的车辆控制。

① RFID 读写设备　RFID 读写设备主要完成车上卡片与主机上的信息交换，用于识别车辆信息以及完成其他服务，此部分要求模块稳定性好，灵敏度高，可以实现 2m 以上距离读卡，读卡速度可以设定，至少是 10ms，相同 ID 信息输出时间间隔设定为 2min 以上，与上位机通信采用 485 接口，系统可以在很短时间内稳定地实现系列服务功能。

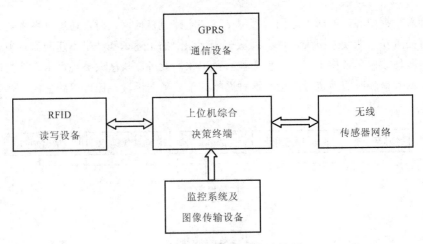

图 6.6　车辆自动识别系统结构图

无源 RFID 系统由无源 RFID 标签、天线、RFID 读卡器组成，控制要求由软件参数设置而定。

②　视频监控及图像传输部分　摄像头作为 RFID 读写器的辅助设备，可以在缴费、登记时对车辆进行监控、抓拍，防止在无人值守情况下发生车辆作弊行为。

应用基于 WIFI 的无线 IP 摄像头作为监控设备，选用 88W8510 WIFI 模组来实现一个具有 IEEE 802.11b/g 功能的无线桥接设备，以构建无线传输环境，将摄像头 DSP 送出的数字信号经过打包分组，通过无线环境传送到电脑或无线网络，在上位机决策终端显示图像信息。

③　无线传感器网络　利用一套基于无线传感器节点构成的无线网络，可以不受距离的限制，实时采集车位信息，并以一定的时间间隔将数据互发给子网的主机，再由主机发送给上位机决策端，在必要的情况下可以通过 GPRS 模块把车位信息迅速传给车主。

④　GPRS 通信设备　当车辆进出某个停车场时，可将 RFID 读写器对车主的射频卡进行的操作以短信或者语音播报的形式告知车主，这样可以将停车场的收费信息、停车场的车位情况、环境信息及时传达给车主。

⑤　综合决策终端　系统上位机综合决策终端作为智能车辆管理系统的核心，软件采用 C# 语言编写，能够实时显示 RFID 读写器的工作情况，将读取的车辆信息、车辆停放时间、收费情况、停车场车位情况、环境信息等数据存入数据库，方便存档和调用。同时，与 GPRS 模块相连，能够由管理员在适当的时候向车主发送信息，或者预设好发送信息的时间，系统可以通过实时时钟定时给每一位进出停车场的车主报送相关信息，实现快速信息处理，缩短服务时间，提高工作效率。

综上所述，采用物联网技术构建的车辆自动识别控制系统可以实现不停车收费，既省时又省力；通过 GPRS 及时将收费信息、出入时间等反馈给用户；利用 ZigBee 技术组建无线传感器网络，将停车场信息融入到控制终端，方便物流管理。

【学习评价】

1. 什么是物联网？
2. 比较分析现场总线控制系统和物联网系统在结构方面的差异。
3. 简述物联网技术的特点。
4. 设计或构建一个物联网应用系统。

附　　录

附录1　实训装置介绍

实训设备使用由浙江浙大中控（SUPCON）技术有限公司生产的JX-300X集散控制系统和上海新奥托（NEW AUTO）实业有限公司的模拟过程控制对象构成。模拟过程控制对象包括工艺设备、现场仪表和电气负载三部分。

（1）工艺设备

过程控制对象中的主要工艺设备包括：

① 内部4.5kW三相星形连接电热丝；19L热水夹套锅炉；

② 38L高位溢流水箱（目的是使工艺介质——水产生稳定压力）；

③ 35L液位水槽和105L的计量水槽；

④ 配三相电机的循环水泵；

⑤ 2只电磁阀（用于产生扰动）和28只手动球阀。

（2）现场仪表

过程控制对象中所安装的现场仪表见附表1。控制对象通过切换28只手动阀开关，可以组成不同的工艺流程。

附表1　现场仪表列表

序号	位号	型号	规　　格	名　　称	用　　途
1	PL-1	Y-100	0～0.25MPa	弹簧管压力表	进水压力指示
2	PT-2	DBYG	0～100kPa（4～20mA DC）	扩散硅压力变送器	出水压力变送器
3	FE-1	LDG-10S	0～300L/h	电磁流量传感器	进水流量检测
4	FIT-1	LD2-4B	（4～20 mA DC）	电磁流量转换器	进水流量变送和显示
5	FE-2	LDG-10S	0～300L/h	电磁流量传感器	出水流量检测
6	FIT-2	LD2-4B	（4～20 mA DC）	电磁流量转换器	出水流量变送和显示
7	LT-1	DBYG	0～4kPa（0～400mm）（4～20mA）	扩散硅压力变送器	水箱液位变送
8	LT-2	DBYG	0～4kPa（0～400mm）（4～20mA）	扩散硅压力变送器	锅炉液位变送
9	LT-3	DBYG	0～4kPa（0～400mm）（4～20mA）	扩散硅压力变送器	水槽液位变送
10	TE-1	WZP-270	155mm×100mm　Pt100	铂电阻	锅炉水温检测
11	TE-2	WZP-270	155mm×100mm　Pt100	铂电阻	夹套水温检测
12	M1	QS201	行程16mm	直行程电子式电动执行器	配VC1调节阀
13	VC1	VT-16	DN=20mm　DN=10mm	线性铸钢阀	进水流量调节阀
14	M2	QS 201	行程16mm	直行程电子式电动执行器	配VC2调节阀
15	VC2	VT-16	DN=20mm　DN=10mm	线性铸钢阀	出水流量调节阀

附录 2　评价标准

所列评价标准供参考。

学习情境综合评价表

姓名：＿＿＿＿＿＿＿　　　　　　班级：＿＿＿＿＿＿＿　　　　　成绩：

评定形式	权重	评定内容		评定标准			得分
知识与技能掌握	30%	1. 概念原理	10 分	清楚 [10]；	一般 [6]；	较差 [4]	
		2. 操作	10 分	熟练 [10]；	一般 [6]；	较差 [4]	
		3. 答辩	10 分	好 [10]；	一般 [6]；	较差 [4]	
自我评定	20%	1. 学习工作态度	5 分	端正 [5]；	一般 [3]；	被动 [0]	
		2. 完成工作任务情况	5 分	全部 [5]；	一半 [3]；	没有 [1]	
		3. 出勤情况	5 分	全勤 [5]；	缺勤两次 [3]；	出勤 30% [0]	
		4. 独立工作能力	5 分	强 [5]；	一般 [3]；	不强 [1]	
小组评定	20%	1. 学习工作责任意识	5 分	强 [5]；	一般 [3]；	不强 [0]	
		2. 收集材料、调研能力	5 分	强 [5]；	一般 [3]；	不强 [1]	
		3. 汇报、交流、沟通能力	5 分	强 [5]；	一般 [3]；	不强 [1]	
		4. 团队协作精神	5 分	强 [5]；	一般 [3]；	不强 [1]	
教师评定	30%	1. 全组整体学习工作过程状态	5 分	积极 [5]；	一般 [3]；	较差 [1]	
		2. 计划制定、执行情况	5 分	好 [5]；	一般 [3]；	较差 [1]	
		3. 任务完成情况	10 分	好 [10]；	一般 [5]；	较差 [1]	
		4. 项目学习、测试报告书	10 分	好 [10]；	一般 [6]；	较差 [3]	
指导教师签字：				学习组长签字：			

附录 3　DCS 常用术语及名称缩写

英　文	中　文	缩　写
Distributed Control System	分布控制系统	DCS
Process Control System	过程控制系统	
Analog Control	模拟控制	
Close Control Loop	闭环控制回路	
Analog Input Channel	模拟输入通道	AI
Analog Output Channel	模拟输出通道	AO
Analog Control Station	模拟控制站	SAC
Digital Control	数字控制	
Open Control Loop	开环控制回路	
Two Position Control	两位式控制 On/Off	
Digital Input Channel	数字输入通道	DI
Digital Output Channel	数字输出通道	DO
Pulse Input Channel	脉冲输入通道	PI
Digital Logic Station	数字逻辑站	DLS
Programming Logic Controller	可编程控制器	PLC
Control Output	控制输出	CO
Communication System	通信系统	

英　　文	中　　文	缩　　写
Communication Network	通信网络	
Control Network	控制网络	Cnet
Central Ring	中心环	
Slave Ring	子环	
Remote Ring	远程环	
Control Way	控制通道	C.W
Module Bus	模件总线	M.B
Expander Bus	扩展总线	Ex.bus
Field Bus	现场总线	
Communication Protocol	通信协议	
Store and Forward	存储转发	
Contention Detect	冲突检测	
Broadcast Protocol	广播协议	
Peer to Peer Communication	对等通信	
Point to Point	点对点	
Field Bus Protocol	现场总线协议	
Series Port	串行口	
SCSI	小型机系统接口	
Synchronous	同步　SYN	
Asynchronous	异步	
Timing	定时	
Ethernet	以太网	
Internet	因特网	
Data Communication Equipment	数据通信设备	DCE
Data Termination Equipment	数据终端设备	DTE
Bit per Second	位/秒	bps
Node	节点	
Cyclic Redundancy Code	循环冗余码	CRC
Process Control Unit	过程控制单元	PCU
Human System Interface	人机系统接口	HIS
Computer Interface Unit	计算机接口单元	CIU
Module Mounting Unit	模件安装单元	MMU
Cabinet	机柜	CAB
Network Interface Module	网络接口模件	NIS
Network Processing Module	网络处理模件	NPM
Loop Address	环路地址	
Node Address	节点地址	
Controller	控制器	
Master Module	主模件	
Multi-Function Processor	多功能处理器	MFP
Bridge Controller	桥控制器	BRC

英　文	中　文	缩　写
Machine Fault Timer	机器故障计时器	MFT
Direct Memory Access	直接存储器存取	DMA
Redundancy Link	冗余链	
DCS Link	站链	
Reset	复位	
Module Address	模件地址	
Power Fault Interruption	电源故障中断	PFI
Termination Unit	端子单元	TU
Dip shunt	跨接器	
Jumper	跳线器	
Setting and Installation	设置与安装	
Address Selection Switch	地址选择开关	
Slave Module	子模件	
Analog Input Module	模拟输入模件	ASI
Analog Output Module	模拟输出模件	ASO
Digital Input Module	数字输入模件	DSI
Digital Output Module	数字输出模件	DSO
Pulse Input Module	脉冲输入模件	DSM
Control I/O Module	控制 I/O 模件	CIS
Modular Power System	模件电源系统	MPS
Thermocouple	热电偶	TC
Millivolt	毫伏	mV
RTD	热电阻	
High Level	高电平	
Low Level	低电平	
Distributed Sequence of Event	分布顺序事件	DSOE
Time Information	时钟信息	
Time Link	时钟链	
Time Synchronous	时钟同步	
Sequence of Event Master	顺序事件主模件	SEM
Sequence of Event Digital	顺序事件数字模件	SED
Time Salve Termination	时间子模件端子	TST
Operator Interface Station	操作员接口站	OIS
Operation System	操作系统	
Tag	标签	
Operator Windows	操作员窗口	
Mini Alarm Windows	最小报警窗口	
Summer Display	总貌画面	
Group Display	组画面	
Alarm Acknowledge	报警确认	ACK
Alarm Non Acknowledge	报警非确认	NAK

英　文	中　文	缩　写
Station Display	站画面	
Annunciator Display Panel	警告显示盘	ADP
Quick Key	快捷键	
Engineering work Station	工程工作站	EWS
Configuration	组态	
Project Tree	项目树	
Automation Architect	自动化结构	
Object Exchange	对象交换	
Function Code	功能码	FC
Function Block	功能块	FB
Block Address	块地址	
Block Number	块号	
Exception Report	例外报告	
Significant Change	有效变化量	
Minimum Exception Report Time	最小例报告时间	tmin
Maximum Exception Report Time	最大例外报告时间	tmax
High Alarm Limit	高报警限	
Low Alarm Limit	低报警限	
Alarm Deadband	报警死区	

参 考 文 献

[1] 张德泉.集散控制系统原理及其应用［M］.北京：电子工业出版社，2007.

[2] 曲丽萍.集散控制系统及其应用实例［M］.北京：化学工业出版社，2007.

[3] 杨宁，赵玉刚.集散控制系统及现场总线［M］.北京：北京航空航天大学出版社，2003.

[4] 张雪申.集散控制系统及其应用［M］.北京：机械工业出版社，2006.

[5] 张岳.集散控制系统及现场总线［M］.北京：机械工业出版社，2006.

[6] 袁任光.集散型控制系统应用技术与实例［M］.北京：机械工业出版社，2005.

[7] 郭巧菊.计算机分散控制系统［M］.北京：中国电力出版社，2005.

[8] 西门子（中国）有限公司.深入浅出西门子 S7-300PLC［M］.北京：航空航天大学出版社，2004.

[9] 西门子（中国）有限公司.深入浅出西门子 WinCC V6［M］.北京：航空航天大学出版社，2004.

[10] 金以慧.过程控制［M］.北京：清华大学出版社，1993.

[11] 白焰，吴鸿，杨国田.分散控制系统与现场总线控制系统［M］.北京：中国电力出版社，2001.

[12] 阳宪惠.现场总线技术及应用［M］.北京：清华大学出版社，1999.

[13] 廖芳芳，肖建.基于 Experion PKS 集散系统设计与应用［J］.自动化信息，2005，(5).

[14] 侣焕玲.制氧机 CENTUM CS3000 控制系统的设计及应用［J］.深冷技术，2004，(1).

[15] 王希军.选择性串级控制在 CS3000 系统中的实现［J］.石油化工自动化，2004，(2).

[16] 宁常红，劳有兰.JX-300X DCS 系统在焦炉中的应用［J］.沿海企业与科技，2002，(6).

[17] 吴瑞金，齐然，刘海伟.现场总线的现状及发展［J］.通用机械，2005，(2).

[18] 贺毅，赵望达，刘勇求.现场总线技术应用及其发展趋势探讨［J］.工业计量，2005，(1).

[19] 于仲安，周克良.Profibus-DP 现场总线技术及其应用［J］.电子技术，2004，(10).

[20] 刘美俊.PROFIBUS 现场总线的通信原理［J］.机床电器，2005，(2).

[21] 冯地斌，吴波.PROFIBUS 现场总线技术［J］.自动化与仪器仪表，2002，(10).

[22] DCS 系统设计及先进控制在 DCS 系统中应用探讨.廖芳芳.西南交通大学研究生论文，2005.

[23] 武奇生，刘盼芝.物联网技术与应用［M］.北京：机械工业出版社，2012.

[24] 黄桂田，龚六堂，张全升.中国物联网发展报告［M］.北京：社会科学文献出版社，2011.

[25] 詹青龙，刘建卿.物联网工程导论［M］.北京：清华大学出版社 北京交通大学出版社，2012